高等职业教育智能制造领域人才培养系列教材

智能控制技术专业

工业机器人应用系统建模（Tecnomatix）

主　编　孟庆波
参　编　靳国辉　黄恺　金文兵　王昌勇

机械工业出版社
CHINA MACHINE PRESS

本书介绍了基于西门子Tecnomatix的工业机器人生产工艺数字孪生建模与仿真技术，以零件、资源、操作和产品制造特征等基本工艺对象为主线进行讲解，主要内容包括：①软件功能组件（PDPS）与Oracle数据库、eMS数据库所构成的产品制造工艺解决方案的整体架构；②设备机构的运动学建模、工具定义、坐标系与运动姿态设置等技术；③各类操作的创建、机构功能的设计、机构逻辑块、逻辑信号、内外部参数等的添加、编辑、控制与查看技术；④基于Process Simulate的虚拟调试技术；⑤产品制造特征的构建与使用机器人、焊枪等资源设备生成相应的制造加工操作轨迹等技术，以及工艺设计过程中PDPS软件的综合运用技术。此外，本书还介绍了基于Jack人体模型的人因工程建模技术。

本书可作为高职高专和职业本科院校智能控制技术、智能制造工程技术、工业机器人技术、机电一体化技术和电气自动化技术等相关专业的教材或教学参考用书，也可供相关工程技术人员参考阅读。

本书为新形态一体化教材，扫描二维码即可观看教学视频。本书配有电子课件，凡使用本书作为教材的教师可登录机械工业出版社教育服务网www.cmpedu.com注册后下载，咨询电话：010-88379375。

图书在版编目（CIP）数据

工业机器人应用系统建模：Tecnomatix/孟庆波主编.—北京：机械工业出版社，2021.12（2025.1重印）

高等职业教育智能制造领域人才培养系列教材．智能控制技术专业

ISBN 978-7-111-69418-2

Ⅰ．①工… Ⅱ．①孟… Ⅲ．①工业机器人—系统建模—高等职业教育—教材 Ⅳ．① TP242.2

中国版本图书馆 CIP 数据核字（2021）第 213240 号

机械工业出版社（北京市百万庄大街22号 邮政编码100037）
策划编辑：薛 礼　　　责任编辑：薛 礼 王 良
责任校对：张晓蓉 王明欣 封面设计：鞠 杨
责任印制：常天培
北京机工印刷厂有限公司印刷
2025年1月第1版第2次印刷
184mm×260mm · 31.25 印张 · 682 千字
标准书号：ISBN 978-7-111-69418-2
定价：89.00元

电话服务　　　　　　　　网络服务
客服电话：010-88361066　机 工 官 网：www.cmpbook.com
　　　　　010-88379833　机 工 官 博：weibo.com/cmp1952
　　　　　010-68326294　金 书 网：www.golden-book.com
封底无防伪标均为盗版　　机工教育服务网：www.cmpedu.com

最近几年,以西门子数字孪生(Digital Twin)技术为代表的"数据驱动"生产模式已经破土而出。在工厂生产全流程要素的相关业务中,工艺是生产的灵魂,处于基础与先导地位,故在数字化时代的大背景下,最需要加强的就是生产工艺的数字化。工艺数字化需要从现有工艺开始,实行工艺标准化,推广工艺精益化,研究工艺稳健化。在此过程中,数字孪生的作用就是在虚拟数字空间中模拟现实中的环境与状态,进而对工艺、流程及规划等进行验证、反馈和完善,无论细节的加工还是宏观的规划布局,都需要在虚拟数字环境中进行验证测试,以显著提高工作效率和工艺方案的成熟度,节省大量的时间与资源。对以工业机器人为代表的智能制造而言,机器人制造工艺数字化建模就是不同行业背景下机器人应用所需要研究和解决的核心问题。西门子工业软件包 Tecnomatix 为设计机器人工艺提供了一种可行的建模工具。其基础是开放式产品生命周期管理 PLM 技术。Tecnomatix 包含了工艺布局和设计、工艺模拟和验证、产品制造与执行等整个流程,是西门子全面数字制造解决方案的组合。它连接了制造工艺与产品工程的数据,实现了产品的加工与创新,有力地支持了机器人工艺建模的实施,无疑是数字化时代背景下工业机器人应用人员需要掌握的一门关键技术。

本书是对前期教学与科研工作中有关数字孪生技术的总结,由孟庆波担任主编,靳国辉协助筹划了全书内容的架构,金文兵、王昌勇帮助整理与开发相关素材,黄恺协助完成书稿的审阅与完善。在本书的编写过程中,得到了杭州凯优科技有限公司、西门子(中国)有限公司(上海)、南京旭上数控技术有限公司、北京迪吉透科技有限公司等企业的支持与帮助,浙江机电职业技术学院"工业机器人协会"程文锋、吕俊、应国兴、孟磊、王侯蒙、张丽蝶、孟凡慧和大唐智联创新中心全华正等协助对课程项目素材进行了认真的整合,在此一并衷心地表示感谢!感谢我们所处的伟大时代,感谢相关企业的培训与帮助,感谢致力于数字孪生技术推广的西门子官方网站、西门子智能制造创新中心、匠心教育等教育网络机构,你们点燃的星星之火,必能助力我国数字工业发展成燎原之势。

由于编者水平有限,书中不妥甚至错误之处在所难免,敬请广大读者批评指正。

编 者

二维码索引

名称	图形	页码	名称	图形	页码
清理 eMS 数据		22	工艺资源的设置		54
窗口布局与管理		24	创建 Process Simulate 研究		59
项目描述		31	PD 项目的导出与导入		66
创建项目导入资源		33	PS 项目的保存与打开		70
创建项目导入资源 12		38	PS 软件介绍与视窗的操作		76
创建复合零件、分配焊点到零件上		40	坐标系的创建与操控		81
操作的创建与设置		45	C 形焊枪演示		87
工艺双胞胎的创建与设置		47	创建 C 形焊枪		88

（续）

名称	图形	页码	名称	图形	页码
创建X形焊枪1		102	安装机器人导轨		154
夹爪演示		114	机器人回转台演示1		158
创建夹爪机构		115	安装回转台		158
创建复合设备		125	创建逻辑块		166
机器人本体模型		134	传输带机构演示		171
机器人回转台机构模型		145	传输带机构的操作设计		171
安装机器人焊枪		151	AGV小车演示		178
机器人导轨演示		154	准备文件与布局		179

(续)

名称	图形	页码	名称	图形	页码
AGV 小车的工具定义		181	高架仓库运动学建模		218
AGV 小车的抓握操作		183	编辑抓握机构		221
让 AGV 小车沿轨迹移动		187	高架仓库的 LB 逻辑块		226
创建物料流与仿真序列		191	创建操作和 LB 逻辑块		231
机运线机构演示		198	创建物料流和设置操作		241
创建机运线机构		199	C 形焊枪信号与参数演示		247
高架仓库演示		213	逻辑块中的信号与参数		247
高架仓库模型导入与零件建模		213	复合设备 LB 信号与参数演示		253

（续）

名称	图形	页码	名称	图形	页码
复合设备信号连接		253	设置抓取的过渡点		284
创建接近传感器		257	CEE 和物料流，干涉		286
创建光电传感器		260	机器人信号设置		290
机器人工作站仿真演示		268	机器人程序编辑		294
准备文件与布局		268	模块编辑器和仿真效果		301
创建数控机床组件		274	创建 PLC 实例		306
创建物流操作		278	项目导入与调整		307
设置拾放操作		281	建立逻辑块与事件		312

VII

（续）

名称	图形	页码	名称	图形	页码
建立操作中的事件		313	可达范围测试		362
PLC 控制组态		315	创造制造特征 NC 代码文件 1		375
编写 PLC 程序		318	创造制造特征 NC 代码文件 2		375
虚拟调试系统运行		320	机器人抛光演示		381
创建机器人电弧焊工艺		334	机器人外部 TCP 抛光工艺操作		382
机器人电弧焊中变位机的使用		348	机器人去毛刺演示		392
变位机运动学编辑		354	机器人去毛刺工艺		392
设置机器人外部轴		358	生成三维布局图		401

（续）

名称	图形	页码	名称	图形	页码
生成动画图		404	Process Simulate 仿真操作		439
机器人铆焊演示		410	干涉区设置		445
创建 PD 项目		411	焊点的切面		448
建立工艺操作		422	研究创建项目与环境布局		462
仿真环境布局与调整		434	创建人体操作		464
创建示教 PS 项目		436	创建机器人拾放操作		475

前言
二维码索引
绪论 ………………………………………… 1

项目1　加载与创建eMS基本对象 …… 21
1.1　相关知识 …………………………… 22
　　1.1.1　清理eMS数据 ………………… 22
　　1.1.2　窗口布局与管理 ……………… 24
1.2　项目实施 …………………………… 31
　　1.2.1　项目描述 ……………………… 31
　　1.2.2　项目实施步骤概述 …………… 31
　　1.2.3　数据的加载与创建 …………… 33
　　1.2.4　创建Process Simulate研究 …… 59
1.3　知识拓展 …………………………… 62
　　1.3.1　项目评估与评审技术
　　　　　 PERT图 ………………………… 62
　　1.3.2　工时测量方法 ………………… 65
　　1.3.3　签入与签出 …………………… 66
　　1.3.4　PD项目的导出与导入 ………… 66
　　1.3.5　PS项目文件的保存与打开 …… 70
1.4　小结 ………………………………… 73

项目2　机器人焊枪与夹具设备
　　　　 资源建模 ……………………… 75
2.1　相关知识 …………………………… 76
　　2.1.1　Process Simulate软件介绍 …… 76
　　2.1.2　Process Simulate软件视窗
　　　　　 操作 …………………………… 77
　　2.1.3　坐标系的创建与操控 ………… 81
2.2　项目实施 …………………………… 87
　　2.2.1　C形焊枪机构建模 ……………… 87

　　2.2.2　X形焊枪机构建模 …………… 102
　　2.2.3　机器人夹爪机构建模 ……… 114
2.3　知识拓展 ………………………… 125
　　2.3.1　复合设备简介 ……………… 125
　　2.3.2　创建复合设备 ……………… 125
2.4　小结 ……………………………… 128

项目3　机器人本体及附加设备
　　　　 资源建模 …………………… 131
3.1　相关知识 ………………………… 132
　　3.1.1　PS中的机器人概念 ………… 132
　　3.1.2　PS中的机器人运动学 ……… 132
3.2　项目实施 ………………………… 134
　　3.2.1　机器人本体机构设计 ……… 134
　　3.2.2　机器人焊接回转台
　　　　　 机构设计 ……………………… 145
3.3　知识拓展 ………………………… 151
　　3.3.1　安装机器人焊枪 …………… 151
　　3.3.2　安装机器人导轨 …………… 154
　　3.3.3　安装回转台 ………………… 158
3.4　小结 ……………………………… 162

项目4　流水线常用设备操作建模 …… 163
4.1　相关知识 ………………………… 164
　　4.1.1　"操作"简介 ……………… 164
　　4.1.2　创建设备逻辑块 …………… 165
4.2　项目实施 ………………………… 171
　　4.2.1　传输带机构的操作设计 …… 171
　　4.2.2　AGV 小车机构的操作设计 … 178
4.3　知识拓展 ………………………… 197
　　4.3.1　CEE 模式下的仿真 ………… 197

4.3.2 多零件外观·················198
　　4.3.3 机运线机构·················198
4.4 小结·····························209

项目 5　高架仓库智能元件操作建模·············211

5.1 相关知识························212
5.2 项目实施························213
　　5.2.1 项目描述·····················213
　　5.2.2 项目准备·····················213
　　5.2.3 码垛机运动学编辑··········215
　　5.2.4 抓握机构的编辑·············221
　　5.2.5 CEE 模式下的运行仿真····226
5.3 知识拓展························247
　　5.3.1 逻辑块中的信号与参数····247
　　5.3.2 复合设备 LB 块信号连接····253
　　5.3.3 接近传感器与光电传感器····257
　　5.3.4 逻辑块功能函数·············263
5.4 小结·····························264

项目 6　机器人系统仿真与虚拟调试·············265

6.1 相关知识························266
　　6.1.1 虚拟调试概念·················266
　　6.1.2 虚拟调试技术特点··········267
6.2 项目实施························268
　　6.2.1 机器人工作站系统 CEE 模式仿真·····················268
　　6.2.2 机器人工作站系统虚拟调试····················306
6.3 知识拓展························323
　　6.3.1 机器人离线编程命令概述····323
　　6.3.2 机器人标准命令·············324
　　6.3.3 机器人条件命令·············327

6.4 小结·····························329

项目 7　机器人连续制造特征加工工艺建模·············331

7.1 相关知识························332
　　7.1.1 连续制造特征与电弧焊基础·························332
　　7.1.2 连续制造特征的创建与查看·························333
7.2 项目实施························334
　　7.2.1 创建机器人电弧焊工艺····334
　　7.2.2 机器人电弧焊中变位机的使用·························348
7.3 知识拓展························360
　　7.3.1 焊炬设置·····················360
　　7.3.2 投影连续制造特征··········360
　　7.3.3 可达位置测试·················362
　　7.3.4 自动接近角与位置饼图····365
　　7.3.5 修改连续制造特征··········368
　　7.3.6 工具中心点 TCP 跟踪······370
7.4 小结·····························371

项目 8　制造特征 NC 表达与机器人加工工艺建模·············373

8.1 相关知识························373
8.2 项目实施························374
　　8.2.1 创建制造特征 NC 代码文件·························374
　　8.2.2 机器人外部 TCP 抛光工艺操作·····················381
　　8.2.3 机器人内部 TCP 去毛刺工艺操作·····················392
8.3 知识拓展························401
　　8.3.1 生成三维布局图·············401

8.3.2　生成动画图……………………404
8.4　小结………………………………………405

项目9　工业机器人点焊工艺建模……407

9.1　相关知识…………………………………408
　　9.1.1　点焊简介……………………408
　　9.1.2　PS中的点焊操作……………409
9.2　项目实施…………………………………410
　　9.2.1　Process Designer 数据操作…410
　　9.2.2　Process Simulate 仿真操作…439
9.3　知识拓展…………………………………446
　　9.3.1　干涉检测……………………446
　　9.3.2　焊点的切面…………………448
　　9.3.3　焊接分布中心………………450
　　9.3.4　焊枪云与焊接质量报告……453
9.4　小结………………………………………455

项目10　机器人工作站人因
工程操作建模……………………457

10.1　相关知识…………………………………457
　　10.1.1　人体模型……………………457
　　10.1.2　人体模型的参数……………460
10.2　项目实施…………………………………461
　　10.2.1　项目描述……………………461
　　10.2.2　创建项目与环境布局………462
　　10.2.3　创建人体操作………………464
　　10.2.4　创建物料传送操作…………467
　　10.2.5　创建自动抓放操作与
　　　　　　搬运路径…………………468
　　10.2.6　创建放置操作与人体
　　　　　　返回路径…………………472
　　10.2.7　创建机器人拾放操作………475
　　10.2.8　仿真运行……………………478
10.3　知识拓展…………………………………479
　　10.3.1　人体抓放设置………………479
　　10.3.2　行走操作命令拓展…………481
　　10.3.3　高度过渡命令………………483
　　10.3.4　视觉窗口、视线包络与
　　　　　　抓取包络…………………484
10.4　小结………………………………………485

参考文献………………………………………486

绪　论

一、引言

1. 西门子数字化双胞胎简介

数字化双胞胎（Digital Twins）又常被称作数字孪生（Digital Twin，DT），是基于工业生产数字化的新概念，它的准确表述还在发展与演变中，但其含义已在行业内达成了基本共识，即：在数字虚拟空间中，以数字化方式为物理对象创建虚拟模型，模拟物理空间中实体在现实环境中的行为特征，从而达到"虚—实"之间的精确映射，最终能够在生产实践中，从测试、开发、工艺及运行维护等角度，打破现实与虚拟之间的藩篱，实现产品全生命周期内的生产、管理、连接等高度数字化及模块化的新技术。西门子数字化双胞胎包含三个部分，分别是产品数字化双胞胎、生产数字化双胞胎和性能数字化双胞胎。下面简要介绍一下这些数字双胞胎的代表性作用和相关内容。

1）产品数字化双胞胎能帮助用户更快地驱动产品设计，以获得更佳、成本更低且更可靠的产品，并能更早地在整个产品生命周期中根据所有关键属性精确预测其性能。

2）生产工艺数字化双胞胎能够以虚拟方式设计和评估工艺方案，以迅速制订用于制造产品的最佳计划。生产工艺流程中的"生产与物流数字化系统"可以对各种生产系统，包括工艺路径、生产计划和管理，通过仿真进行优化和分析，以达到优化生产布局、提高产能和资源利用率、保障物流和供需链的畅通、实现不同大小订单与混合产品柔性生产的目标；它可以同步产品和制造需求，管理更加全面的流程驱动型设计。

3）性能数字化双胞胎为生产运营和质量管理提供了端到端的透明化，将车间的自动化设备与产品开发、生产工艺设计与生产和企业管理领域的决策者紧密连接在一起。借助生产过程的全程透明化，决策者可以很容易地发现产品设计与相关制造工艺中需要改进的地方，并进行相应的运营调整，从而使生产更顺畅，效率更高。

2. 数字化双胞胎的实施工具

数字化双胞胎的实施需要借助一系列专业软件把相关的专业知识集成为一个数据模型来

协作完成。如图 0-1 所示,西门子提供的产品生命周期管理(Product Live cycle Management,PLM)软件和全集成自动化(Totally Integrated Automation portal,TIA)软件等能够在统一的产品全生命周期管理数据平台(Teamcenter,TC)的协作下完成不同技术的集成,以实现不同人员的协作。供应商也可以根据需要被纳入平台中,以实现价值链数据的整合。全价值链的数字化企业软件套件(PLM、MES/MOM、TIA)可在获得实时生产信息的基础上对工艺流程进行规划和优化,并通过产品实时数据提高系统性能,帮助工业企业的转型升级。下面简要介绍一下这些数字化生产软件。

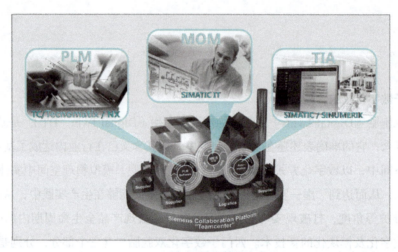

图0-1 西门子数字化生产软件

(1)产品生命周期管理(PLM)软件 产品生命周期管理涉及产品开发和生产的各个环节,即:从产品设计到生产规划和工程,直至实际生产和服务等。PLM 的应用范例包括 Teamcenter(TC)、NX 和 Tecnomatix。其中,TC 能在西门子与其他制造商提供的软件解决方案之间进行管理和交换数据,将分布在不同区域的开发团队、公司和供应商连接起来,从而形成统一的产品、过程、生产等数据流通渠道。NX 软件是主要的计算机辅助设计/制造/工程(CAD/CAM/CAE)等的套件,可针对产品开发提供详细的三维模型。机电一体化概念设计(Mechatronics Concept Designer,MCD)是 NX 的一个模块,它为工程师在虚拟环境中创建与使用虚拟设备,模拟与测试设备功能提供仿真支持。Tecnomatix 软件主要针对整个生产的虚拟设计和过程模拟,常用的 Process Designer、Process Simulate 与 Plant Simulation 等均是 Tecnomatix 软件包中的软件,用于产品工艺设计、流水线与工厂的设计与仿真验证,借助这种被称为数字化制造的程序,公司可在规划生产的同时进行产品的开发。

(2)制造运行管理(MOM)软件 西门子 MOM 是制造运行管理(Manufacturing Operations Management,MOM)的简称,它不仅与控制、自动化和业务层面紧密结合,而且还与西门子产品生命周期管理软件相结合,真正让自动化与制造管理、企业管理、供应链管理建立了无缝连接，使供应链的变化迅速地反应在制造中心，从而为"数字工厂"理念提供了坚实的技术和产品管理基础。同样，西门子软件 SIMATIC IT 包含了一系列产品，专为生产运营、管理，以及执行人员提供更高的工厂信息可见性。这些产品的主要功能可描述为三个方面，即提供数据集成与情景化、帮助利用信息做出尽可能的实时决策以及分析信息。其中，西门子 SIMATIC IT 中的制造执行系统（Manufacturing Execution System，MES）提供了一个较高层次的环境，为制造过程和操作流程提升各组件之间协同工作能力提供了可行的软件环境。

（3）博途 TIA 软件　TIA 是全集成自动化软件 TIA portal 的简称。它是采用统一的工程组态和软件项目环境的自动化软件，可在同一环境中组态西门子的所有可编程序控制器、人机界面和驱动装置。在控制器、驱动装置和人机界面之间建立通信时共享任务，可大大降低连接和组态成本，几乎适用于所有自动化任务。借助全新的工程技术软件平台，用户能够快速、直观地开发和调试自动化系统。

3. 虚拟调试技术简介

通常情况下，数字化工厂柔性自动生产线的建设投资大、周期长、自动化控制逻辑复杂，使得现场调试的难度与工作量都非常大。若按生产线建设规律，越早发现问题，整改的成本就会越低，那么就有必要在生产线正式生产、安装和调试之前，在虚拟环境中对生产线进行模拟调试，解决生产线的规划、干涉和 PLC 逻辑控制等问题。当完成上述模拟调试之后，再综合加工设备、物流设备、智能工装和控制系统等各种因素，才能全面评估建设生产线的可行性。

虚拟调试（Visual Commissioning，VC）为解决此类难题提供了方便。在设计过程中，生产周期长、更改成本高的机械结构部分可采用虚拟设备，在虚拟环境中进行展示和模拟；易于构建和修改的控制部分则用由 PLC 搭建的物理控制系统来实现，由实物 PLC 控制系统生成控制信号来控制虚拟环境中的机械对象，以模拟整个生产线的动作过程。借助于该技术，能够及早发现机械结构和控制系统的问题，在物理样机建造前就予以解决，这样就能在整个产品的研发过程中节约时间成本与经济成本。

二、Tecnomatix软件与数据体系

1. Tecnomatix软件体系

Tecnomatix 是西门子全面数字制造解决方案的组合，它连接了制造工艺与产品工程的数据，实现了产品的加工与创新。软件系统包含工艺布局和设计、工艺模拟和验证、产品制造及执行设计等整个生产流程，设计基础是开放式产品生命周期管理（PLM）技术。

产品生命周期管理（PLM）起初是一种基于计算机辅助设计（CAD）、计算机辅助制造（CAM）和产品数据管理（PDM）的概念，但随着技术的不断发展，其范围已经拓展到了产品生命周期框架的各个环节，包括概念、设计、制造、应用、回收、处置及运输等。在整个产品

生命周期中，PLM 技术提供了对产品和过程知识的访问。Tecnomatix 软件系统是 PLM 技术的重要组成部分，它包含了一套产品生命周期管理不可或缺的软件工具，相关软件及其功能有以下几个方面：

（1）零件规划和验证　零件规划和验证包含了零件制造计划、加工线规划、冲压线模拟与虚拟机床等相关的工具软件。

（2）装配规划和验证　通过一系列工具来实现装配规划和验证的应用开发软件，所涉及的软件模块如下：

1）资源分配、布局与工艺规划软件 Process Designer。

2）装配过程控制组件 Process Simulate Assembly。

3）人体工程学组件 Process Simulate Human、Jack 等应用软件。

在上述软件中，Process Designer 能对三维仿真、产品线平衡等过程中的资源、操作和产品等要素进行粗略的规划。Process Simulate 能对装配工艺进行可行性验证，对装配路径、装配顺序、碰撞干涉等过程进行详细的规划，主要功能包括精确分析、仿真操作、碰撞规划、时间分析、人机工程学分析、机器人离线编程（Offline Programming, OLP）及虚拟调试（VC）等。其中，包含在 Process Simulate 中的人体工程学组件主要是模拟人的生物力学，为提高工作场所的工效，分析、改善与消除职业病等提供了可行的仿真工具和较高的改善效率。

（3）机器人技术和自动化规划　使用的主要软件工具有：Process Designer、机器人工艺操作模拟仿真组件 Process Simulate Robotics 或 Process Simulate Robcad 以及机器人生产过程与焊接模拟组件 Process Simulate Spot Weld 等。它们可用于工业机器人的装配、搬运、加工、喷涂和焊接等工艺仿真，还可以用于工装夹具、自动化设备工艺等的设计与仿真，工业机器人及自动化设备工位布局、工位节拍等的规划与仿真验证。

（4）工厂设计和优化　主要用于工厂计算机辅助设计、工厂流程优化与工厂模拟等，所用到的软件是 Plant Simulation，以及相关功能组件 Factory CAD、Factory FLOW 等。其中 Plant Simulation 主要用于工业过程的二维布局优化，它包括动态模拟、人员和机器的开发、工作站中薄弱位置的识别、供应的运输、策略的验证以及仓库的占用等。Factory CAD 与 Factory FLOW 都属于 AutoCAD 的上层构架软件，Factory CAD 可用于快速构建项目生产与生产工作站的 3D 布局。使用 Factory FLOW 可以构建物流、变量所引起的运输成本变化的图形和数字表达等。

（5）质量和生产管理　质量和生产管理包含了尺寸计划和验证（DPV）、误差分析（VSA）、检测规划（CMM）、制造执行系统（MES）、数据采集及人机交互 HIM/SCADA 等。从应用方面来看，上述软件之间的分组关系可用图 0-2 来表述。共分为如下三组：

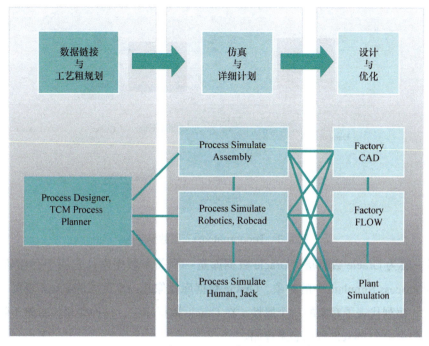

图0-2 对Tecnomatix应用组件的分类

1）第一组包含了数据连接和初步的工艺粗规划，用到的软件有Process Designer或者基于数据协同平台的TeamCenter（TCM）Process Planner。

2）第二组包含了工艺的初步操作仿真和详细规划，用到的软件有装配过程控制组件Process Simulate Assembly、机器人工艺操作模拟仿真组件Process Simulate Robotics或者Robcad，以及人因工程组件Process Simulate Human或者Jack组件；

3）第三组包含了工厂的设计与优化，用到的软件有Factory CAD、Factory FLOW和Plant Simulation等。

上述分组概括了Tecnomatix软件体系的应用范围，这些应用软件的后台支撑是数据库，以及基于数据库平台的制造协作平台TeamCenter Of Manufacturing（简称TCM）。各种应用软件也是在管理、处理与运用各种数据的过程中发挥其作用的。因此，数据分类是Tecnomatix体系的核心，也是构建包含零件制造特征、资源和操作等信息的各类加工工艺的基础，下面对Tecnomatix的数据体系做一个简要介绍。

2. Tecnomatix数据体系

西门子Tecnomatix数据库应用体系包含三个层次。如图0-3所示，在数据库三层架构体系中，软件Process Designer和Process Simulate均通过eMServer服务器来访问Oracle数据库，执行与各种用户的连接功能。这三层数据架构的关系如下：

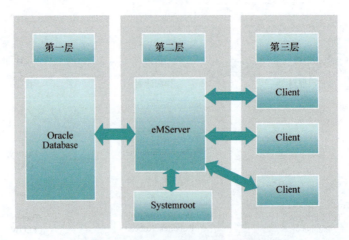

图0-3　Tecnomatix的三层数据架构

1）第一层为 Oracle 数据层，Oracle 数据库是一个关系数据库，它用于存储软件 Process Designer 与 Process Simulate 中的对象。Oracle 数据库就像是一个巨大的 Excel 表页，每行代表了一个对象，每列代表了对象的一个属性。在 Oracle 数据库中，每种类型的对象（包括对象之间的关系）都由一个 Oracle 数据表来存储。

在图 0-3 中，Tecnomatix 体系的解决方案使用了 Oracle 数据库，其主要功能是管理数据和控制访问，例如，锁定方案用于保证数据更新结果的一致性。Oracle 数据库充当了持久性存储数据的场所，它被细分为不同的 Oracle 账户存储区，称为数据对象集合（schema），它包含了表、视图等多种对象。一般情况下，每个账户都会有一个主数据对象集合区用于保存所有的生产数据，另一个数据对象集合区用于保存所有的测试数据。每个主数据对象集合区都与一个被称作高级队列（Advanced Queue，AQ）的数据对象集合区成对出现，以维持系统自动刷新机制的运作，也就是说，主存储区保存所有项目节点的各种结构树数据；AQ 存储区则保存了客户端应用程序中用户对主存储区所更新的临时列表，这些过程由 eMS 代理监视。对于用户而言，Oracle 数据服务器运行单个 Oracle 实例，包含了数据库的进程和内存。一个实例可以包含多个存储区域，但 eMServer 服务器一次只能使用一个存储区域。

2）第二层为 eMServer 数据应用服务器层，属业务逻辑层，用于管理 Oracle 数据库与客户机应用程序之间的连接，并能够根据制造过程中资源、操作等的规则和逻辑，提供服务和建模元素。它是 Tecnomatix 解决方案的核心。第二层的应用模式如图 0-4 所示，它能为客户端应用程序提供服务，并管理整个业务的逻辑流程。

来自 Process Designer 或 Process Simulate 客户的所有数据请求都会通过 eMServer 服务器传输到 Oracle 数据库中。eMServer 服务器能够让客户指向同一个系统根目录和同一个 Oracle 数据库区域，以便所有指向 eMServer 的客户机都查看相同区域的数据和系统根目录。如果在 eMServer 上更改设置，通常由数据管理器和系统管理员进行更改。从技术上讲，eMServer 是一个应用服务器，由微软的 COM 技术托管，所用到的主要接口如下：

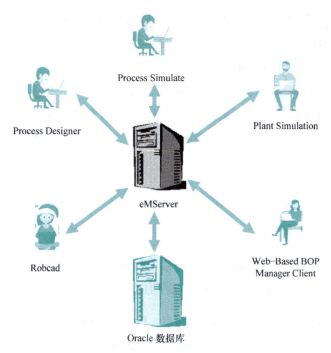

图0-4 Tecnomatix数据库与访问软件

① eMS API：称作 eMS 数据服务应用编程接口 API，使用该接口可以用来编写应用程序访问数据库中的数据，Process Designer 和 Process Simulate 对客户创建的应用程序使用相同的数据进行访问和控制。

② DCOM：称作分布式组件对象模块，是一套微软的程序接口，eMServer 与 eMS 客户端交互的接口是 DCOM。它充当动态链接库 DLL 的载体和事务管理器，用于客户端程序向同一网络下服务器程序的服务请求。

③ Oracle 客户端：是 eMServer 使用 SQLNet 与 Oracle Server 交互的接口。

软件 Process Designer 与 Process Simulate 中的数据主要存放在两个位置，即系统根目录 System root 下与 Oracle 数据库中。其中，eMS 数据可以理解为用于应用软件的数据，如 Process Designer 与 Process Simulate 中的 Oracle 数据库。与 eMS 数据节点相关的所有外部文件都存储在 System root 根目录所在的文件夹路径下，大多情况下，这些文件主要包括图形显示区域内三维模型的文件。与此对应，Oracle 数据库则存储项目的所有对象节点及其实时读写的各种关系数据。因此，eMServer 服务对于应用程序中的文档、三维组件和工程文件等非数据库文件，需要通过访问系统根目录来获取。例如，如果要将模型添加到 Process Designer 或 Process Simulate，则必须将 3D 模型放置在系统根目录中。

3）第三层是客户端层，该层包含了使用 eMServer 服务器的所有应用程序。通过 API 编程，实现客户机应用程序与 eMServer 服务器的接口，如 Process Designer、Process Simulate 和 Plant

Simulation 等软件均采用这种接口机制。因此，可以把 eMServer 服务看作是一个多用户接口的软件工具集，多个用户可以工作在同一个数据库或项目，但位于不同的分支上。系统的签入、签出机制允许用户签出项目的一部分进行修改，然后再签入该部分。当用户签出分支或项目时，其他用户只能以只读模式查看该分支。通过向业务逻辑层（第二层）添加其他组件的功能，第三层就可以轻松地被扩展为多层体系结构。例如，把第二层扩展为 Web 服务器、流服务器（eBOP）、文件服务器、报告服务器等的数据管理服务，这样第三层就会具备对应的业务请求服务。

三、应用软件功能与eMS数据基础

1. 应用软件的功能

（1）软件功能介绍 Tecnomatix 提供了一套工程研究软件工具，主要有 Process Designer、Process Simulate 和 Plant Simulation 等。这些软件的功能介绍如下：

1）Process Designer（简称 PD）的功能特点。Process Designer 是一个快速而准确的流程规划工具，主要用于规划制造工艺和管理工艺数据库。它具有如下特征：

① 使用层次化的工艺数据库，将产品数据、制造资源和操作连接在一起，形成一个完整的生产工程过程的集成框架。

② 作为自上而下创建、修改和导航过程数据的系统，Process Designer 协调并简化了工艺规划的任务。

③ 集成了制造工艺规划、分析、验证和优化功能，简化了整个流程规划任务，缩短了项目生命周期。

④ 构成一个单一的逻辑位置，所有流程信息都可以关联、集成和控制。

⑤ Process Designer 是 Tecnomatix eMS 解决方案不可或缺的一部分。

2）Process Simulate（简称 PS）的功能特点。Process Simulate 是一个动态环境套件，主要用于帮助工程人员进行概念验证、装配和可用性的研究。它包含 Process Simulate Human、Process Simulate Robotics 和 Process Simulate Assembly（Flow Paths）等组件。通常情况下，PD 与 PS 合称为 PDPS，它们构成了 Tecnomatix 的重要内容。Process Simulate 具有如下主要功能：

① 验证产品装配的可行性。

② 制订零件的装配和拆卸路径。

③ 执行机器人的可达性位置检查。

④ 开发和下载机器人流程和路径（包括逻辑）。

⑤ 根据需要进行人体可达性检查和人体工程学研究。

⑥ 进行人因模拟。

⑦ 动态检查工具、工业机器人和人手臂之间的干涉和容差间隙。

⑧ 对总成进行可用性研究。

⑨ 确定如何为总成的指定部分提供服务。

3) Plant Simulation 软件功能。Plant Simulation 是模拟产能吞吐能力的工厂模拟器，它可用于模拟与研究生产系统的效率、质量、交期和成本，可对生产系统的各个组成环节建立仿真模型，从而实现优化系统性能、提升效率以及减少浪费的目标。

（2）系统的软件环境与数据服务　产品生命周期管理是有效地创建和使用全球性创新网络的基本要素，它可使众多组织及其合作伙伴能够在产品生命周期的每一个阶段实现协同运作；也可以在产品生命周期的各个阶段，包括规划、开发、执行和运营支持等都能为企业提供统一的信息。

如图 0-5 所示，作为产品生命周期管理的一个重要组成部分，Tecnomatix 提供了一种基于 eMServer 数据服务器及相关软件规划工具的集成环境。eMServer 数据服务器在数字产品生命周期管理解决方案 Teamcenter 的支持下，与各种软件工具在整个产品的生产周期中能够达成良好的协同关系。

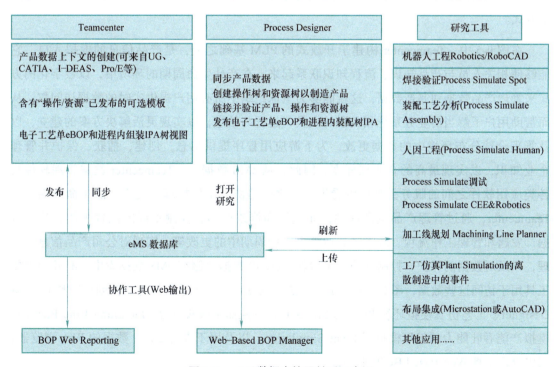

图 0-5　eMS 数据库协同关系示意图

图 0-5 中涉及的一些关键词解释如下：

1）eMS 数据库：指在 Process Designer、Process Simulate、基于 Web 的 BOP Manager 和 BOP Web Reporting 等软件环境下使用的 Oracle 数据库。eMS 数据指 eMS 数据库中的数据。

2）eBOP：是电子工艺单（electronic Bill of Process）的缩写，主要包含四个对象，即产品（Product）、操作（Operation）、资源（Resource）和制造特征（Manufacturing Features）。这四个对象的概念解释如下：

① 产品（Product）：依据电子工艺单 eBOP 制造工艺生产的对象。

② 操作（Operation）：指生产产品所执行的步骤序列。

③ 资源（Resource）：指生产产品所执行操作的对象，如机器、工具和工人。

④ 制造特征（MFG）：用于表示零件与生产之间的特殊关系。例如：在机器人喷漆或电弧焊、点焊时，沿着零件移动的机器人路径。

3）IPA：是进程内组装（In Process Assembly）的缩写，是一种类似于操作树的层次结构树，它包含已传入的、分配到装配线工作站零件的列表。

4）Web-Based BOP Manager 与 BOP Web Reporting：是 Web 浏览工具，它有助于更好地理解 Process Simulate 的数据，以及更好地了解 Process Designer 和 eMS 数据库中的数据结构方式。

在图 0-5 中，Teamcenter 构建于开放式的 PLM 基础之上，是产品信息的虚拟入口，它能够使相关人员与产品知识、流程知识联系起来，在产品生命周期的环境中，以数字化的方式来管理产品数据和制造数据，这就能够为全球组织中所有用户提供实时的数据访问权，从而帮助用户了解当前业务系统相关联的人员、过程与信息，以实现灵活解决方案的建立，以及管理全球分布环境中的数据更改，为下游应用程序提供信息，创建、捕获、保护并管理企业知识，以实现最高的企业杠杆度。因此，从 eMS 数据库、Teamcenter 数据管理软件与各类应用软件之间的服务关系可以看出它们之间的协同工作机理：使用产品生命周期工具 Teamcenter，通过管理产品生命周期，如组织和修改产品、控制不同的配置视图、分类数据、发起和管理工作流程、跟踪产品在整个生命周期中的更改等，实现对公司产品信息的管理，以及对数据的保护、控制和访问等操作。eBOP 数据存储在 eMS 数据库中，有几种主要工具用于访问这些数据，图 0-5 中列出的主要工具软件有：工艺设计与数据创建工具 Process Designer、工艺仿真模拟环境 Process Simulate、数控加工线规划器 Machining Line Planner、模拟产能吞吐能力的工厂模拟器 Plant Simulation，以及用于查看 eBOP 数据的 Web 浏览器、报告管理工具 Web-Based BOP Manager。

2. eMS数据存储与表达

在 eMS 数据应用工具中，Process Designer、Process Simulate 和 Web-Based BOP Manager 等软件存在四种基本类型的数据：产品（Product）、操作（Operation）、资源（Resource）和制造特征（MFG）。四种基本类型数据的存储方式主要有两种：库存储与层次树存储。在这些软件中，四种基本类型数据的表达各不相同，对它们的描述如下。

（1）产品（Product）的数据表述

1）零件库是一个平面树，包含产品层次树（树浏览器）中每个唯一零件的主控件。

2）产品树是一种层次树，通常由产品设计小组按最终产品的不同部件（如车身底部、发动机舱等）组织起来。产品树通常有如下几种组织形式：

① 工程物料清单（Engineering Bill of Materials，EBOM）：按物流车具活动区域组织起来的产品数据。这是可供产品设计小组使用并存储在 CAD 系统中的层次树。

② 制造物料清单（Manufacturing Bill of Materials，MBOM）：按产品到达工厂进行装配的方式组织起来的产品树。它包含沿线路进入装配站的装配部件。

③ 进程内组装树（In Process Assembly Tree，IPA）：一种类似于操作树结构的层次树。它包含在装配线上输入零件分配到工位的零件列表。

（2）资源（Resource）数据表述

① 资源库是一个平面树，它包含层次资源树中每个唯一资源的主控件。资源库中的资源可能比资源树中使用的资源多。资源库具有公共资源（如机器人和工人）和特定项目资源（如工具）的标准列表。可以使用这些资源创建子库，以更好地组织资源。

② 资源树又称资源清单（Bill of Resources，BOR），是一种层次树，通常按制造工厂的区域（如工厂、生产线、区域和站点等）来组织，每个站点都包含了一个资源列表。

（3）操作（Operation）数据表述

① 操作库是一个平面树，包含常用操作序列的模板副本。

② 操作树又称电子工艺单（Bill of Process，BOP），是一种层次树，通常按制造工厂的区域（如工厂、生产线、区域和工作站等）来组织。每个工作站都包含了在该处要执行的操作序列。

（4）制造特征（MFG）数据表述　制造特征（Manufacturing Feature）库是一个平面树，包含每个唯一焊点或基准的主控件。可以创建子库，以便按最终产品的区域更好地组织制造特征（如车底、发动机舱等）。

3. PDPS数据与文件存储

（1）数据与文件的存放　数据与文件在 Process Designer 中主要存放在如下两个位置：

1）系统根目录（System root）。系统根目录是一个文件夹，它包含了 eMS 数据节点引用的所有外部文件。其位置可以借助 eMS 管理工具来定义。通常，此文件夹位于中心文件服务器上，所有 eMServer 服务软件和客户端软件（应用软件 Process Designer、Process Simulate 和基于 Web 的 BOP Manager 等）都可以访问。系统根目录下包含了所有的外部文件，这些外部文件的类型主要包括产品和资源的三维模型、图形数据、Excel 电子表格和 AutoCAD 文件等。存储在此路径下的所有外部文件可通过相应的节点被引用到 eMS 数据库中。

图 0-6 所示为系统根目录下文件结构的一个示例。系统根目录下包含了存储系统中的附着文件、客户化定制文件、说明文档、产品与资源的三维模型、PERT/GANTT 图截图文件、项目收集数据、机器人的通信数据、项目的报告单文件和 2D 布局文件等。

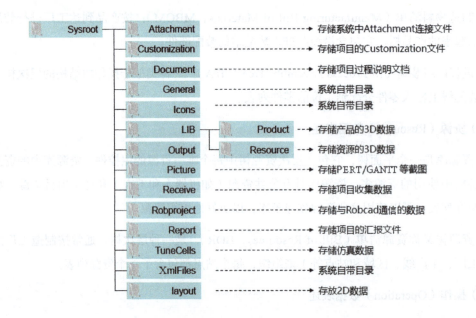

图0-6　系统根目录文件

在安装 Process Designer 或 Process Simulate 期间，默认情况下，以下文件夹位于系统根文件夹（.\sysroot）下，各类文件夹（图 0-6）的说明如下：

① General：通用信息文件类，包含库管理器、Web 浏览器、Process Designer 和 Process Simulate 等软件使用的信息。

② Report：报告，包括各个报告模板。

③ XmlFiles：如果要使用基于 Web 的 BOP 管理器、Process Designer 或 Process Simulate，

则此文件夹必须存在。它是在安装过程中使用默认的基于 Web 的 BOP 管理器创建和发布的，这些 XML 文件表示系统中的页面、函数或选项卡等。

大多数用户会将下面的文件夹置于系统根目录下：

① Images：包含使用主菜单命令"主页→输出→附加文件"输出的图像文件，路径可通过 Process Simulate 和 Process Designer 中"选项"对话框的"eMServer"选项卡来设置。

② Output：导入导出文件夹，该文件夹的确切名称并不重要，如果要将数据从 eMS 数据库中导入或导出，则应该存在一个文件夹中，文件夹的名称并不重要，只要它包含要导入、导出的文件即可。在不需要时，可将其删除。

③ Libraries：如果要使用三维数据，库的根文件夹应该存在，文件夹名称可以任意，该文件夹需包含 3D 组件库，每个库都是一个文件夹，其中包含图形数据、三维组件（包含 .jt 文件的 .cojt 或 .co 文件夹），这些组件可在 eMS 客户端应用程序的图形查看器中使用。

④ Libraries\HUMAN_MODELS 库：由 Process Simulate 用户模拟 jack 人体模型的默认存放位置，在 Process Simulate 的人体功能模块上定义。

⑤ Libraries\system：三维数据的默认位置，例如主控点 PLP 相关的制造特征 MFG、空组件等。

⑥ Movies：包含使用主菜单命令"主页→输出→附加文件"输出的影片，它在 Process Simulate 和 Process Designer 中"选项"对话框的"eMServer"选项卡上定义。

⑦ Volumes：存储 Process Simulate 创建的扫描卷的默认文件夹，在"选项"对话框的"运动"选项卡上定义。

⑧ TuneCells：如果要使用 Process Designer 加载的查看器或 Process Simulate，则此文件夹必须存在。它的文件夹名称非常重要，如果文件夹不存在，则将在第一次运行时创建该文件夹。此文件夹包含根据使用 Process Simulate 以"标准模式"或"生产线仿真模式"打开的每个项目的外部 ID 命名的子文件夹，子文件夹都会包含一个具有 XML 文件的文件夹，有时还包含其他内部文件。

根据 Process Designer 和 Process Simulate 中使用的模块，系统根目录下还有可能包含以下文件夹：

① Documents：用于保存节点项目中的说明文档。

② 3D Documentation：存放 3D PDF 文件的文件夹。

③ Attachments：用于保存项目系统中数据库节点的连接附加文件。

④ ALB：仅当使用 Process Designer 的自动"线平衡"时才需要。

⑤ Icons：此文件夹必须存在，否则 Process Designer 和基于 Web 的 BOP 管理器就不能正常工作。但它不一定驻留在系统根目录下，其默认位置是 C:\Program Files\Tecnomatix\eMPower\ InitData\Icons。

⑥ Macros：存储 Process Simulate robot 宏的默认位置，在 Process Simulate 的"选项"对话框的"运动"选项卡上定义。

⑦ RobotMachineDataFiles：当使用基于 RRS 的机器人仿真时，由 Process Simulate 用作存储机器人的数据文件和配置信息的默认位置，它也是上传和下载的默认位置。

2）存放在数据库中。此处的数据库是指 Oracle 服务器上用于存储 eMS 数据的数据库，它被划分为不同的数据对象集，这些数据对象集又被划分到多个项目中，每个项目包含具有属性的节点树。在系统数据的描述中，一些重要的关键词的解释如下：

① 对象（Objects）。在 PDPS 中，对象是项目的重要组成部分，共有四种基本对象，它们分别是产品、资源、操作和制造特征。四种基本对象可用来表达制造工艺，其信息均可采用"树"浏览器的方式来显示，具有对应的节点（Nodes）和属性（Attributes）；eMS 数据库（例如 Process Designer、Process Simulate 和基于 Web 的 BOP 管理器等）可以容纳多种对象类型。与每个对象类型关联的唯一图标在包含该类型对象的树视图中标识该对象。表 0-1 列出了大多数对象类型。

表 0-1 对象类型描述

图标	数据类型	描述
	项目	一个完整的项目
	文件夹	包含其他文件夹的对象类型容器
	文件夹快捷键	包含对象类型快捷方式的文件夹
	零件	单一零件
	复合零件	包含一个或多个零件，或者零件子装配体的装配体
	操作	单一操作
	复合操作	包含一个或者多个子操作的操作集
	资源	单一资源
	复合资源	包含一个或多个资源的资源集
	操作库	操作库
	零件库	零件库
	资源库	资源库
	Tx 进程装配	含有零件、复合零件、Tx 进程装配的进程内装配 IPA

② 节点（Nodes）。一般情况下，节点与对象的含义相同，它是"树"浏览器中的对象，可以在"树"结构数据中表达对象。节点的属性之一是添加的附件，附加到节点的文件存储在项目的系统根目录文件夹下。系统可以附加任何类型的文件，常见的附着文件有：项目的 3D 模型文件、MS Office 文件和 AutoCAD 文件等。

③ 项目（Projects）。项目由制造工艺中的所有对象组成。当用户登录到一个项目时，他不能直接访问另一个项目的数据。用户打开它能够看到的存储空间中的任何项目，可以很容易地在用户数据集中的项目之间切换。

④ 项目列表（List of Projects）。将项目分组到一个列表中。当用户登录 Tecnomatix eMS 数据库时，显示给用户的列表由系统管理员定义。

图 0-7 所示为数据库系统中的项目数据结构。在该数据结构中，Oracle 数据库位于最顶层，存储了项目组中所有用户的数据对象集、项目的树数据、对象节点、对象属性及其关联关系。该结构中的数据关系可解释如下：

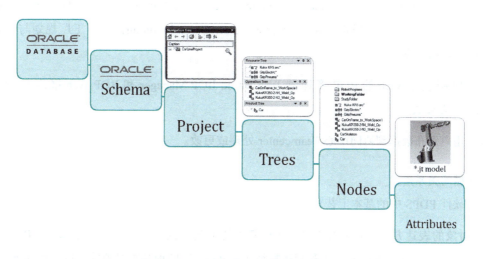

图 0-7　系统项目数据结构

① 节点或者对象是构成"树"数据块的基本单元。例如：在一个机器人加工系统的项目中，对象或节点可以代表机器人单元或者加工零件。

② "树"是一个具有相似类型对象的结构化组。例如：产品树可以包含一个飞机装备体的所有部件，或者汽车装备体的所有部件。

③ 项目中的各种数据被组合在一起形成数据对象集合（schema），它定义了 Oracle 数据库中的一个区域，其架构是在 eMServer 上设置的。eMServer 服务器上的客户端只能打开数据对象集合（schema）上的项目。

（2）在 PDPS 中创建与加载 eMS 数据　使用 PDPS 软件构建研究数据要遵循的操作步骤如下：

1)数据管理员新建一个协作环境(包含适用的结构环境)。

2)数据管理员新建一个应用程序接口与 eMS 数据库项目相匹配。

3)用户将相关的环境数据同步到此项目中。

4)创建工厂、生产线、区域操作和资源等的"树"结构框架。

5)在区域内创建工作站。

6)布局工作站资源内容(或在步骤 8 进行)。

7)为工作站分配模板操作。

8)为区域、站点设置 PERT 图表。

9)为工作站分配资源(或在步骤 5 进行)。

10)请求、执行详细的研究(通常使用的软件组件为 Robcad 和与软件 Process Simulate 相关的软件组件:装配 Process Simulate Assembly、人因工程 Process Simulate Human、机器人 Process Simulate Robotics、虚拟调试 Process Simulate Commissioning,以及工厂规划与仿真软件 Plant Simulation 等)。

11)使用基于 Web 的 BOP 管理器 Web-Based BOP Manager 和 BOP Web 报表 BOP Web Reporting 来查看数据。

12)用户发布数据到协同中心 Teamcenter 处理或更改。

4. 数据间关系描述

(1)软件 PDPS 中的基本工艺对象

1)对象的表达方法。在 PDPS 中,四种基本的工艺对象分别是:产品零部件(Part)、操作(Operation)、资源(Resource)和制造特征(MFG)。这四种基本对象的表达方法如下:

① 产品零部件组成了产品的最终单元,用橙色三角形 表示。复合零件(CompoundPart)则用三个橙色三角形 来表示。

② 操作是为执行制造产品活动而设置的,用洋红色方块 表示。复合操作(CompoundOperation)用三个洋红色方块 来表示。

③ 资源是实现生产操作所需的各种工装设备,包括生产线、工位和夹具等,用蓝色圆圈 表示,复合资源(CompoundResource)用三个蓝色圆圈 来表示。

④ 制造特征(MFG)描述了不同零件之间的关联关系,制造特征包含焊点、主控制点 PLP、焊缝胶条等,它们的图标分别是:焊点 ,主控制点 PLP ,焊缝胶条 。

2)基本对象之间的关系。基本对象不是孤立存在的,它们都是表达制造工艺的基本元素,制造工艺中四种基本对象之间的关系如下:

① 零件与制造特征。假设要制造一种零件,首先需要把零件的制造特征关联到所制造的零件上。以点焊为例,制造特征与零件之间的关系如图 0-8 所示。

② 制造特征与操作。制造特征关联到零件上之后,所面临的问题就是如何生产这个零件。生产加工过程需要进行若干操作,这些操作必须按照正确的工艺进行。例如:点焊是对零件焊点位置上的操作,需要零件制造特征——焊点的配合,故存在如图 0-9 所示"制造特征→零件→操作"之间的关联。在执行制造的时候,可以将制造特征(焊点)指定给某个操作,其关系如图 0-10 所示。

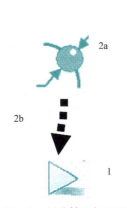

图 0-8 制造特征与零件

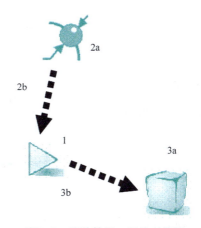

图 0-9 制造特征→零件→操作

③ 资源与操作。要执行这些操作,需要分配特定的资源,它们之间的关系如图 0-11 所示。例如:执行焊接操作需要机器人、焊枪、变位机、工作单元、工厂和工人等,这些都是待分配的资源。在这个系统中,基本对象(操作、资源、零件和制造特征)与各个对象本身之间的关系定义了电子工艺清单 eBOP,这就是 eMS 数据库中所包含的内容。

(2)PDPS 中的数据视图 在 PDPS 中,每个类型的节点都有特定的视图和编辑工具,以查看它们的数据层次结构和修改数据之间的关联关系,各对象节点

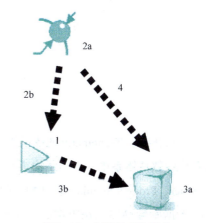

图 0-10 制造特征与操作

在 eMS 数据库中的存储方式是库和树结构。四种基本对象数据(产品零部件、操作、资源和制造特征)的显示和编辑工具如图 0-12 所示。各种视图、树视图等具体显示形式将在后续章节的软件应用过程中逐步介绍,这里不再赘述。

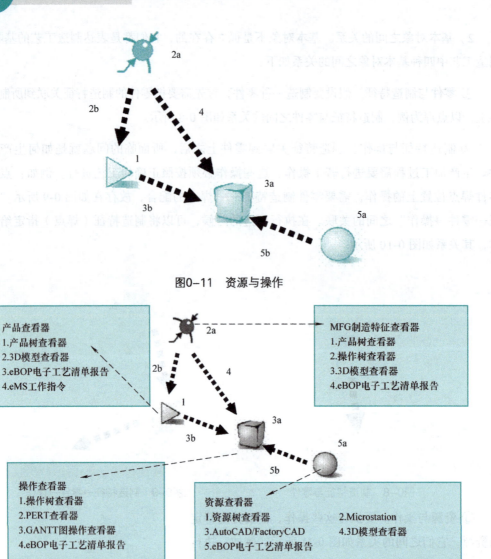

图0-11 资源与操作

图0-12 基本对象数据的显示方式

四、小结

本章介绍了 Tecnomatix 的体系构成，主要分两个部分：系统的软件体系和系统的数据体系。在系统的软件体系中，介绍了构成系统的主要软件及相关软件组件，着重介绍了软件 Process Designer、Process Simulate 及其相关的功能组件；在系统的数据体系中，介绍了 Oracle 数据库、eMS 数据库与 eMS 解决方案的整体架构，以及在 Teamcenter 的协作平台下，eMServer 服务与各种工具软件在整个产品的生产周期中的协同关系，重点介绍了 PDPS 环境下资源、操作、零件与制造特征四种基本工艺对象，以及它们的数据在制造工艺背景下之间的关联。

"向上捅破天，向下扎到根"是华为公司任正非在我国芯片等关键技术被国外卡脖子背景下说的一句话，目的是提醒我们需要掌握全行业的知识链，这既包括应用研究，也包括不以应用为目的的纯研究。"顶天立地"是每一个优秀企业所追求的目标,在这一点上,华为公司与西门子公司都是伟大的企业。工业软件不仅仅在于应用层面,更多地在于理论层面。开发工业软件需要严谨、长期的规划,以及事无巨细、心无旁骛、持久地努力前行。西门子公司经过多年的布局,最终才会在工业数字化软件方面做到了"顶天立地"。从优秀企业的经历中可以看到,对于发展方向问题切记不能随意"翻烧饼",要做到"认真论证,然后使之行之有效久远"。

项目 1
CHAPTER 1

加载与创建eMS基本对象

【知识目标】

1. 熟悉 Process Designer 流程规划软件的基础操作。

2. 掌握 Process Designer 中对项目数据的清理方法。

3. 掌握 Process Designer 中对非数据库文件的处理方法，包括加载零件与资源三维模型、焊点数据文件等，在图形查看器中布局仿真环境，生成工程库与焊点库等的操作方法。

4. 掌握 Process Designer 中对数据库数据的处理，包括资源、操作、产品零部件、制造特征数据的创建、分配及编辑等操作。

5. 掌握工艺双胞胎的创建与设置。

6. 掌握在 Process Designer 环境下创建、启动与打开 Process Simulate 项目研究的方法。

【技能目标】

1. 会清理既往 Process Designer 的项目数据，会创建新的项目。

2. 会加载非数据库文件，能够在 Process Designer 项目中创建资源库、产品库与操作库，并完成零件、资源及操作的入库分配。

3. 会加载焊点等产品制造特征，把焊点分配到对应的产品中去。

4. 会创建工艺双胞胎，学会使用 PERT 图，以实现工艺资源、操作与产品制造特征数据的关联，并完成工作站流程的创建以及工程进程装配等。

5. 能在图形查看器中完成项目环境的布局，生成并打开 Process Simulate 项目研究。

工业机器人应用系统建模（Tecnomatix）

1.1 相关知识

1.1.1 清理eMS数据

1. 查看既往项目

既往项目是指 Process Designer 已保存的项目，可通过如下操作来查看最近保存的项目数据：如图 1-1 所示，双击桌面上的 Process Designer（PD）软件快捷图标之后，即出现软件 Tecnomatix 软件启动界面，输入用户名和密码后单击"确定"按钮，即出现图 1-2 所示的界面。在图 1-2 中，可以看到已保存的"最近的项目"数据。下面介绍如何删除这些项目数据。

图1-1　启动Process Designer

图1-2　最近的项目数据

2. 清理项目数据

按照如下操作步骤，删除已经存在的项目数据：

1）关闭已经打开的 Process Designer 软件。

2）如图 1-3 所示，在 Windows 操作系统中单击"所有程序→ Tecnomatix → Administration Tools → AdminConsole"命令，即可弹出图 1-4 所示的应用软件"Tecnomatix AdminConsole"界面。

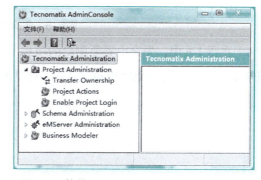

图1-3　启动AdminConsole　　　　图1-4　软件Tecnomatix AdminConsole界面

3）如图 1-5 所示，依次单击"Project Administration → Project Actions"打开应用程序，弹出 PD 软件启动界面。

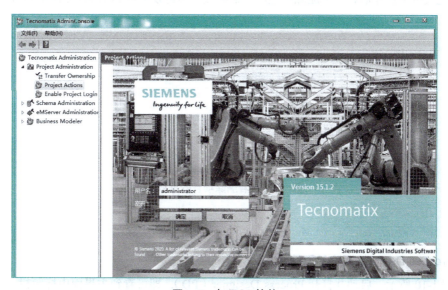

图1-5　打开PD软件

4）在图 1-5 所示的界面中，输入用户名和密码，再单击"确定"按钮，即可弹出图 1-6 所示的界面。

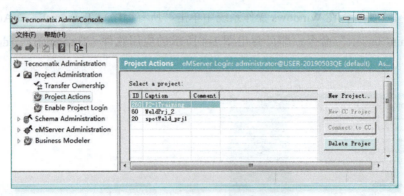

图1-6 删除项目数据界面

5）在图1-6中，先选中需要删除的项目，然后单击"Delete Projects"按钮，即可依次弹出图1-7、图1-8所示的删除提示对话框，均单击"是（Y）"按钮。

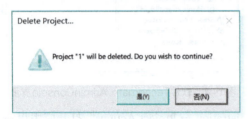

图1-7 删除提示对话框（1）　　　　图1-8 删除提示对话框（2）

6）完成以上操作后，即可删除所选项目的数据，删除所有项目后的界面如图1-9所示。

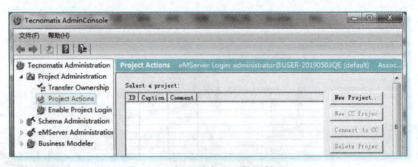

图1-9 查看删除项目数据效果

1.1.2 窗口布局与管理

1. Process Designer用户界面简介

如图1-10所示，启动并打开Process Designer（PD），即可看到主界面由标题栏、定制快速访问工具栏、主菜单及功能区、视图窗口、图形查看器、状态栏等部分组成。

（1）标题栏　标题栏位于操作界面的最上方，用于显示软件的版本、图标等信息，使用标题栏最右边的图标按钮可以最小化、最大化和关闭窗口。在标题栏图标的左边还镶嵌了一个"定制快速访问工具栏"的使用工具。

加载与创建eMS基本对象 项目1

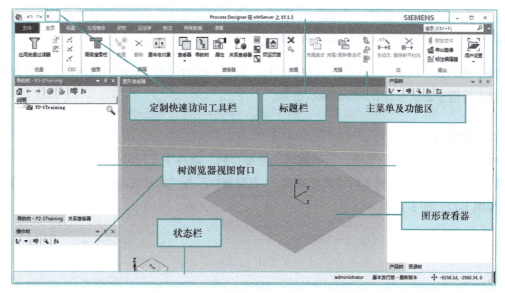

图1-10 Process Designer的用户界面

（2）定制快速访问工具栏　该工具栏用于定制一些常用的工具和便于用户快速访问的操作命令。其使用方法是：单击该工具栏上的，从弹出的菜单中选择"更多指令"，系统弹出"定制"对话框，在对话框中单击"添加"或者"移除"按钮，添加或者移除相应的命令，即可完成命令与工具的定制。

（3）主菜单及功能区　主菜单主要用于显示各个不同的功能区，各个功能区内又有不同的选项卡，每个选项卡下包含若干个命令组。

（4）视图窗口　大多数据对象都能以树浏览器视图窗口形式显示。Process Designer中常见的树浏览器有导航树、产品树、资源树、操作树、制造特征树和关系查看器等视图。其窗口功能描述如下：

1）导航树视图：用于显示整个项目的基本结构，它包含了产品树、资源树、操作树及其库的信息，是Process Designer中所有其他视图的启动面板。

2）产品树视图：将产品的各部分零件组合在一起，用于显示产品的层次机构和产品零件之间的装配关系。

3）操作树视图：用于显示制造产品所需的所有工艺操作，并能够显示这些操作与零件、资源之间的关联。

4）资源树视图：用于显示制造产品需要的所有生产设备和工具，以及整个工厂从上到下生产设备的组织结构。

5）制造特征树视图：用于显示与产品相关的所有制造特征（包括焊点、焊缝和胶涂缝等），以及制造特征按照零件总成进行分组的情况。

（5）图形查看器　图形查看器是 Process Designer 的主要工作视图区，对产品、资源等部件的所有操作、仿真结果都可以在该区域中展示。

（6）状态栏　状态栏包含提示行和状态行。其中，提示行用于显示当前用户、项目版本信息，状态行用于显示当前节点的编辑状态等。

2. 屏幕布局

单击主菜单"视图"菜单，其功能区"屏幕布局"选项卡下的命令如图 1-11 所示。其中"新建窗口"命令用于新建不同的图形视窗。"布置窗口"与"布局管理器"下拉菜单中的命令分别如图 1-12、图 1-13 所示。

图1-11　"屏幕布局"命令　　图1-12　"布置窗口"下拉菜单　　图1-13　"布局管理器"下拉菜单

图 1-12 所示的"布置窗口"下拉菜单用于选择图形窗口所使用的不同排布形式。图 1-13 所示的"布局管理器"下拉菜单用于调整用户界面的布局方式。

如图 1-14 所示，若连续单击 3 次主菜单命令："视图→屏幕布局→新建窗口"，即可新建 3 个视图窗口，再单击图 1-12 所示的窗口布置命令，则其显示效果如图 1-14~图 1-16 所示。

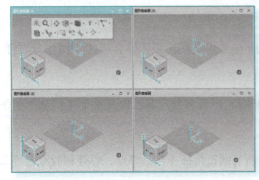
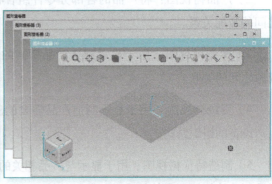

图1-14　垂直布置窗口　　　　　　　图1-15　层叠式布置窗口

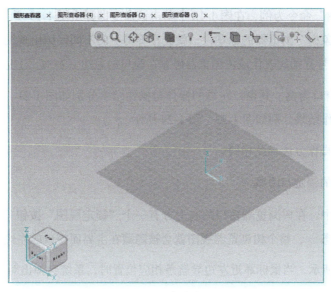

图1-16 选项卡式布置窗口

若执行图1-13所示"布局管理器"下拉菜单中的Standard命令,那么整个用户界面就恢复到默认系统界面,如图1-17所示。

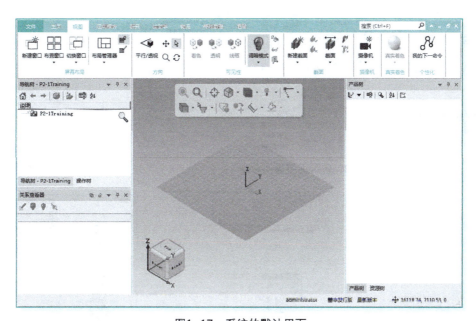

图1-17 系统的默认界面

3. 视图窗口的管理

(1) 视图窗口的停靠

1) 在Process Designer中,单击主菜单"主页→查看器"命令,如图1-18所示,即弹出各种视图显示命令。

2)以"对象树"命令为例,在图 1-18 中单击该命令即弹出图 1-19 所示的"对象树"浏览器视图。拖动"对象树"浏览器的标题栏,就会在屏幕上的不同区域出现图 1-20 所示的停靠提示。图 1-20 中的符号分别代表让该树浏览器停靠在窗口的左边、右边、上边、下边和中间。

3)以导航树窗口为例,其窗口左靠的操作与操作结果分别如图 1-21、图 1-22 所示,窗口中间靠的操作与操作结果分别如图 1-23、图 1-24 所示。

其他树窗口的操作方法与此相同。

(2)视图窗口的锁定与隐藏

1)在图 1-24 中,在树浏览器窗口的右上方有一个"锁定视图"按钮 ,单击该按钮会使树视图变为隐藏状态 ,整个树浏览器视图就会被隐藏在主界面窗口的左边。

2)如图 1-25 所示,当鼠标靠近左边导航条相应位置时,系统会弹出对应的树视图。

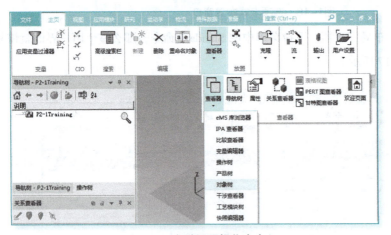

图1-18 各种视图操作命令

图1-19 对象树视图

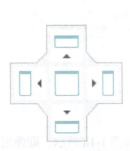

图1-20 窗口停靠提示

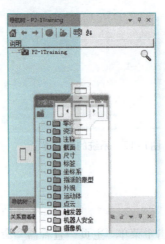

图1-21 窗口左靠操作

图1-22 窗口左靠效果

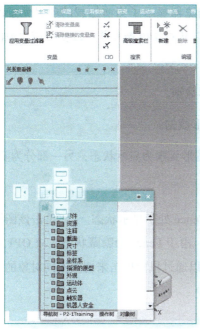

图1-23 窗口中间靠操作

图1-24 窗口中间靠效果

（3）取消视图窗口的停靠 如果需要取消视图窗口的停靠状态，使之变为浮动窗口，具体操作如下：如图1-26所示，在下方选择需要浮动的窗口标签，单击鼠标右键，在弹出的菜单中单击"浮动"命令，即可让该视图重新处于浮动状态，结果如图1-27所示。

图1-25 树浏览器的隐藏与显示

图1-26 取消窗口的停靠

图1-27 浮动窗口

（4）显示与隐藏树浏览器中的对象 对象树浏览器显示了当前加载的项目元素的层次结构，通过单击改变元素名称旁小方块的图标，就可以从对象树查看器中改变相应对象的隐藏或显示状态。方块图标的显示状态如下：

1）空白▢：在图形查看器中隐藏了该处的图形数据。

2）显示▨：在图形查看器中显示了该处的图形数据。

3）半显示▨：在图形查看器中，该处一部分图形元素为显示状态，另一部分为隐藏状态。

4）无数据☒：该处没有数据。

如图 1-28 所示，资源树浏览器 OP1 下的资源 Fence 处于显示状态▨，单击该图标使其变为隐藏状态▢，效果如图 1-29 所示。在图 1-29 中，由于 Fence 为隐藏状态，故 OP1 处于半隐藏半显示状态，其图标为▨。在实际的操作中，可以通过鼠标单击来切换不同对象的显示与隐藏状态，以达到方便地编辑图形对象的目的。

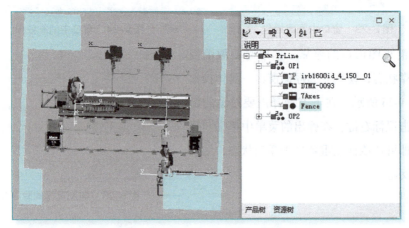

图1-28　资源Fence的显示状态

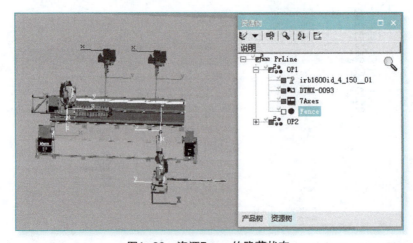

图1-29　资源Fence的隐藏状态

4. 三维视窗的简单操作

三维视窗的一些简单操作包括视图的缩放、平移和旋转等，具体操作指令如下：

（1）缩放　滚动鼠标滚轮，或者按住鼠标"左键＋中键"并拖动，对应的主菜单命令为"视图→方向→缩放"，命令图标为 。

（2）平移　按住并拖动鼠标"右键＋中键"，对应的主菜单命令为"视图→方向→平移"，命令图标为 。

（3）旋转　按住"中键"并拖动，对应的主菜单命令为"视图→方向→旋转"，命令图标为 。

1.2　项目实施

1.2.1　项目描述

如图 1-30 所示，要求完成任务：①清理 Process Designer 中既往的项目数据；②在 Process Designer 中创建并保存项目，设置系统根目录；③在 Process Designer 中加载资源、产品零件三维模型和焊点等项目文件；④在图形查看器中完成工业机器人、焊枪、行走轴、变位机、安全栅栏、工件及焊点等三维模型的布局；⑤创建产品库、资源库、制造特征库和工艺库等项目工程库；⑥创建产品、资源和操作等 eMS 数据，打开并加载到对应的浏览器视图中；⑦创建工艺双胞胎，完成工作区、工作站、工作岗位中的操作设置；⑧创建工作流，完成产品、资源、制造特征、制造时间和操作顺序等的配置，以及它们之间的链接关系；⑨创建研究，通过 Process Designer 启动 Process Simulate，查看研究中的数据，如图 1-31 所示。

1.2.2　项目实施步骤概述

项目实施的主要操作步骤概括如下：

1）创建新项目。组织项目文件与数据，使用 Process Designer 设置系统根目录，新建项目。

2）创建工程库。在 Process Designer 中载入组件模型与制造特征数据文件，创建产品库、资源库与制造特征库；加载产品数据、资源数据与制造特征数据。

3）数据的关联与分配。在 Process Designer 中创建产品零件、资源与操作组件，完成产品零件与产品库部件、资源与资源库部件的关联，以及产品与焊点的关联。

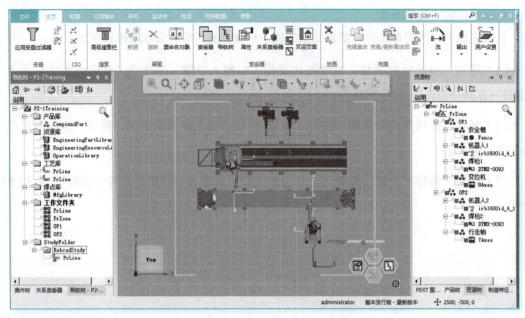

图1-30　PD中的项目模型及数据浏览

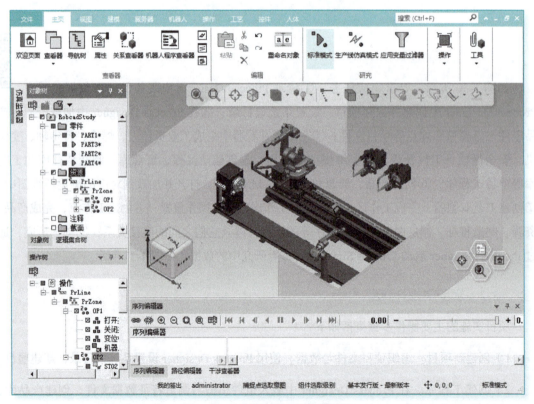

图1-31　PS中的项目文件及数据

4）工艺的创建与设置。在 Process Designer 中建立工艺双胞胎，构建操作树和工艺树框架。创建制造工艺的工作区、工作站（工位），创建操作库，并向工艺工作站分配资源、产品和制造特征数据等数据，通过对这些数据的操作，实现工艺架构中四种基本数据的创建与具体工作岗位的配置。

5）创建研究（Study）。在 Process Designer 中创建研究，并通过 Process Designer 启动 Process Simulate 软件，查看研究中的项目数据。

1.2.3 数据的加载与创建

1. 项目文件准备

图 1-32 所示是存放该项目 3D 模型的文件夹（P_2-1Train），其文件数据组织结构如图 1-33 所示，该文件组织结构的创建步骤如下：

1）创建一个文件夹（本例的文件夹名为 P_2-1Train）。在该文件夹内创建每一个模型文件的子文件夹，用于存放该组件的模型文件，子文件夹的命名规则为"存放的组件文件名+.cojt"，最终结果如图 1-33 所示。

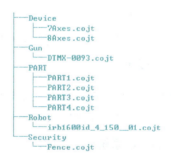

图1-32　创建模型文件的文件夹　　　　图1-33　模型文件的数据组织结构

2）把机器人模型 irb1600id_4_150__01.cojt 存放到图 1-33 所示的 irb1600id_4_150__01.cojt 子文件夹中，焊枪 DTMX-0093.cojt 存放到 Gun.cojt 内，其他对象如机器人行走导轨 7Axes.cojt、变位机 8Axes.cojt，以及物料 PART1.cojt、PART2.cojt、PART3.cojt、PART4.cojt 等分别存放到相应名称的扩展名为 .cojt 的子文件夹内。

2. 设置系统根目录

1）双击桌面上的 PD（Process Designer）快捷图标之后，即出现 Tecnomatix 软件启动界面，输入用户名和密码，单击"确定"按钮，即出现图 1-34 所示界面。

2）在图 1-34 中，单击选择系统根目录按钮"..."，弹出图示的"浏览文件夹"对话框。选择"P2-1_Train"作为根目录，单击"确定"按钮后关闭该对话框。再单击图 1-34 下方的"新建"按钮，即可弹出图 1-35 所示的"新建项目"对话框。

3）在图 1-35 中，输入项目名称"P2-1Training"后单击"确定"按钮关闭该对话框，进入如图 1-36 所示的界面。可以在左侧的浏览器导航树内看到已创建的 P2-1Training 项目。

工业机器人应用系统建模（Tecnomatix）

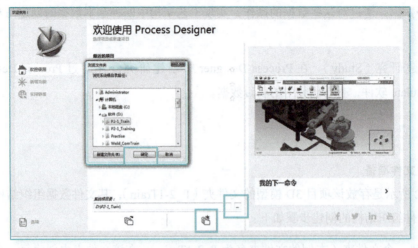

图1-34 选择系统根目录

4）如果需要改变系统根目录文件路径，可按下快捷键<F6>，或者在图1-37所示的中间图形区单击鼠标右键，在弹出的快捷菜单中单击"选项"命令。即可弹出图1-38所示的"选项"对话框。

5）在图1-38中，单击左侧树栏选项中的"eMServer"，即可出现图1-39所示的界面。在这里可以更改系统根目录的位置、文件系统位置和文件附件位置等，更改之后单击"确定"按钮，返回到Process Designer界面中即可。

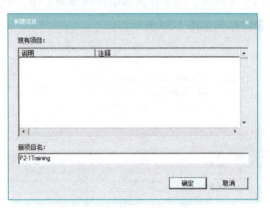

图1-35 "新建项目"对话框

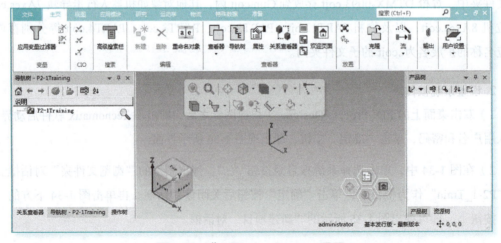

图1-36 进入Process Designer界面

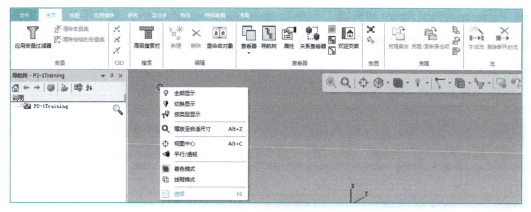

图1-37 单击"选项"命令

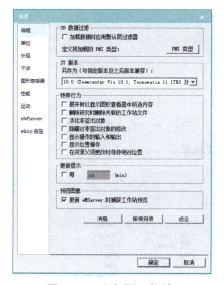

图1-38 "选项"对话框

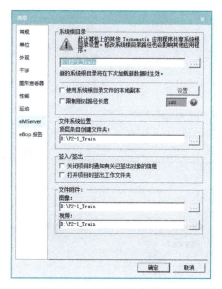

图1-39 更改系统文件目录

3. 导入零件与资源模型文件

1)如图1-40所示,先选中左侧导航树中的项目"P2-1Training",再单击主菜单"准备→创建工程库"命令,弹出图1-41所示的"选择库目录"向导。

2)在图1-41中,选中已创建的库目录"P2-1_Train",然后单击"下一步"按钮,可弹出"类型指派"界面,展开各个文件目录后如图1-42所示。

3)在图1-42中,通过不同目录所对应的"类型"栏的下拉列表,为该目录下的组件指派不同的"类型"。

4)在图1-42中,单击对话框中的"下一步"按钮,弹出图1-43所示的"工程库创建成功。"消息框。单击"确定"按钮,返回到主界面中。

5)如图1-44所示,在主界面"导航树"中,可以看到创建的两个工程库,分别是零件工程库 EngineeringPartLibrary 和资源工程库 EngineeringResourceLibrary。其中零件工程库是由图 1-42 中类型为 PartPrototype 的产品 PART1~PART4 转化而来，其他组件均转化到了资源工程库中。

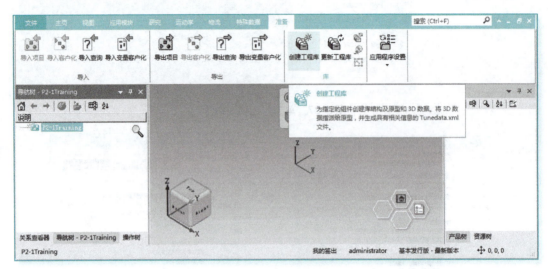

图 1-40　创建工程库

图 1-41　"选择库目录"向导

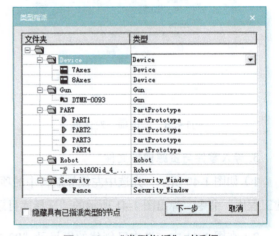

图 1-42　"类型指派"对话框

图 1-43　创建成功消息框

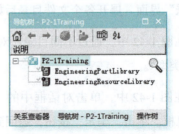

图 1-44　导航树中的工程库

4. 导入焊点数据文件

（1）创建文件夹

1）如图 1-45 所示，先选中项目"P2-1Training"，然后单击鼠标右键，在弹出的快捷菜单中单击"新建"命令，即可弹出图 1-46 所示的"新建"对话框。

2）在图 1-46 中，勾选"Collection"前面的复选按钮，在"数量"文本框中输入"4"，再单击"确定"按钮，即可返回主界面，并且在导航器中创建了 4 个文件夹，如图 1-47 所示。

3）在图 1-47 中，把这 4 个文件夹分别更名为"产品库""资源库""工艺库"和"焊点库"如图 1-48 所示。

图1-45　"新建"命令

图1-46　"新建"对话框

图1-47　新建文件夹（1）

4）在图 1-48 中，将两个工程库 EngineeringPartLibrary 和 EngineeringResourceLibrary 拖放到"资源库"文件夹中。

（2）导入焊点数据

1）如图 1-49 所示，选中"P2-1Training"，单击鼠标右键，在弹出的快捷菜单中选择"导入对象"命令，即可弹出"导入"对话框，如图 1-50 所示。

2）在图 1-50 中，把文件类型设为（*.csv），然后选择系

图1-48　新建文件夹（2）

统根目录下的焊点文件，再单击"导入"按钮，即可出现"数据导入成功。"的提示信息，如图 1-51 所示。单击"确定"按钮，在导航树中即可查看到导入的制造特征库 MfgLibrary，如图 1-52 所示。

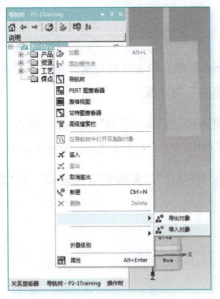

图1-49 "导入对象"命令

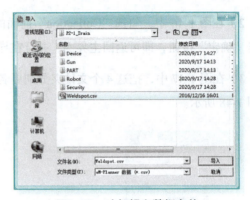

图1-50 选择焊点数据文件

图1-51 "数据导入成功"提示信息

图1-52 导入的焊点数据

3）如图1-53所示，把MfgLibrary拖放到"焊点库"文件夹中，删除所生成的MfgLibrary的上级目录administrator's Folder和其他文件（通过在administrator's Folder文件夹上单击鼠标右键，在弹出的快捷菜单中单击"删除"命令的操作来实现删除）。

4）如图1-54所示，选中制造特征库MfgLibrary，单击鼠标右键，在弹出的快捷菜单中单击"导航树"命令，即可弹出制造特征库的导航树浏览器，如图1-55所示。

图1-53 设置焊点库

加载与创建eMS基本对象　项目1

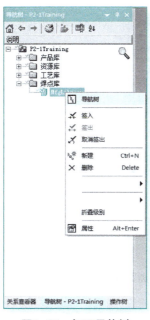

图1-54　打开导航树

图1-55　添加根节点

5）在图1-55中，按住<Shift+>键，通过单击鼠标左键，选中该导航器中的全部焊点。

6）在图1-55中，选中全部焊点后，单击鼠标右键，在弹出的快捷菜单中单击"添加根节点"命令。

7）如图1-56所示，单击主菜单"主页→查看器→制造特征树"命令，弹出图1-57所示的"制造特征树"浏览器，浏览器内显示了加入的全部焊点。

图1-56　打开"制造特征树"浏览器

8）在图1-57中，选中全部焊点，单击鼠标右键，在弹出的菜单中单击"显示"命令，即可在视图环境中显示所有焊点（蓝色方块位置），如图1-58所示。

— 39 —

图1-57 "制造特征树"浏览器

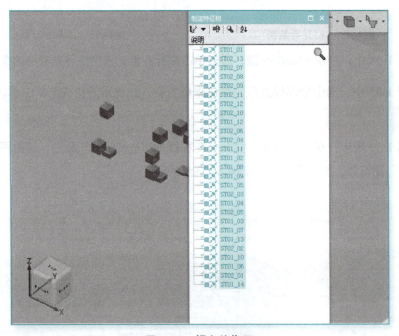

图1-58 焊点的位置

5. 零件数据的创建与分配

1）创建复合零件（CompoundPart）。

① 选中文件夹"产品库"，单击鼠标右键，弹出图1-59所示的快捷菜单，单击"新建"命令，在弹出的"新建"对话框中创建一个复合零件。如图1-60所示，勾选"CompoundPart"复选项，然后单击"确定"按钮，即可在导航树中"产品库"文件夹中增加一个名为CompoundPart的复合零件。

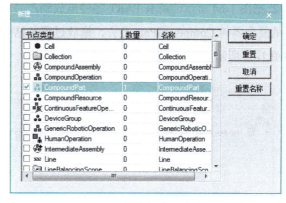

图1-59 新建复合零件（1）　　　　　图1-60 新建复合零件（2）

② 如图1-61所示，选中复合零件CompoundPart，再单击鼠标右键，弹出快捷菜单。在该菜单中单击"添加根节点"命令，可在主界面右侧的"产品树"浏览器中看到该复合零件，如图1-62所示。

图1-61 添加到根节点　　　　　图1-62 添加到产品树中

2）向复合零件CompoundPart中添加零件（Part）。

① 如图1-63所示，双击"资源库"文件夹中的"EngineeringPartLibrary"工程库，即出现EngineeringPartLibrary导航树，如图1-64所示，展开该导航树。

② 把图1-64所示的所有PART零件拖放到产品树下的复合零件CompoundPart上去，拖放过程与结果如图1-65所示。

图1-63 展开查看零件（1）

图1-64 展开查看零件（2）

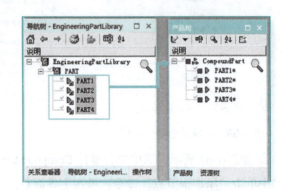

图1-65 拖放零件到产品树

③ 在EngineeringPartLibrary导航树中单击返回按钮 ⇐，导航树浏览器即可返回到图1-66所示的项目工程的导航树中。

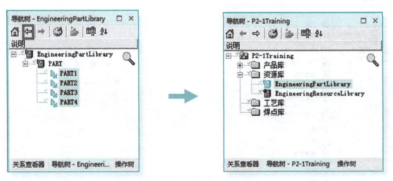

图1-66 返回到项目导航中

6. 产品制造特征的数据分配

（1）连接焊点和零件

1）如图1-67所示，选中名称以ST02开头的全部焊点，单击主菜单"应用模块→焊接→自动零件指派"命令，即弹出图1-68所示的"自动零件指派"对话框。

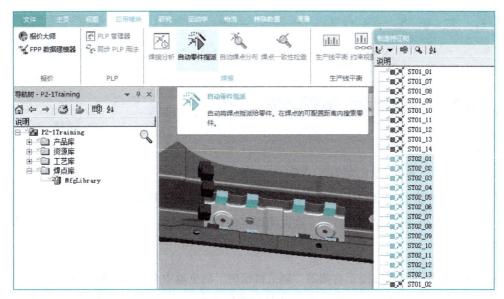

图1-67 自动零件指派

2）在图 1-68 中，单击该对话框左上角的"搜索"按钮，搜索结果将会在图中列表中显示。然后选择全部焊点，再单击图中工具栏中的"指派"按钮，则以 ST02 为前缀的焊点全部被指派到各个零件（零件 1）上，结果如图 1-69 所示。

图1-68 "自动零件指派"对话框

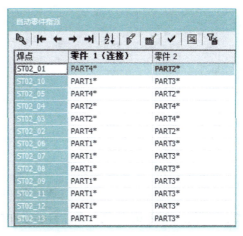

图1-69 指派焊点到各个零件上

3）可以找任意焊点进行测试焊点是否指派了零件，以焊点 ST02_04 为例。图 1-69 显示 ST02_04 被指派给了零件 PART2。如图 1-70 所示，选中零件 PART2，单击按钮，再单击"放置操控器"命令，在弹出的如图 1-71 所示对话框中改变 PART2 的位置坐标值，可观察到焊点 ST02_04 会随着板件 PART2 一起移动。查看完毕后单击"重置"按钮，恢复焊点初始位置后退出。

   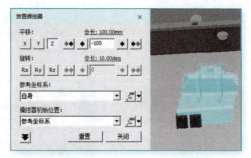

图1-70 单击"放置操控器"命令　　图1-71 查看焊点附着情况

（2）焊点的重新分配　由图1-71可以看出，当PART2移动时，其他焊点ST02_01、ST02_02、ST02_05并没有一起移动，这说明焊点的自动分配结果并不合适，需要对焊点指派结果进行调整。

1）如图1-72所示，在图示右侧的"制造特征树"浏览器中全部选中名称以ST02开头的焊点，单击主菜单"应用模块→焊接→自动零件指派"命令，打开"自动零件指派"对话框，如图1-72所示的左侧窗口，在该对话框内调整零件的指派结果。

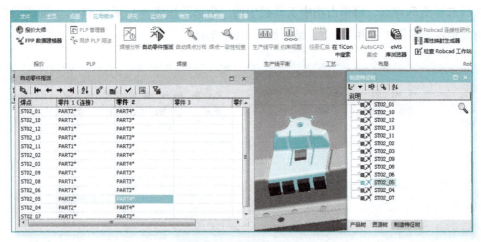

图1-72 调整零件指派

2）以焊点ST02_05为例，在"自动零件指派"对话框中选中该焊点ST02_05行的"零件2"栏，然后单击该对话框工具栏中的 ← 按钮，即可把PART2由"零件2"调到"零件1（连接）"栏，单击图中工具栏中的 ✓ 按钮，确认指派结果。

3）按照同样操作，对ST02_01、ST02_02焊点做同样的调整，然后关闭该对话框。

4）最后，选中零件PART2，单击"放置操控器"按钮 ，再单击"放置操控器"命令查看修改结果，执行结果如图1-73所示，此时焊点能够随零件PART2一起移动。测试完毕单击"重置"按钮，再单击"关闭"按钮关闭该对话框。

加载与创建eMS基本对象 项目1

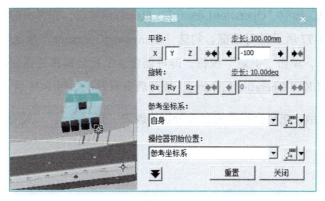

图1-73 查看零件指派效果

7. 操作的创建与设置

创建操作库及操作,可以为不同的工作站岗位提供对应的操作,以便在操作与资源的配合下实现对产品的加工。操作的创建过程如下:

1)如图1-74所示,在"导航树"的主页面浏览器中选中"资源库"文件夹,鼠标单击右键,在弹出的快捷菜单中单击"新建"命令,弹出"新建"对话框如图1-75所示。

2)在图1-75中,选择节点类型为"OperationLibrary",数量设为"1",然后单击"确定"按钮,创建一个新的操作库,如图1-76所示。

图1-74 "新建"命令 　　　　　图1-75 "新建"对话框

· 45 ·

3）在图1-76中，选中"OperationLibrary"，鼠标右键单击，在弹出的快捷菜单中单击"新建"命令，弹出图1-77所示的对话框。勾选"CompoundOperation"复选项，在"数量"文本框中输入数量为"4"，单击"确定"按钮，即可创建4个复合操作并返回图1-76所示的界面，双击图1-76中的操作库"OperationLibrary"，展开后查看效果如图1-78所示。

4）如图1-79所示，把复合操作的名称分别修改为"打开夹具""关闭夹具""变位机回转"和"变位机出转"。

图1-76　创建操作库

图1-77　选择复合操作

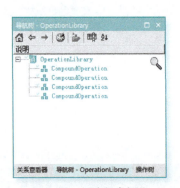

图1-78　创建复合操作

图1-79　更名复合操作

5）如图1-80、图1-81所示，再建一个机器人焊接操作"Weld Operation"，创建之后，如图1-82所示把该操作名称由"Weld Operation"改为"机器人焊接"。

6）如图1-83所示，选中"打开夹具"文件夹，再单击鼠标右键，在弹出的快捷菜单中单击"属性"命令，弹出"属性对话框"，如图1-84所示。

7）在图1-84中，在"分配时间："文本框中输入"10"，"经验证的时间："类型为"MTM"，其他参数依照图示，完成对操作"打开夹具"的时间分配。按照同样操作，分别设置操作时间"关闭夹具"为"10"，"变位机出转"为"8"，"变位机回转"为"8"，"机器人焊接"为"0"。通过以上操作就建立了"操作库",关闭与"操作库"相关的窗口,回到软件的主界面。

图1-80 创建焊接操作(1)

图1-81 创建焊接操作(2)

图1-82 更名焊接操作

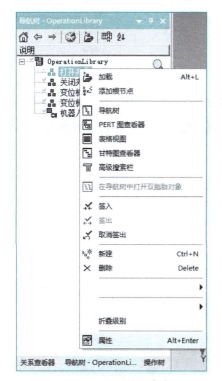
图1-83 "属性"命令

图1-84 打开属性框

8. 工艺双胞胎的创建与设置

(1) 工艺双胞胎的创建　Process Designer 中的工艺包含了资源和操作,故可形象地把工艺中的操作与资源称为"工艺双胞胎"。双胞胎结构在操作和资源之间自动地建立了一一对应的关系,即当用户创建或删除双胞胎结构中的一个时,另一个也会被自动地创建或删除,并且双胞胎的操作树和资源树具有相同的层次结构。双胞胎结构用于比较高的生产层次结构,操作和资源有相同的默认名字,若改变其中一个的名称,其另一节点上对应的名称不会自动改变。建立工艺双胞胎的步骤如下：

1）如图 1-85 所示，选择文件夹"工艺库"，单击鼠标右键，在弹出的快捷菜单中单击"新建"命令，弹出图 1-86 所示的"新建"对话框。

2）在图 1-86 中，勾选"PrLine"复选项后单击"确定"按钮，即可创建一个工艺（PrLineProcess）与资源（PrLine）的双胞胎，如图 1-87 所示。

 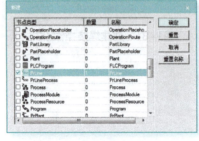 

图1-85　"新建"命令　　　图1-86　选择工艺双胞胎　　　图1-87　工艺与资源双胞胎

3）将两个双胞胎添加到对应的操作树和资源树的"根节点"上，具体操作如图 1-88～图 1-90 所示。

图1-88　"添加根节点"命令　　　图1-89　操作树的根节点　　　图1-90　添加根节点

① 如图 1-88 所示，在左侧"导航树"浏览器中，选中"PrLineProcess"工艺操作，单击鼠

标右键，在弹出的快捷菜单中单击"添加根节点"命令，即可把该工艺操作添加到了根节点。

② 可通过单击图 1-89 下方的"操作树"选项卡进行查看。

③ 如图 1-90 所示，按照上述相同操作，把资源 PrLine 添加到根节点上，然后在浏览器中"资源树"标签中查看，如图 1-91 所示。

（2）工作区的创建与设置

1）创建工作区。

① 如图 1-92 所示，选中主界面右侧"资源树"中的 PrLine，单击鼠标右键，在弹出的快捷菜单中单击"新建"命令，弹出图 1-93 所示的"新建"对话框。

图1-91　资源树的根节点

② 在图 1-93 中，勾选"PrZone"复选项，单击"确定"按钮，可在"资源树"中"PrLine"下创建一个名为"PrZone"的工作区，如图 1-94 所示。

图1-92　"新建"命令

图1-93　选择工作区

图1-94　新建工作区

③ 如图 1-95 所示，选中"PrZone"，单击鼠标右键，在弹出的快捷菜单中单击"新建"命令，弹出图 1-96 所示的"新建"对话框。

图1-95　"新建"命令

图1-96　"新建"对话框

④ 在图 1-96 中，勾选"PrStation"复选项，在"数量"文本框中输入"2"，单击"确定"按钮，为工作区 PrZone 创建了 2 个工作站，同时也在"操作树"浏览器中生成了 2 个对应的复合操作（岗位操作），对应的"资源树"与"操作树"分别如图 1-97、图 1-98 所示。

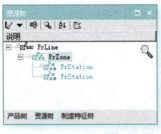
图1-97　新建工作站

图1-98　复合操作

⑤ 分别把这 2 个工作站更名为 OP1、OP2，如图 1-99 所示。

2）同步工艺对象。所谓同步工艺对象，就是让工艺操作与工作站资源的名称保持一致，其操作步骤如下：

① 在图 1-99 中，选中"PrLine"，然后在主菜单"特殊数据"下拉菜单中单击"杂项→同步工艺对象"命令，即可弹出图 1-100 所示的"同步工艺对象"对话框。

② 勾选该对话框的"具有子树"复选项后单击"确定"按钮。如图 1-101 所示，可观察到双胞胎的"操作"与"资源"的名称相同，实现了工艺双胞胎对象的同步操作。

图1-99　更换工作站名称

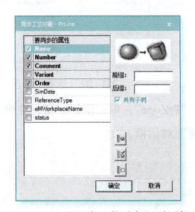
图1-100　"同步工艺对象"对话框

图1-101　同步工艺操作树

③ 可以尝试反向操作，修改 PrLine 名称，然后再做"同步工艺对象"操作，可看到资源树中的名称也发生了同步变化。

（3）工艺操作的创建与设置

1）工作站操作流的创建。

① 如图 1-102 所示，在"操作树"浏览器中选中"PrLine"，再单击鼠标右键，在弹出的快

捷菜单中单击"PERT图查看器"命令，即可弹出图1-103所示的"PERT图"对话框。

② 在图1-103中，单击"预定义布局"按钮 ，就会在该对话框中自动排列界面的显示内容（如果界面中有多个工作区，可以整齐排列各个工作区）。

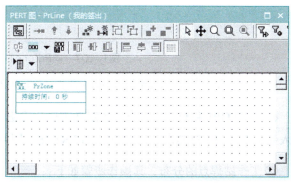

图1-102 打开PERT图查看器　　　　　　图1-103 "PERT图"对话框

③ 在图1-103中选中"PrZone"，单击"钻取到"按钮 ，进入PrZone的子页面，如图1-104所示。

④ 在图1-103中，单击"预定义布局"按钮 ，排列各个工作站如图1-105所示。

⑤ 在图1-105中，先单击"新建流"按钮 ，然后连接OP1、OP2，建立从OP1到OP2的操作顺序，如图1-106所示。

 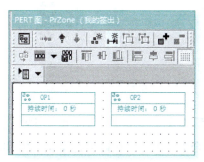 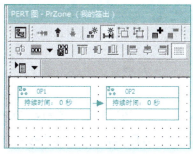

图1-104 转入到子页面　　　图1-105 子页面PrZone排列　　　图1-106 PrZone新建流

⑥ 再次单击"新建流"按钮，退出"新建流"操作。

2）焊接操作的设置。

① 添加工作站操作岗位中的零件，其操作步骤如下：

a）如图 1-107 所示，选中产品树中 PART1 与 PART2，将它们拖到 OP1 里面。

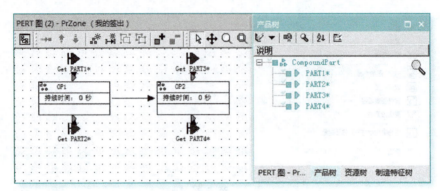

图 1-107　向 PrZone1 中添加板件

b）选中产品树中 PART3 与 PART4 并拖入到 OP2 里面。

c）选中 OP1 和 OP2，单击"预定义布局"按钮 ，使其自动整齐排布。此时已经将板件导入到工作站的工位操作中了，关闭"PERT 图"即可完成对该图的编辑。

② 工作站焊点的分布，其操作步骤如下：

a）如图 1-108 所示，先选中操作树中的 PrZone，然后在主菜单"应用模块"下单击"自动焊点分布"命令图标 ，即弹出图 1-109 所示的对话框。

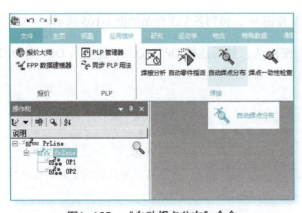

图 1-108　"自动焊点分布"命令

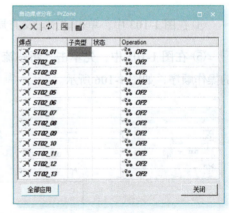

图 1-109　"自动焊点分布"对话框

b）在图 1-109 中，单击按钮"全部应用"按钮即可完成焊点在相应工作站的投影分布，然后单击"关闭"按钮。

③ 设置工作站的操作，其步骤如下：

a）如图 1-110 所示，双击操作库"OperationLibrary"打开该操作库，如图 1-111 所示。

b）如图 1-112 所示，选中"操作树"浏览器的底部标签，单击鼠标右键，在弹出的快捷菜单中选择"浮动"，让"操作树"浏览器单独分列出来。

图1-110 双击操作库

图1-111 打开操作库

图1-112 取消停靠操作树

c）如图 1-113 所示，将导航树中的"操作"拖入到"操作树"中的工作站 OP1 下。

d）在"操作树"浏览器中，通过"复制""粘贴"命令，对工作站 OP1、OP2 进行编辑，最终效果如图 1-114 所示。

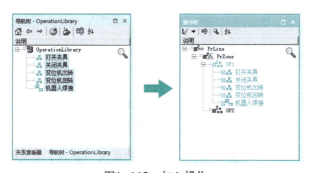
图1-113 加入操作

图1-114 编辑操作

e）在"操作树"浏览器中选中并单击鼠标右键 OP1，在弹出的快捷菜单中单击"PERT 图查看器"命令，即可弹出查看对话框如图 1-115 所示。在该对话框内单击"预定义布局"按钮，自动调整位置。在该 PERT 图内，通过单击"新建流"按钮，建立 OP1 的操作流程。

f）依照同样操作，建立 OP2 的操作流程如图 1-116 所示。

图1-115　打开OP1的PERT图

图1-116　建立OP2的操作流程

（4）工艺资源的设置

1）生成装配树。

① 如图 1-117、图 1-118 所示，在"导航树"浏览器的主页面建立一个文件夹，并更名为"工作文件夹"。

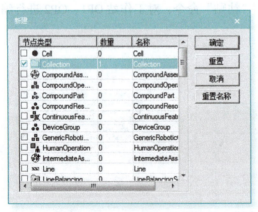

图1-117　"新建"对话框　　　　　　　图1-118　新建文件夹

② 选中"工作文件夹"，如图 1-119 所示，单击主菜单"主页→用户设置→设为工作文件夹 "命令。

③ 如图 1-120 所示，选择"工艺库"中的"PrLine"，单击主菜单"特殊数据→生成装配树 "命令，弹出图 1-121 所示的"生成装配树"对话框。

④ 在图 1-121 中，单击"..."按钮，打开"目标文件夹"对话框，如图 1-122 所示。

⑤ 在图 1-122 中，选择"工作文件夹"，单击"确定"按钮，即可返回"生成装配树"对话框，如图 1-123 所示。

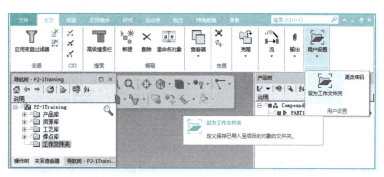

图 1-119　设定为工作文件夹

图 1-120　"生成装配树"按钮　　　　图 1-121　"生成装配树"对话框（1）

图 1-122　"目标文件夹"对话框　　　　图 1-123　"生成装配树"对话框（2）

⑥ 在图 1-123 中，单击"确定"按钮，弹出图 1-124 所示的提示信息，单击"确定"按钮，返回到主界面中，即可看到生成的装配树，如图 1-125 所示。

图1-124 生成装配树提示信息

图1-125 生成的装配树

⑦ 如图 1-126 所示，选中"工作文件夹"的所有文件，单击鼠标右键，在弹出的快捷菜单中单击"添加根节点"命令。

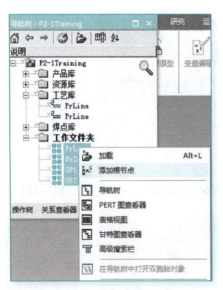

图1-126 "添加根节点"命令

⑧ 可通过打开进程内装配树（IPA）查看器来查看板件和工位。进程内装配树 IPA 是 In Process Assembly Tree 的缩写，也称为进程产品树或 IPA。其结构匹配于操作树的流程，一个进程内装配树 IPA 是特定工位、生产线或生产区域的装配。IPA 树包含站点顺序，能在 IPA 查看器中查看产品构建的即时信息，即当零件分配到工作站时，它们的分配标识就会在产品树上发生变化，就会显示在 IPA 中。此外，该树上的站点包含来自每个站点生产的产品组件。打开进程内装配树（IPA）查看器的操作如图 1-127 所示：单击主菜单"主页→查看器→ IPA 查看器"，弹出图 1-128 所示进程内装配树（IPA）查看器的内容。

加载与创建eMS基本对象 项目1

图1-127 添加根节点

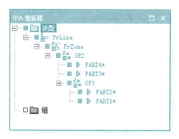

图1-128 IPA查看器

2)给"工作站"分配"资源"。

① 如图1-129所示,在导航树中选中并双击工程库"EngineeringResourceLibrary",打开"导航树"视图,如图1-130所示。

图1-129 打开工程库(1)

图1-130 打开工程库(2)

② 如图1-131所示,在"资源树"浏览器中选中OP1,单击鼠标右键,在弹出的快捷菜单中单击"新建"命令,弹出图1-132所示的"新建"对话框。

③ 在图1-132中,勾选"CompoundResource"复选项,"数量文本框输入"4",单击"确定"按钮。依照相同的操作,在OP2下添加复合资源,数量为3。两次添加之后的效果如图1-133所示。

图1-131 "新建"命令

· 57 ·

图1-132 "新建"对话框

图1-133 新建复合资源

④ 如图1-134所示,将OP1和OP2中的复合子资源全部重命名,分别命名为安全栅、机器人1、焊枪1、变位机、机器人2、焊枪2、行走轴。

⑤ 如图1-135所示,在"导航树"中展开工程库中的全部资源,按照图示把资源拖入到"资源树"浏览器下"PrZone"的工作站中。此时主界面三维模型区域显示出被拖入的所有资源。

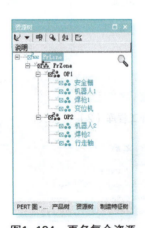
图1-134 更名复合资源

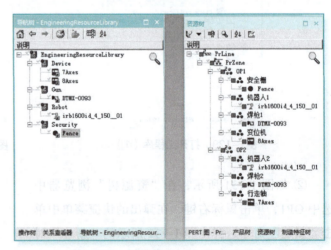
图1-135 把资源拖入到"PrZone"中

⑥ 如图1-136所示,单击主菜单"视图→屏幕布局→显示地板开/关"命令,即可在主界面中出现地板。

⑦ 如图1-137所示,以地板为参照,单击 图标再单击"放置操控器"命令,按照图示位置调整各部件。

图1-136　打开显示地板开关　　　　图1-137　部件位置调整

1.2.4 创建Process Simulate研究

1. 创建研究（Study）

1）如图1-138所示，回到项目工程导航树界面，选择项目"P2-1Training"，单击鼠标右键，在弹出的快捷菜单中单击"新建"命令，弹出"新建"对话框，如图1-139所示。

图1-138　"新建"命令　　　　　　　图1-139　"新建"对话框

2）在图1-139中，勾选"StudyFolder"复选项后单击"确定"按钮，即可在导航树中创建一名称为"StudyFolder"的示教文件夹，如图1-140所示。

3）如图1-140所示，选中"StudyFolder"文件夹，单击鼠标右键，在弹出的快捷菜单中选择"新建"命令，即可弹出一个"New"对话框，如图1-141所示。

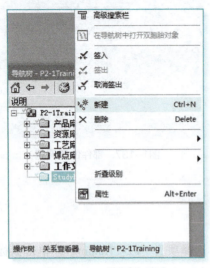
图1-140 "新建"命令

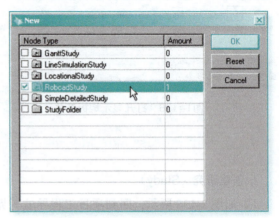
图1-141 "New"对话框

4）在图1-141中，勾选"RobocadStudy"复选项后单击"OK"按钮，即可在"StudyFolder"下创建一个新的文件夹"RobocadStudy"，如图1-142所示。

5）如图1-143所示，将操作树工艺库中的操作"PrLine"拖入"RobocadStudy"文件夹中。

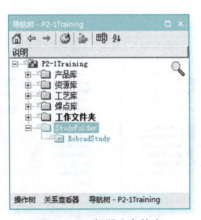
图1-142 机器人文件夹

图1-143 文件夹操作

2. 启动Process Simulate研究

1）如图1-144所示，用鼠标右键单击文件夹"RobocadStudy"，在弹出的快捷菜单中单击"在标准模式下用Process Simulate打开"命令，即可依次弹出如图1-145、图1-146所示的提示信息，均单击"是（Y）"按钮，即可在PS中打开该项目，打开界面如图1-147所示。

加载与创建eMS基本对象 项目1

图1-144　在PS中打开项目

图1-145　提示信息（1）

图1-146　提示信息（2）

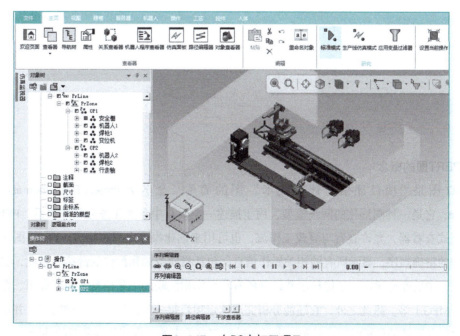

图1-147　在PS中打开项目

2）查看数据。如图 1-148 所示，展开"零件"与"资源"文件夹，即可在 Process Simulate 中看到对应的数据，也可以在 PS 操作树浏览器中找到相应的操作，如图 1-149 所示。

图1-148　在PS查看对象树数据

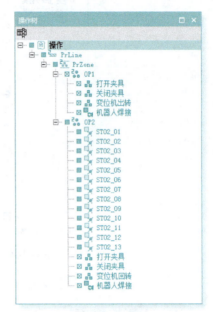

图1-149　在PS中查看操作树数据

1.3　知识拓展

1.3.1　项目评估与评审技术PERT图

1. PERT图的概念

PERT 图是"项目评估与评审技术"图的简称，全名为 Project Evaluation and Review Technique，它是一种图形化的网络模型，用于描述一个项目中各个任务之间的关系。PERT 图是一个交互式查看器，允许查看与更改工作流，也可用来创建操作序列和物流。PERT 图指定执行每个操作的精确顺序，显示所有的相关操作信息，包括指向资源和部件的链接。因此，它不仅能够确定工艺中的操作顺序，还能显示和设置所有与操作相关联的工艺信息，包括资源、零件及制造特征（MFG）等。除此之外，它还能分析完成给定项目每一个任务所需要的时间，并能确定完成项目总任务所需的最短时间，对每一个任务过程都有乐观的、客观的和悲观的估计。

2. PERT图基础

通常情况下，在使用 PDPS 规划项目的过程中，当已经完成各种树和库节点的创建之后，接下来就需要将零件与操作相关联，然后就是将这些操作与执行这些操作的资源相关联。其过程如图 1-150 所示，从零件开始，找出制造零件所需的操作和用于执行这些操作的资源。

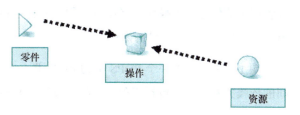

图1-150　eMS方案示意图

PERT 图展示了操作、操作顺序以及操作对象（资源、部件和制造特征等）之间的关系。它的操作顺序（序列 SOP）是通过使用"流对象"来定义的，并规定了操作执行的前后顺序：后续操作只能在前一个操作及其所有子操作完成后才能开始；对于产品而言，产品要么被消耗掉，要么在操作中产生，由于对象流连接了两个操作，故这些连接也同时定义了与操作相关联的物料流。物料生成的"源"和物料消失的"目标"代表了产品在装配线上操作中的转运过程。

3. PERT图中的主要元素

1）操作框：操作节点的图形表示。如图 1-151 所示，操作框中的信息分为三行：顶行是操作标题（默认标题是名称）和图标（显示的操作类型）；中间行是操作的持续时间（分配的时间）；底行是分配给操作的资源和制造特征（MFG），制造特征的数量显示在制造特征图标旁。如果只有少数资源分配给一个操作，则它们将在其下面的行中显示。如果有太多的内容无法在下面的行中显示，则会放置一个资源文件夹，双击该文件夹将显示已分配资源的列表。

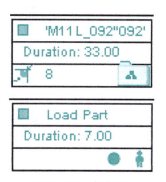

图1-151　操作框

2）流 ➡：一个带箭头的矢量，它定义了 PERT 图中操作、源、目标和接口的顺序和依赖关系。

3）源 ▷：源自非操作对象，如零件。通常表示将零件添加到制造过程的工位点。

4）目标 ▷：源自非操作对象，如零件仓库。通常代表产品制造过程的结束。

5）接口 ▶：部件进出复合操作的关口，如图 1-152 所示。在 PERT 图形显示中，复合操作被表示为单个框。然而，组成复合操作的子操作中只

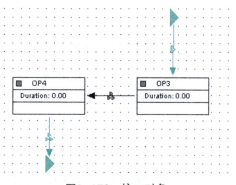

图1-152　接口对象

有一个消耗或生产部件。因此，规划者必须将其中的一个子操作标识为接口，即真正能够消耗或者产生部件的那个操作。接口有两种类型：接口输入——反映消耗输入部件的操作，接口输出——反映产生输出部件的操作。

图1-153 所示为一个 PDPS 中的 PERT 图。利用 PERT 图可查看制造工艺中操作和资源之间的依赖关系，内容包括资源、产品、过程、制造特征、制造时间、工艺顺序等，以及它们之间的链接。

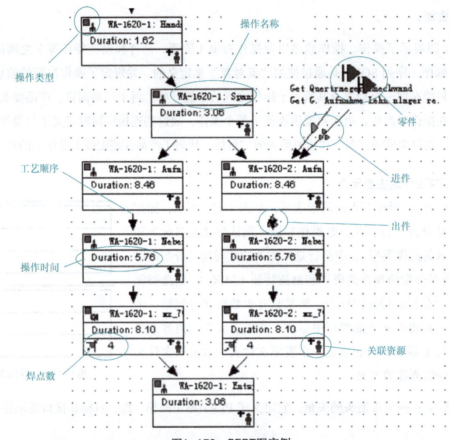

图1-153　PERT图实例

4. PERT图的操作

（1）PERT 图的标准操作　工具条中的有关操作如图 1-154 所示，各指令图标与名称参看图示，各指令的含义如下：①钻取到 ：打开并显示选定节点的 PERT 图；②向上钻取 ：由节点的子 PERT 图返回上一层父 PERT 图中；③向下钻取 ：打开并显示下层节点的 PERT 图；④新建节点 ：新建一个操作节点；⑤新建流 ：定义工艺操作顺序；⑥分组 ：将多个操作合并成一个复合操作；⑦取消分组 ：将选定的复合操作分解为多个操作。

（2）PERT 视图操作　PERT 图显示的操作包含选择、缩放、平移、缩放至窗口大小，以及显示操作资源、零件等，各操作图标如图 1-155 所示。

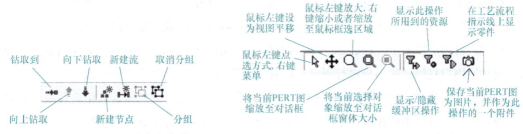

图1-154　PERT图工具条编辑操作　　　图1-155　PERT图的显示操作

（3）PERT 图的布局操作　有关 PERT 图的布局操作如图 1-156 所示。各图标的含义如下：① 重置大小　：重置操作框为默认大小；② 预定义布局　：定义 PERT 图的布局方式，包括垂直、水平、蛇形等布局方式；③ 保存布局　：保存当前的 PERT 图布局；④ 顶部对齐　：选中多个操作，将它们的顶端与最后选中的操作的顶端对齐；⑤ 中部对齐　：选中多个操作，将它们的中间与最后选中的操作的中间对齐；⑥ 底部对齐　：选中多个操作，将它们的底端与最后选中的操作的底端对齐；⑦ 左侧对齐　：选中多个操作，将它们的左边与最后选中的操作的左边对齐；⑧ 居中对齐　：选中多个操作，将它们的中心与最后选中的操作的中心对齐；⑨ 右侧对齐　：选中多个操作，将它们的右边与最后选中的操作的右边对齐；⑩ 切换栅格　：打开 / 关闭栅格显示。

图1-156　PERT图的布局操作

1.3.2　工时测量方法

MTM 是工时测量方法 Method-Time Measurement 的缩写，其含义为：以预先定义的过程模块对工作系统进行描述、条理化设计和计划。凡是涉及人工操作的计划、组织与实施均可使用MTM。MTM 是当今世界上使用最广的预定时间方法，已成为跨国公司工厂统一的规划与效率标准。

MTM-UAS 分析系统是一种先进的衡量劳动量的技术方法，它根据人的基本动作所具有的性质和条件，预先制订出符合各种基本动作的标准工时数值，专业研究人员把操作者从事的操作分解成基本动作，根据零件的重量、尺寸、大小，以及移动身体运动的部位等情况查找工时数据卡片上预先规定的数值，再将这些动作单元数据叠加，即可得到该操作或工序所需的基本时间数据。MTM-UAS 系统把基本工序分为八个：A（够取和放置）、P（放置）、B（启动控制）、H（使用辅助工具）、Z（动作周期）、K（身体控制）、VA（视力控制）和 PT（操作时间）。

1.3.3 签入与签出

Process Designer 是一个多用户工具，它支持多用户协同作业，允许多个用户对项目的不同部分同时进行工作。签入（Check-in）和签出（Check-out）设置可使用户对项目的一部分进行编辑修改。当用户签出（Check-out）项目的某部分，该用户就获得了对这部分项目的编辑操作权，而其他用户只能对这部分进行浏览，且看到的不是当前签出用户实时修改的状态，而是签出时的状态；当用户修改完毕签入（Check in）项目的某部分，就意味着该用户释放了该编辑部分的操作权。故签出确保了每个节点同时只能有一个用户处在编辑状态，其他用户只可以查看被签出的节点，但不能进行编辑，除非此节点被签入（Check-in）。用户新建立的节点默认是签出状态，故其他用户在此节点被签入之前无法进行浏览。

1.3.4 PD项目的导出与导入

1. Process Designer项目文件的导出操作步骤

1）如图 1-157 所示，在"导航树"浏览器中选中项目"P2-1Training"，然后单击主菜单"准备→导出→导出项目"命令，弹出"导出"对话框如图 1-158 所示。

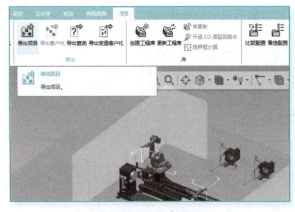
图1-157 导出项目

图1-158 "导出"对话框

2）在图 1-158 中，单击"确定"按钮，弹出导出成功信息提示对话框，如图 1-159 所示。在该对话框中单击"确定"按钮，回到项目的主界面。

3）如图 1-160 所示，打开项目的根目录，就可以查看到所导出的文件"P2-1Training.xml"；然后回到上一级菜单，把系统根目录"P2-1-Training"拷贝到其他地方保存。

2. Process Designer项目文件的导入操作步骤

1）如图 1-161 所示，打开软件 Process Designer，设置系统根目录为复制的导出文件夹处，然后单击右上角的"×"关闭该窗口，进入到软件 Process Designer 的主界面如图 1-162 所示。

加载与创建eMS基本对象 项目1

图1-159 导出成功提示　　　　　　图1-160 导出的文件

图1-161 设置系统根目录

图1-162 "导入项目"命令

2）在图1-162中，单击主菜单"准备→导入→导入项目"命令，即可弹出"导入"对话框，如图1-163所示。

3）在图1-163中，选中文件"P2-1Training.xml"，单击"导入"按钮，弹出导入成功信息框如图1-164所示，单击"确定"按钮，进入到软件Process Designer的主界面如图1-165所示。

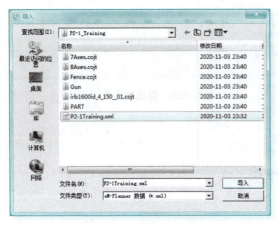
图1-163 "导入"对话框

图1-164 导入信息框

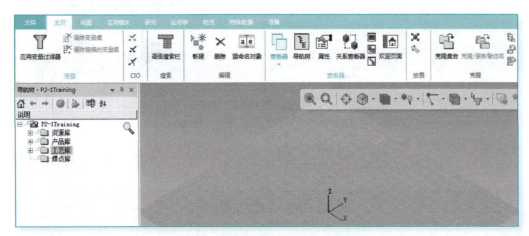
图1-165 软件Process Designer主界面

4）在图1-165中，单击主菜单"主页→查看器→查看器→资源树"命令，即可弹出"资源树"浏览器。

5）如图1-166所示，在"导航树"浏览器中展开"工艺库"，把操作"PrLine"添加到"操作树"浏览器中。

6）如图1-167所示，把资源"PrLine"添加到"资源树"浏览器中，添加后的"资源树"浏览器如图1-168所示。

7）在图 1-168 中，单击 PrLine 前方的方框，使之变为蓝色，显示所有"资源"，即可出现图示的项目模型布局，这与被保存的项目内容相同。至此完成了项目导入操作。

图1-166 添加根节点到"操作树"

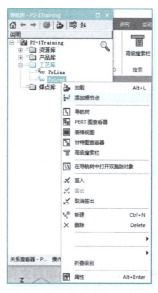
图1-167 添加根节点到"资源树"

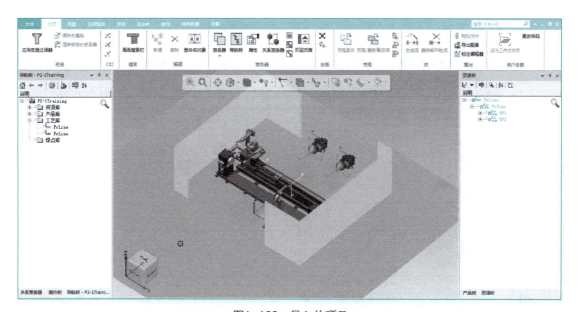
图1-168 导入的项目

8）如图 1-169 所示，再次打开软件 Process Designer，即可看到已经加载的复制项目"P2-1Training"。

图1-169　已加载的复制项目

1.3.5　PS项目文件的保存与打开

1. Process Simulate项目文件的保存

图1-170所示是在Process Simulate中已经打开的项目文件，现把该项目文件保存到一个指定的文件夹内备份，并打开该备份项目查看保存效果。其操作步骤如下：

图1-170　已打开的Process Simulate项目

1）如图1-171所示，单击主菜单"文件→断开研究→另存为"命令，弹出图1-172所示的"另存为"对话框。

2）在图1-172中，选择一个目录（本例为"备份"）存放项目文件，设置文件名（本例为默认文件名），保存类型为"研究（*.psz）和库组件（*.zip）"，然后单击"保存"按钮，即可弹出图1-173所示的"保存库组件"对话框。使用默认设置单击"保存"按钮，弹出图1-174所示的信息框，再单击"确定"按钮，即可完成Process Simulate项目文件的保存。

图1-171　另存Process Simulate项目

图1-172　"另存为"对话框

图1-173　"保存库组件"对话框

图1-174　"研究另存为"信息框

3）如图1-175所示，保存的项目文件包含了一个.psz项目文件和一个.zip项目压缩包文件。

2. 打开Process Simulate项目文件

打开Process Simulate项目文件的操作步骤如下：

1）如图1-175所示，解压缩项目文件到一个指定的文件夹中（本例为当前文件夹），解压之后的文件如图1-176所示。

图1-175 项目备份文件

图1-176 解压缩之后的文件

2）如图1-177所示，启动软件PS on eMS Standalone，设置系统根目录为项目保存目录，然后如图1-178所示，选择项目文件"RobcadStudy.psz"，单击"打开"按钮，即可完成备份文件的打开，效果如图1-179所示。

图1-177 设置系统根目录

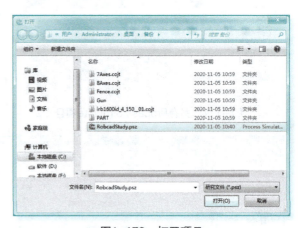
图1-178 打开项目

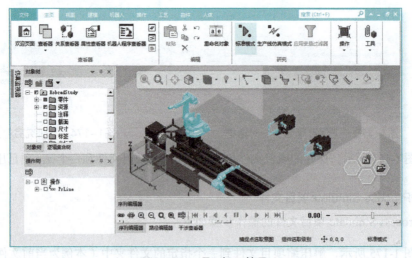
图1-179 项目打开效果

1.4 小结

本项目以机器人点焊工作站为例,系统地介绍了基本对象的数据操作方法,内容包括 Process Designer 项目创建、数据库数据生成与应用、非数据库文件加载和编辑以及 Process Simulate 项目研究生成与打开等。知识涵盖:①非数据库文件的处理:包括项目零件与资源三维模型文件、焊点文件等的加载与布局,文件加载过程中数据类型的选择、工程库与焊点库的生成等;②数据库数据的处理:包括资源、操作、产品制造特征等数据的创建、分配与编辑等;③"工艺双胞胎"的创建与设置;④在 Process Designer 环境下创建 Process Simulate 项目研究,以及项目的启动、打开、查看等。通过实施项目,完整地介绍了基本数据的加载、生成、编辑和应用的方法与操作步骤。

本章围绕工艺数字化介绍了生产要素的数字化方法。可以看出,这里的数据已经成为生产要素中的一个基本要素,这与我国政府对数据重要性的认知是相符的。2020 年 4 月,中共中央、国务院发布了《关于构建更加完善的要素市场化配置体制机制的意见》,首次将"数据"与劳动力、技术、土地和资本等传统要素并列为生产要素之一。数字经济正在成为我国经济转型的一个重要方向,工艺数据是人类积累下来的宝贵财富。"他山之石,可以攻玉",为了更好地适应数字经济的发展,我们特别需要学习、借鉴全球范围内发达国家的优秀成果,探索我国企业数字化转型的技术路径。

项目2
CHAPTER 2

机器人焊枪与夹具设备资源建模

【知识目标】

1. 掌握 Process Simulate 项目研究的创建方法,熟悉模型文件转换与组件导入、三维模型在仿真环境中的布局等操作步骤。

2. 掌握 Process Simulate 的基本操作,熟悉软件界面、菜单、工具条、功能选项、对象树浏览器及图形编辑器等的操作方法。

3. 了解软件 Process Simulate 系统根目录文件与数据库基本对象之间的关系,掌握 Tecnomatix 中"资源"对象的概念。

4. 掌握"资源"对象运动学的创建与设置方法,学会资源设备姿态的设置。

5. 掌握工具中心点 TCP 坐标系与基准坐标系 BASEFRAME 的创建与使用方法。

6. 掌握设备机构等"资源"的创建方法。

【技能目标】

1. 会创建零件、资源等 eMS 对象数据,能够新建坐标系,在视图中改变对象的位置坐标。

2. 能依据设备功能,正确地创建设备的运动学模型,会设置机构连杆、运动轴和设备姿态。

3. 能创建常见的机器人附属设备——机器人焊枪、夹具等,会设置设备机构的运动学参数,能创建与使用工具中心点 TCP 坐标系与基准坐标系 BASEFRAME。

4. 会进行 X 型焊枪曲柄机构的运动学设计。

5. 会创建复合设备。

工业机器人应用系统建模（Tecnomatix）

2.1 相关知识

2.1.1 Process Simulate软件介绍

1. 软件Process Simulate概况

Process Simulate（简称PS）是Tecnomatix提供的一套工程研究工具，它包含了机器人工艺操作模拟仿真组件Process Simulate Robotics、机器人生产过程与焊接模拟组件Process Simulate Spot Weld、装配过程控制组件Process Simulate Assembly（Flow Paths）和人体工程学组件Process Simulate Human等。Process Simulate是西门子产品生命周期管理（PLM）应用软件的重要组成部分，是一个分层的处理工具，它连接了产品数据、制造资源、制造特征和操作工艺等基本对象，形成了一个完整的生产工艺集成框架，用于规划和验证产品的制造过程。它作为自顶而下的系统，集成了制造工艺规划、分析、验证和优化等应用模块，在修改和导航工艺数据、简化工艺规划和验证任务等方面发挥着重要的作用。Process Simulate提供了一种基于eMServer数据服务器及其相关软件规划的3D集成环境，有助于对概念的验证分析，同时也有助于装配和可用性服务的研究，它为工程技术人员提供了如下便利：①验证产品装配的可用性；②制订零件的装配和拆卸路径；③为机器人提供预期位置的可达性检测；④工具、机器人手臂和人手碰撞及间隙的动态检查；⑤开发和下载机器人操作流程和路径程序（包括相关逻辑）；⑥预期场景下的人体可达性排查和人体工程学研究；⑦工作场景下人体的计算机模拟；⑧装配总成的可用性研究；⑨确定如何为装配中特定部件进行维护的研究方案。

2. 软件版本介绍

Process Simulate有两种版本：与Oracle数据库相连的版本Process Simulate on eMS（也被称作PS on eMS）和独立版本PS on eMS Standalone或PS Disconnected，这两种版本均是工艺仿真软件。

由于独立版本的PS不连接数据库，所以此软件中的操作不会影响到数据库中的数据（cojt的修改除外），它主要用于后续虚拟调试阶段。数据库版PS可以与数据库连接，故可通过将独立版本PS生成的PSZ文件先用数据库版软件PS on eMS打开，再在PS on eMS软件中将仿真同步到数据库的方法实现数据的上传与存储。这两个版本的Process Simulate软件与软件Process Designer、系统根目录、Oracle数据库之间的关系如图2-1所示。

在图2-1中，Process Designer（简称PD）的主要作用是：导入客户数据、建立项目、建立库Library、创建零件/设备/制造特征数据、线体规划、工艺流程规划与3D布局等，主要完成项目的工艺规划，包括建立装配树、分配制造特征、建立节拍表等工艺制作，以及工艺信息管理、建立仿真使用的 study folder 文件夹等。概括而言，Process Simulate 的任务是：设备定义、焊枪选型、焊接可达性/干涉性验证、工艺流程仿真、机器人路径规划、干涉区分析、设备位置详细规划、节拍验证、添加信号和逻辑、虚拟调试、离线编程及控制器下载等。

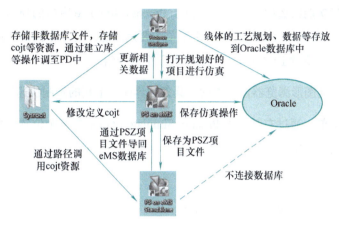

图2-1 软件Process Designer/系统根目录/Oracle数据库之间的关系

2.1.2 Process Simulate软件视窗操作

1. Process Simulate软件的视窗界面

Process Simulate 的工作界面如图2-2所示，与其他 Windows 应用程序的窗口非常相似，在菜单栏中也有文件、编辑、查看和帮助等选项。其主要组成部分是导航树，导航树包括对象树和操作树。对象树包含了所有的对象数据：资源、零件、外观等，这些构成了对象树项目研究中的层次结构；操作树包含了研究对象的操作结构和操作。

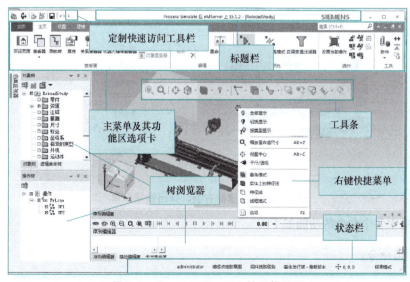

图2-2 Process Simulate的工作界面

在图 2-2 的下方有序列编辑器、路径编辑器和干涉查看器等浏览器。其中，可以把"操作"拖放（添加）到下方的序列编辑器或路径编辑器中进行仿真或编辑操作；干涉查看器可以建立干涉集以进行对象之间的碰撞干涉分析。在图 2-2 中，可通过以下三种方式来执行 Process Simulate 命令：

1）主菜单及其功能区选项卡。菜单栏位于 Process Simulate 窗口的顶部。它显示加载的研究名称和与所选窗口布局相关的主菜单。主菜单主要用于显示各个不同的功能区，各个功能区内又有不同的选项卡，每个选项卡下又包含了若干个命令组。

2）工具栏：包括图形浏览器窗口中的工具条和界面最上端的定制快速访问工具栏。

3）右键快捷菜单：通过右键单击 Process Simulate 窗口中的某个位置，可以显示不同的快捷菜单，用于选择不同的操作命令。

2. 图形视图显示控制

对于视图显示控制，有如下几种常用方法：

（1）使用鼠标　使用鼠标的左、中、右键可以控制图形视图的平移、旋转与缩放操作。其中，中键+右键并拖动为图形的平移操作，滚动鼠标滚轮为缩放操作，按下鼠标滚轮并拖动为旋转操作。

（2）单击鼠标右键，弹出快捷菜单　如图 2-3 所示，在图形查看器中单击鼠标右键，系统将弹出快捷菜单用于对图形视图的显示操控。

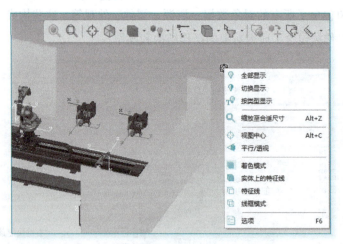

图 2-3　单击鼠标右键，弹出快捷菜单

快捷菜单中各个命令的功能如下：

1）第一组命令。

① 全部显示：显示视图内的所有模型。

② 切换显示：在显示与隐藏之间进行切换。

③ 按类型显示：单击该命令即可弹出图2-4所示的"按类型显示"对话框。选择要显示的类型，然后在该对话框中单击"仅显示所选类型"按钮 即可。

2）第二组命令。

① 缩放至合适尺寸：用于显示所有图形视图中对象的三维模型。

② 视图中心：以当前点作为图形视图的中心进行显示。

③ 平行/透视：以平行/透视模式显示所有图形视图中对象的三维模型。

图2-4 "按类型显示"对话框

3）第三组命令。第三组指令是显示模式的选择，有4种选项，分别是：① 着色显示模式；② 实体上的特征线显示模式；③ 特征线显示模式；④ 线框显示模式。各显示模式的显示效果如图2-5~图2-8所示。

图2-5 着色显示

图2-6 实体上的特征线显示

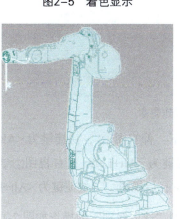

图2-7 特征线显示

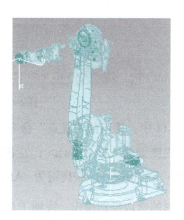

图2-8 线框显示

4)第四组命令。"选项"设置,执行"选项"设置命令,即可弹出图2-9所示的"选项"对话框。在"选项"对话框中选择"图形查看器"选项卡,可以对"鼠标查看控制""窗口显示""特征线"等进行设置。"选项"中的"外观"选项卡下的内容如图2-10所示,在此处可以对"图形查看器"的背景进行设置。

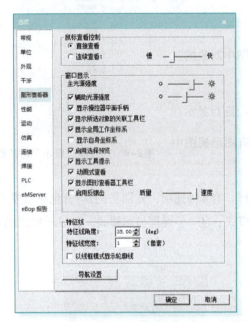

图2-9 "选项"对话框的"图形查看器"选项卡　　图2-10 "选项"对话框的"外观"的选项卡

(3)使用图形视图内的工具条

1)图形的视点操作。使用"视点"命令可以从图形查看器的不同视角观察项目的三维模型。在"图形视图"中的工具条中,有关"视点"的操作如图2-11所示。

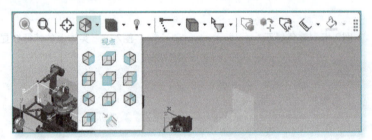

图2-11 "视点"操作命令

在图2-11中,常用的"视点"命令及其图标如下:仰视图,快捷键为<Alt+Up>;俯视图,快捷键为<Alt+Down>;左视图,快捷键为<Alt+Left>;右视图,快捷键为<Alt+Right>;前视图,快捷键为<Alt+Page Down>;后视图,快捷键为<Alt+Page Up>。

2)图形的选取级别操作。视图工具条中有关模型"选取级别"的操作如图2-12所示。使用"选取级别"命令便于从不同层级选择模型或者模型的一部分组件。

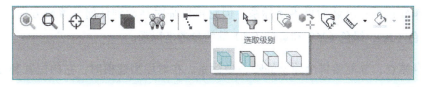

图2-12 "选取级别"操作命令

常用"选取级别"操作命令的解释如下：

① 组件选取级别：当选择了整个对象的任何部分时，整个对象就被选中了。

② 实体选取级别：仅选择实体，即整个对象的一部分。

③ 面选取级别：仅选择对象的选定面。

④ 边选取级别：只选择对象的选定边。

3）选取意图操作。视图工具条中有关模型的"选取意图"操作命令如图2-13所示。使用"选取意图"命令便于从不同层级选择模型或者模型的一部分组件。

图2-13 "选取意图"操作命令

常用"选取意图"操作命令的解释如下：

① 特殊点捕捉 Snap：选取与图形查看器中所选点最接近的定点、边中点或面中点。

② 最近边 On Edge：选取与图形查看器中所选点最接近的边上的点。

③ 所取对象的原点 Self Origin：选取图形查看器中所选取实体的原点。

④ 鼠标选择位置 Where Picked：选取图形查看器中所选取的点。

2.1.3 坐标系的创建与操控

1. 有关坐标系的概念

1）点/位置：点/位置没有方向，是由相对于参考坐标系的 X 值、Y 值和 Z 值定义的。

2）坐标系：是具有坐标点和坐标方向的位置，即具有轴系统。每个坐标系都有六个值，即 X 值、Y 值、Z 值和围绕各个轴的旋转角度值 Rx、Ry、Rz 等。

3）世界坐标系：是图形视图中的永久原点，视图空间中每个对象的默认位置都是相对于世界坐标系而言的。

4)工作坐标系:默认为世界坐标系,但它可以临时移动到任何位置或方向。在软件中,它是具有红色(X)、绿色(Y)和黄色(Z)轴的参考坐标系。

5)自身原点:分配给每个原型的唯一坐标系。在对原型建模时,它的位置和方向被指定为世界坐标系的位置和方向(例如对象的原点坐标系)。

6)几何中心:是指对象几何体的中心,在 Process Simulate 中,它是许多命令(包括放置命令)的默认参考坐标系原点。

2. 创建坐标系

创建坐标系的命令如图 2-14 所示,单击主菜单"建模→布局→创建坐标系"命令,弹出图示菜单,共有四种命令可选,分别介绍如下:

图 2-14 创建坐标系命令

(1)通过 6 个值创建坐标系 设置过程如下:

1)在图 2-14 中,单击"通过 6 个值创建坐标系"命令,弹出图 2-15 所示的"6 值创建坐标系"对话框。

2)在编辑框中需要输入 6 个值,分别为 X、Y、Z 坐标值及围绕着 X 轴、Y 轴、Z 轴的旋转角度,这 6 个值构成了包含姿态数据在内的坐标系。

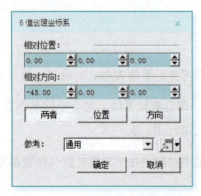

图 2-15 通过 6 个值创建坐标系

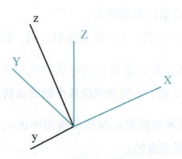

图 2-16 与参考坐标系比较

在图 2-15 中，输入的数据是相对于"参考："坐标系的偏移数据，这里的参考坐标系是"通用"坐标系，图示数据只在 X 轴上旋转了 -45°，比较结果如图 2-16 所示。

3）参考坐标系是可以设置的，其设置方法是：单击图 2-15 中的"创建参考坐标系"按钮，即可弹出图 2-17 所示的对话框。可以通过手动输入，或者鼠标单击某个坐标来设置参考坐标系的数据。另外，在图 2-15 中，"创建参考坐标系"按钮的右边有一个倒三角按钮▼，单击该按钮可以看到更多的参考坐标系创建方法，如图 2-18 所示。

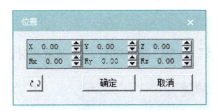

图2-17 创建参考坐标系（1）

图2-18 创建参考坐标系（2）

（2）通过 3 点创建坐标系

1）在图 2-14 中，单击"通过 3 点创建坐标系"命令，弹出如图 2-19 所示的对话框。

2）在该对话框中，第一个点确定坐标系原点的位置，第二个点确定坐标系 X 轴的方向，第三个点确定坐标系 Y 轴的方向。图 2-19 给出了"通过 3 点创建坐标系"的例子，分别选择原点、X 轴方向点与 Y 轴方向点，即可产生图示的坐标系。

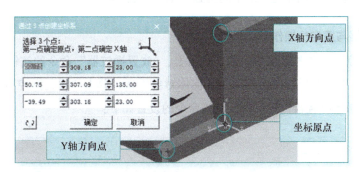

图2-19 "通过3点创建坐标系"对话框

（3）在圆心创建坐标系

1）在图 2-14 中，单击"在圆心创建坐标系"命令，弹出如图 2-20 所示的"在圆心创建坐标系"对话框。

2）如图 2-20 所示，在该对话框中通过选择圆周上的三个点来创建一个在圆心的坐标系。选择一部件的圆周边线，第一个点确定坐标系的 X 轴方向，第二、第三个点与第一个点相配合即可确定在圆心上的坐标系。

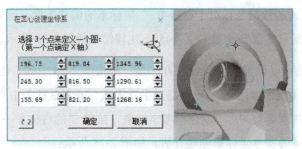

图2-20 "在圆心创建坐标系"对话框

(4) 在2点之间创建坐标系

1) 在图2-14中,单击"在2点之间创建坐标系"命令,弹出如图2-21所示的对话框。

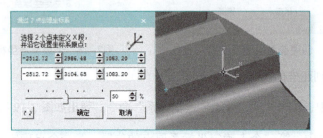

图2-21 "在2点之间创建坐标系"对话框

2) 选择两个坐标点来确定两点之间的中间位置点。在图2-21中,选择一个实体对象边线的两个端点,即可在两个端点之间的中间位置产生一个点坐标系。

3. 放置操控器与重定位操作

(1) 放置操控器 在图形视图中的工具条上,"放置操控器"命令的按钮图标为 ,其快捷键为 <Alt+P>。选中图形视图中的某个几何体对象模型,单击"放置操控器"命令就会弹出图2-22所示的"放置操控器"对话框,对该命令的设置如下:

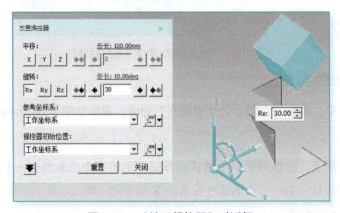

图2-22 "放置操控器"对话框

1) 步长的设置。在图2-22中,"放置操控器"对话框中的"步长"是指每次单击"移动一步"按钮时的数值变化。可通过设定数值来准确地实现对模型的平移、旋转等改变位置的操作。

2）参考坐标系的设置。在图 2-22 中，"参考坐标系："是指对象移动、旋转时的参考坐标，有"自身""几何中心"与"工作坐标系"等几个选项。

①"参考坐标系："：若选用了"工作坐标系"，那么当对象旋转时，"工作坐标系"原点就是旋转的中心点。

②"参考坐标系："：如图 2-23 所示，若选用了"自身"，那么"自身"坐标系原点就作为对象旋转时的中心点。

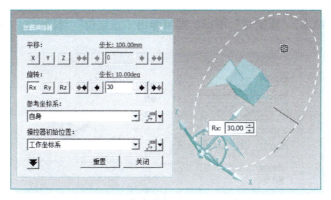

图2-23　"参考坐标系"选用"自身"

3）操控器初始位置设置。在"放置操控器"对话框中，"操控器初始位置："是指被操控对象移动、旋转时的操控点坐标，可通过该点坐标系来操控对象围绕"参考坐标系："发生旋转、移动等。

①如图 2-24 所示，当"操控器初始位置："选择"自身"时，其操控点就在对象自身处。

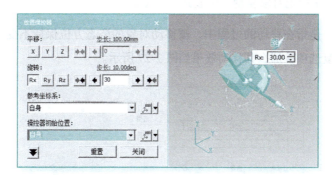

图2-24　"操控器初始位置"选择"自身"

②如图 2-25 所示，当"操控器初始位置："选择"工作坐标系"时，其操控点就在"工作坐标系"原点坐标处。

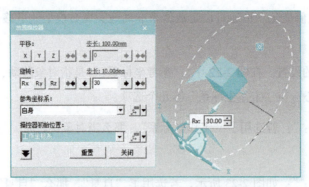

图2-25　操控器初始位置选择工作坐标系

（2）重定位　图形视图中工具条上"重定位"命令的按钮图标为 ，快捷键为 <Alt+R>。

1）选中一对象单击，"重定位"图标，即可弹出"重定位"对话框，如图2-26所示。

图2-26　重定位操作

2）重定位坐标设置。在"重定位"对话框中，"从坐标"是指对象被移动时的起始坐标，"到坐标系："是指对象被移动时的目标坐标系。在对话框的下方有复选项，分别为"复制对象""保持方向"和"平移仅针对："等。各选项解释如下：

①"复制对象"是指把对象复制一份放到目标位置。

②"保持方向"是指在移动的过程中，被移动对象的姿态方位保持不变，图2-26中，若勾选了"保持方向"复选项，那么其移动效果如图2-27所示。

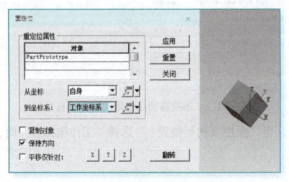

图2-27　重定位保持方位操作

③"平移仅针对："是指不移动对象，仅把对象的"从坐标"姿态方位调整到与"到坐标系："坐标方位一致的姿态。对于图2-27中的同一对象，图2-28演示了勾选"平移仅针对："复选项后的重定位效果，可以看到重定位对象——方块仅改变了坐标方向和姿态，其方向与工作坐标系的坐标方向保持一致。

图2-28　重定位平移仅针对操作

综上所述，通过"重定位"命令可实现的操作如下：①原坐标系到目标坐标系的转换定位；②沿着目标坐标系的某一方向定位；③保持对象原有方位，定位到目标坐标系中；④对象定位到目标坐标系，并改变为目标坐标系的方位；⑤复制对象到目标位置。

2.2　项目实施

2.2.1　C形焊枪机构建模

1. 任务描述

如图2-29所示，设计一个C形焊枪机构，达成如下设计目标：

图2-29　C形焊枪机构设计

（1）完成C形焊枪机构的运动学设计　建立连杆和运动关节，使动臂与不动臂之间具有张开（OPEN）、闭合（CLOSE）、半张开（SEM-OPEN）和原点（HOME）4种工作姿态。

（2）建立 C 形焊枪的坐标系　在焊枪的不动臂上设置工具中心点 TCP 坐标系，在焊枪安装基座上设置 BASEFRAME 基础坐标系。

2. 准备工作

（1）建模文件准备　如图 2-30 所示，创建一个文件夹"GUN-CType"，将包含 C 形焊枪三维模型文件"Gun_C.jt"的子文件夹"jtModel"拷贝到文件夹"GUN-CType"中。

图2-30　准备文件

（2）新建研究　新建研究的操作步骤如下：

1）双击桌面上的"PS on eMS Standalone"快捷图标，软件启动界面如图 2-31 所示。

图2-31　PS on eMS Standalone软件启动界面

2）软件启动之后，即可进入图 2-32 所示的欢迎界面（这里使用的软件为 PS on eMS Standalone）。在图 2-32 中，单击"..."按钮，弹出"浏览文件夹"对话框，选择文件夹"GUN-CType"作为系统根目录，然后单击"确定"按钮。

3）如图 2-32 所示，单击"新建研究"按钮，弹出图 2-33 所示的对话框。在该对话框内，使用图示的默认设置，研究类型设为"RobcadStudy"，单击"创建"按钮，即可弹出图 2-34 所示的信息框，单击"确定"按钮，进入 PS 的主界面，如图 2-35 所示。

4）单击主界面左上角的保存按钮，如图 2-36 所示，在弹出的"另存为"对话框内把新建研究保存到系统根目录内（GUN_CType），命名为"RobcadStudy.psz"。

机器人焊枪与夹具设备资源建模 项目2

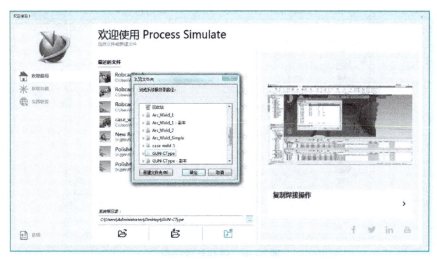

图2-32　PS on eMS Standalone软件的欢迎界面

图2-33　"新建研究"的设置

图2-34　新建研究创建成功信息框

图2-35　软件PS独立版的主界面

图2-36　保存新建研究

（3）模型文件转换

1）如图2-37所示，单击"文件→导入/导出→转换并插入CAD文件"命令，就会弹出图2-38所示的"转换并插入CAD文件"对话框。

2）在图2-38中，单击"添加…"按钮，弹出图2-39所示的"打开"对话框，选择C形焊枪的模型文件"Gun_C.jt"后，单击"打开（O）"按钮，弹出图2-40所示的对话框。

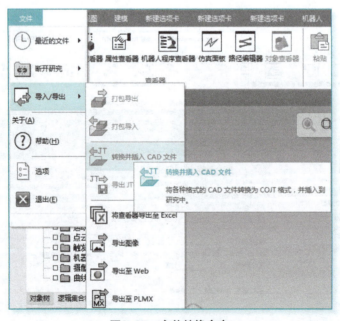

图2-37　文件转换命令

图2-38 "转换并插入CAD文件"对话框

图2-39 选择转换文件

图2-40 "文件导入设置"对话框

3）在图2-40中，设置"基本类："为"资源"，"原型类："为"Gun"，勾选"插入组件"和"创建整体式JT文件"复选项，选中"用于每个子装配"单选按钮，然后单击"确定"按钮，回到图2-41所示的对话框中。

图2-41 转换文件

4）在图2-41中单击"导入"按钮，可开启模型的转换与导入进程，转换与导入完成后弹出图2-42所示的转换成功完成信息框。

图2-42　文件转换成功完成

5）关闭信息框，再关闭图2-41所示的对话框，即可进入到图2-43所示的Process Simulate软件窗口，经过放大就能够看到导入的三维模型。

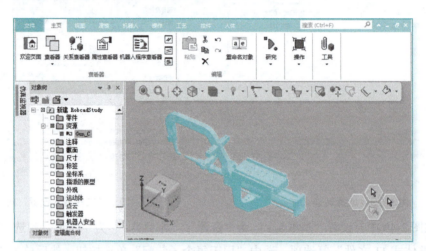

图2-43　软件PS中的焊枪模型

3.焊枪的运动学编辑

（1）启动运动学编辑器

1）如图2-44所示，在"对象树"浏览器中选中焊枪"Gun_C"，单击主菜单"建模→范围→设置建模范围"命令，使其成为可编辑（红色M图标）。

2）如图2-45所示，先在"对象树"浏览器中选中焊枪"Gun_C"，再单击主菜单"建模→运动学设备→运动学编辑器"命令，弹出图2-46所示对话框。

（2）编辑焊枪连杆

1）创建连杆。在图2-46中，单击"创建连杆"图标　　创建2个连杆，连杆名称分别设置为BOOM_Arm和STATIC_Arm。其中，BOOM_Arm为固定端，STATIC_Arm为运动端。

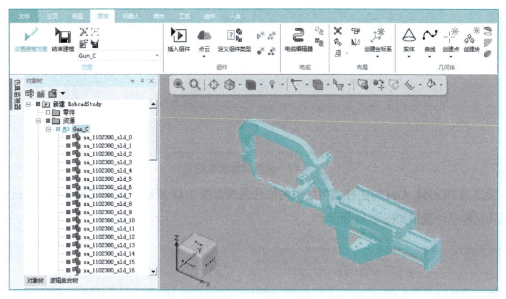

图2-44 设置建模范围

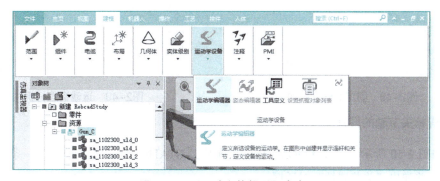

图2-45 "运动学编辑器"命令

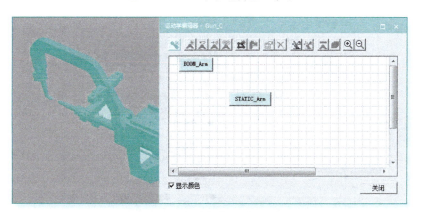

图2-46 创建焊枪运动学连杆

2)设置连杆部件。如图2-47所示,设置选取级别为"实体选取级别"。

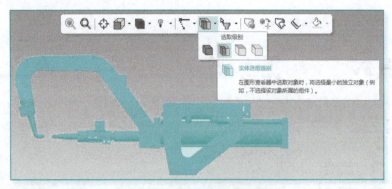

图2-47 设置实体选取级别

固定端 BOOM_Arm 的连杆机构选取的部件范围如图 2-48 所示,运动端 STATIC_Arm 的连杆机构选取部件范围如图 2-49 所示。

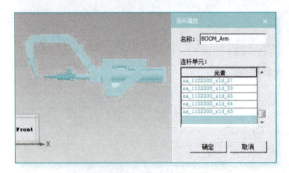

图2-48 固定端连杆机构

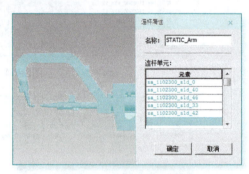

图2-49 运动端连杆机构

(3) 焊枪关节轴的设置

1) 如图 2-50 所示,选中 BOOM_Arm 并拖放到 STATIC_Arm 处,即出现一条名为 "j1" 的方向线,并弹出 "关节属性" 对话框。

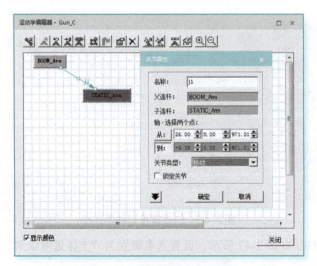

图2-50 "关节属性" 对话框

2）设置关节 j1 的轴方向。

① 在图形查看器中，单击工具条中的"选取意图"的"最近边"命令，设置点捕捉为"边上点选取意图"。

② 如图 2-51 所示，在焊枪的三维模型上，捕捉任意一个边线上的两个点来确立关节 j1 的轴运动方向。操作过程如下：在"关节属性"对话框中，单击"从："按钮，然后单击轴方向的第一个点，把该点坐标值赋给"从"坐标；在"关节属性"对话框中，单击"到："按钮，然后单击轴方向的第二个点，把该点坐标值赋给"到"坐标。把这 2 个点的坐标值赋给"从"与"到"的位置坐标之后，就会出现一个箭头作为 j1 轴的运动指向。单击"确定"按钮即完成关节属性的设置。

图2-51 定义关节轴方向

（4）焊枪姿态编辑

1）在"运动学编辑器"中，单击工具条上的 按钮，弹出如图 2-52 所示的"姿态编辑器"对话框。

2）在图 2-52 的"姿态编辑器"对话框中单击"新建（N）…"按钮，在弹出的"新建姿态"对话框中，通过修改 j1 轴"转向/姿态"的值来设定"新建姿态"的运动形态。

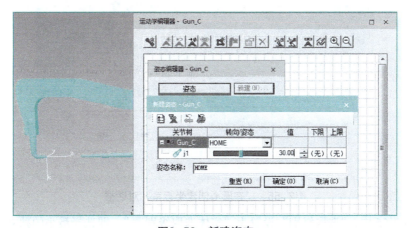

图2-52 新建姿态

在该例中，共创建了四种姿态：原点（HOME）、打开（OPEN）、半开（SEM-OPEN）与关闭（CLOSE）。其中 HOME 与 CLOSE 姿态相同，j1 轴"转向/姿态"值为"30mm"；姿态 OPEN 的 j1 轴"转向/姿态"值为"-80mm"；SEM-OPEN 设置为"-10mm"。

3）姿态创建完毕后如图 2-53 所示。分别选择不同的姿态并单击"跳转（J）"或者"移动（M）"按钮，以查看不同姿态的焊枪运动状态。

4. 建立工具中心点（TCP）坐标系

（1）创建坐标系

1）如图 2-54 所示，单击主菜单"建模→布局→创建坐标系→在圆心创建坐标系"命令，弹出图 2-55 所示的对话框。

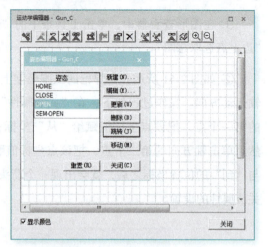

图 2-53 查看焊枪的不同姿态

图 2-54 在圆心创建坐标系指令

图 2-55 "在圆心创建坐标系"对话框

2）在图 2-55 中，"选取级别"设置为"实体选取级别 ▥"，即选择最小的独立对象。

3）如图 2-56 所示，将焊枪固定端的焊帽隐藏，在圆上选择三个点，选择完成之后会在圆心生成一个坐标系"fr1"。

4）选择生成好的坐标系"fr1"，单击工具条上"重定位"命令按钮，将坐标系更改成与工作坐标系方向相同，效果如图 2-57 所示。

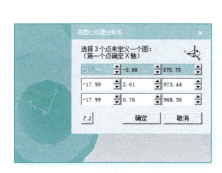
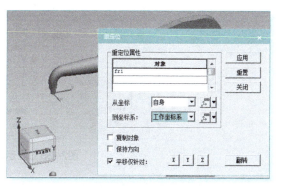

图2-56　创建圆心坐标系　　　　　　图2-57　调整位圆心坐标系的轴方向

5）如图 2-58 所示，单击"放置操控器"命令按钮，通过旋转坐标轴让 Z 轴方向朝外。

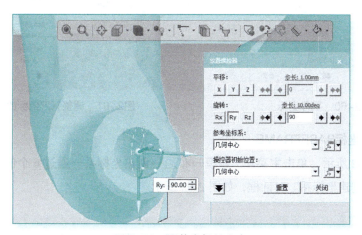

图2-58　调整坐标轴方向

（2）调整坐标点位置

1）将隐藏的部分显示出来，如图 2-59 所示，在"图形查看器"中，鼠标右键单击，在弹出的快捷菜单中单击"全部显示"命令即可。

2）选中新建的坐标系，单击"放置操控器"按钮，更改坐标系的位置。

① 如图 2-60 所示，将模型视点转为正视图，将坐标系位置修改到焊帽顶点位置，平移方向选择 Z 轴，步长为"1.00mm"；沿 Z 轴移动到图中所示位置。

② 通过调整轴的方向，把坐标系调整到如图 2-61 所示的状态。

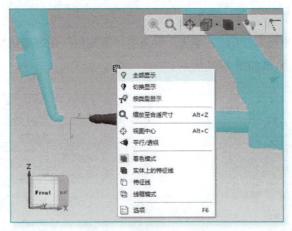

图2-59 显示隐藏的部件

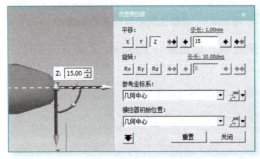

图2-60 平移坐标

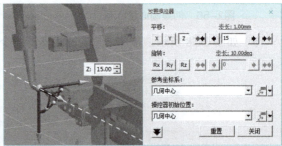

图2-61 调整TCP坐标的轴方向

5. 建立基础坐标BASEFRAME

1）如图2-62所示，单击主菜单"建模→布局→创建坐标系→通过6个值创建坐标系"命令，弹出"6值创建坐标系"对话框，如图2-63所示。

图2-62 通过6值创建坐标系

2）在图2-63中，单击焊枪固定端安装板的中心位置，建立fr2坐标系。

3）使用"放置操控器"命令调整坐标Z的方向，具体操作如图2-64所示，让Z坐标轴绕X轴线旋转180°。

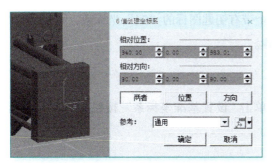
图2-63 "6值创建坐标系"对话框

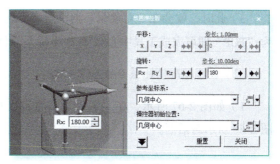
图2-64 调整坐标系的方向

6. 坐标系的设置

（1）设置工具中心点TCP坐标系

1）如图2-65所示，在"对象树"浏览器中选中焊枪"Gun_C"，单击主菜单"建模→运动学设备→工具定义"命令，即可弹出图2-66所示对话框。

图2-65 "工具定义"命令

2）在图2-66的"工具定义-Gun_C"对话框中，指派"TCP坐标"为"fr1"，"基准坐标"为"fr2"，设置"不要检查与以下对象的干"为焊枪运动杆与固定杆的2个端点，再单击"确定"按钮。

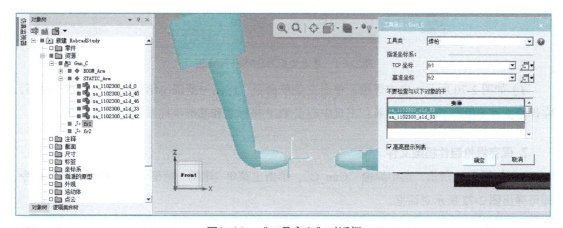
图2-66 "工具定义"对话框

3）此时，就会在"对象树"浏览器中出现一个带有钥匙图标的"fr1"坐标系，修改"fr1"为"TCP"即可完成工具中心点 TCP 坐标系的创建。

（2）设置基准坐标系 BASEFRAME

1）如图 2-67 所示，在"运动学编辑器"中单击"设置基准坐标系"按钮，即可弹出图 2-68 所示对话框。

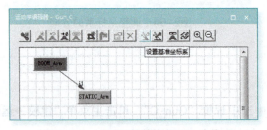
图2-67　"设置基准坐标系"命令

图2-68　"设置基准坐标系"对话框

2）在图 2-68 中，设置基准坐标系为"fr2"，单击"确定"按钮。如图 2-69 所示，在"对象树"浏览器中即可看到一个带有钥匙图标的"BASEFRAME"坐标系（该坐标系数值与 fr2 相同），这表明已经完成了基准坐标系的创建。

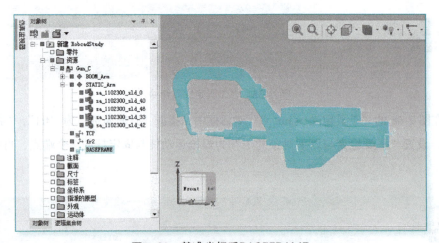
图2-69　基准坐标系BASEFRAME

3）如图 2-70 所示，选中焊枪，单击主菜单命令"建模→范围→结束建模"。结束建模后，在焊枪文件下生产了两个坐标系：工具中心点 TCP 坐标系和基准坐标系 BASEFRAME。

7. 保存焊枪组件模型文件

1）如图 2-71 所示，选中焊枪"Gun_C"，单击主菜单"建模→范围→将组件另存为"命令，即可弹出图 2-72 所示对话框。

2）在图 2-72 中，选定保存的位置，单击"保存"按钮即可完成组件的保存。查看保存的焊枪模型组件结果如图 2-73 所示。

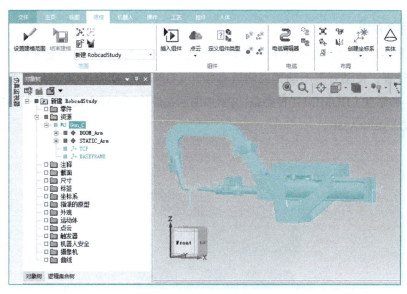

图 2-70　退出建模编辑状态

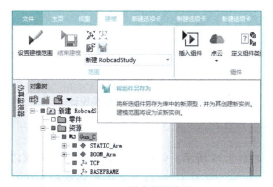

图 2-71　保存焊枪组件

图 2-72　保存焊枪模型组件

图 2-73　查看焊枪模型组件

2.2.2　X形焊枪机构建模

1. 任务描述

如图 2-74 所示，设计一个 X 形焊枪机构，达成设计目标：①完成 X 形焊枪机构的运动学设置，使动臂与不动臂之间具有张开（OPEN）、闭合（CLOSE）、半张开（SEM-OPEN）和原点（HOME）4种姿态；②依照图示在焊枪不动臂上设置焊枪工具中心点 TCP、基础坐标系 BASEFRAME。

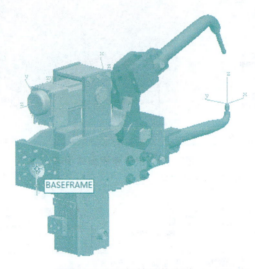

图2-74　X形焊枪机构设计

2. 准备工作

（1）建模文件准备　如图 2-75 所示，创建一个文件夹"GUN_X1Type"，将包含 X 形焊枪三维模型文件"Gun_X1Type.jt"的子文件夹"jtModel_X1"拷贝到文件夹"GUN_X1Type"中。

图2-75　X形焊枪文件准备

（2）新建研究　依照前述方法新建 Process Simulate 研究，设置系统根目录为"GUN_X1Type"，保存研究到系统根目录中，命名为"RobcadStudy.psz"。

（3）模型文件转换　依照前述方法完成模型文件的转换。转换文件为"Gun_X1Type.jt"。转换完成后，在 Process Simulate 项目窗口中的图形查看器中可以看到转换导入的模型，如图 2-76 所示。

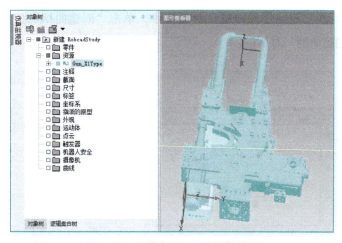

图2-76 转换与导入X形焊枪模型

3. 运动学编辑

(1) 启动运动学编辑器

1) 如图2-77所示,选中"对象树"浏览器中"资源"下的"Gun_X1Type",单击主菜单"建模→设置建模范围"命令,使"Gun_X1Type"处于可编辑状态。

图2-77 设置焊枪为可编辑状态

2) 如图2-78所示,选中"Gun_X1Type",单击主菜单"建模→运动学设备→运动学编辑器"命令,打开"运动学编辑器"对话框。

图2-78 打开"运动学编辑器"对话框

(2) 创建曲柄并设置关节坐标系

1）创建曲柄。在"运动学编辑器"对话框中，单击"创建曲柄"按钮，即可弹出如图 2-79 所示的"创建曲柄"对话框。

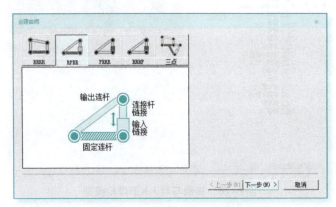

图2-79 "创建曲柄"对话框

在图 2-79 中，单击选择"RPRR"类型曲柄，其结构参看图中的示意图。

2）创建曲柄关节坐标系。创建曲柄关节坐标系的操作如下：

① 如图 2-80 所示，单击主菜单"建模→布局→创建坐标系→在圆心创建坐标系"命令，弹出图 2-81 所示的对话框。

图2-80 执行创建坐标系命令

② 在图 2-81 中的圆周上选取三个点，建立一个点 fr1 的坐标系。

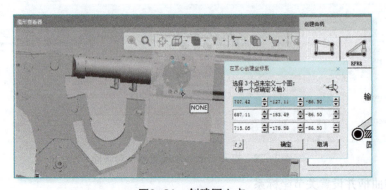

图2-81 创建圆心点

③ 按照相同的操作，分别找出其他连接处的位置，建立坐标系 fr2、fr3、fr4 与 fr5，总体效果如图 2-82 所示。

3）设置曲柄链接的关节坐标。在图 2-79 所示的"创建曲柄"对话框的"RPRR"页面单击"下一步（N）>"按钮，出现图 2-83 所示的设置关节坐标界面。依照图示设置坐标系：关节"固定连杆 - 输入链接"的坐标系为"fr1"，关节"连接杆链接 - 输出连杆"的坐标系为"fr2"，关节"输出连杆 - 固定连杆"的坐标系为"fr3"。

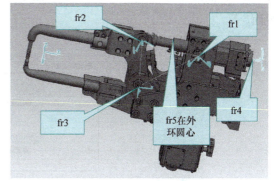

图2-82 坐标系创建总览

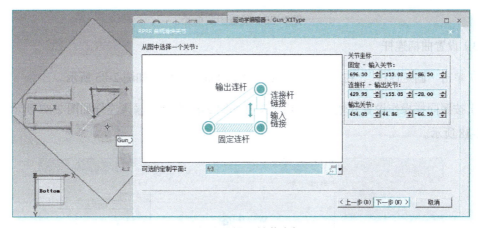

图2-83 设置关节坐标

4）三个坐标系设置完毕之后，选择坐标系 fr1、fr2 和 fr3 中的任意一个点作为"可选的定制平面:"（本例选用了坐标系 fr3）。然后击"下一步（N）>"按钮，进入到图 2-84 所示界面。

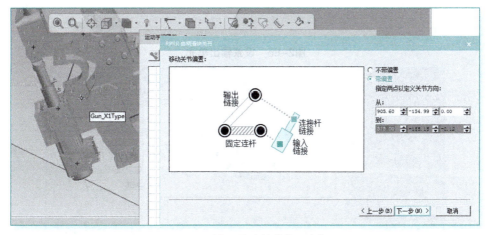

图2-84 设置移动关节偏置坐标

5）在图2-84中，设置移动关节选择偏置为"带偏置"，"从："选择坐标"fr4"，"到："选择"fr5"，然后单击"下一步（N）>"按钮，进入图2-85所示"RPRR曲柄滑块连杆"设置界面。

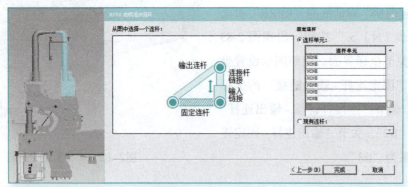

图2-85　设置固定单元

（3）设置曲柄连杆

1）单击"固定连杆"，在"连杆单元："处选择固定连杆，如图2-85所示。

2）按照同样操作设置其他单元，输出连杆如图2-86所示，输入连杆如图2-87所示，连接杆图2-88所示。

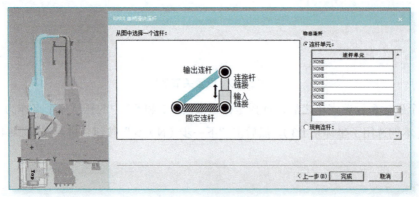

图2-86　设置输出单元

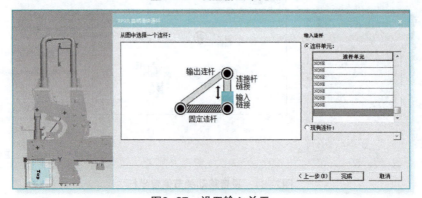

图2-87　设置输入单元

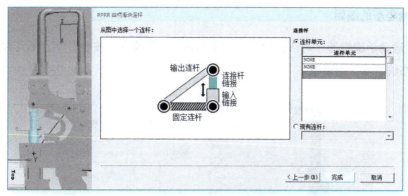

图2-88 设置连接单元

3）所有单元设置完毕后，单击"完成"按钮，即出现图2-89所示的界面。

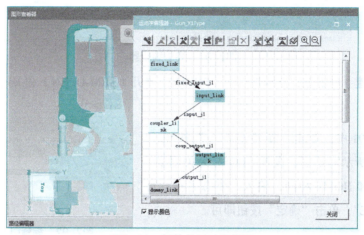

图2-89 焊枪的运动学设置

4）如果有漏选的部件，可以在运动学编辑器中做添加修改。例如，如果连杆"input_link"中有漏选的部件，可以在运动学编辑器中双击"input_link"连杆，在弹出的"连杆属性"对话框（图2-90）中，选中"元素"列表中最后的空白行，然后再单击漏加的部件，就可以把它添加到元素列表中。添加完毕后点击"确定"按钮退出。

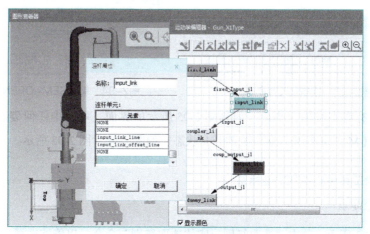

图2-90 输入单元的修正

（4）焊枪姿态的编辑

1）在"运动学编辑器"对话框的工具栏上单击"姿态编辑器按钮" ，即可弹出如图2-91所示的"姿态编辑器"对话框。

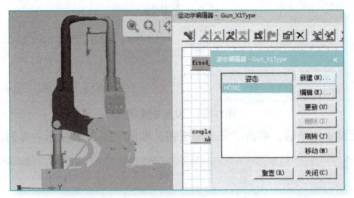

图2-91 姿态编辑器

2）需要创建3种姿态，分别是打开（OPEN）、半开（SEM-OPEN）和关闭（CLOSE）。具体步骤如下：

① 在图2-91中，单击"新建（N）..."按钮，弹出如图2-92所示对话框。设置CLOSE为关闭姿态，它的状态和HOME相同，输入"姿态名称："名称为"CLOSE"，单击"确定"按钮即可。

② 按照同样操作设置OPEN姿态，如图2-93所示，OPEN为焊枪全闭合状态，修改值为"-78"。

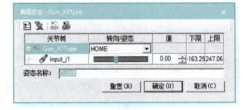

图2-92 编辑CLOSE姿态

③ 最后设置焊枪半开（SEM-OPEN）姿态，如图2-94所示，修改值为"-25"。

图2-93 编辑OPEN姿态

图2-94 编辑SEM-OPEN姿态

3）以上所有姿态编辑完毕后，回到图2-95所示的界面。可选中任何姿态，单击"跳转（J）"或"移动（M）"按钮来观察焊枪的开合状态，如图2-96～图2-98所示。

4．建立焊枪工具中心点TCP坐标系

（1）建立坐标系

1）如图2-99所示，单击"选取级别→实体选取级别"命令，以能够选择最小的独立对象。

图2-95 测试状态

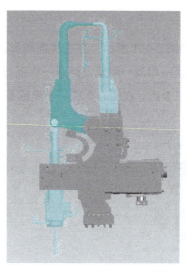

图2-96 HOME与CLOSE姿态

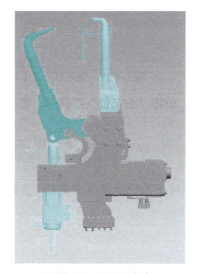

图2-97 OPEN姿态

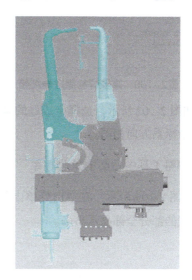

图2-98 SEN-OPEN姿态

图2-99 设置选取级别

2）如图 2-100 所示，在焊枪固定端的焊帽处单击鼠标右键，在弹出的快捷菜单中单击"隐藏"命令。

3）如图 2-101 所示，在主界面图形视图中选中"Gun_X1Type"的三维模型，在主菜单中单击"建模→布局→创建坐标系→在圆心创建坐标系"命令。然后在焊枪固定端的末端边缘圆周上选择三个点，在圆心生成一个坐标系（本例为 fr7）。

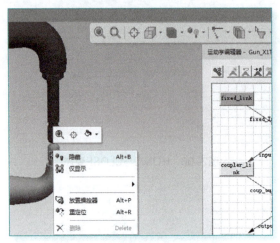

图2-100　隐藏焊枪固定端焊帽

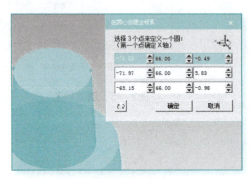

图2-101　确定TCP点（1）

4）如图 2-102 所示，选择生成好的坐标系"fr7"，单击"重定位"按钮，将坐标系更改成与工作坐标系方向相同。

（2）调整工具中心点 TCP 坐标系

1）如图 2-103 所示，在空白处单击鼠标右键，在弹出的快捷菜单中单击"全部显示"命令，将隐藏的部分全部显示出来。

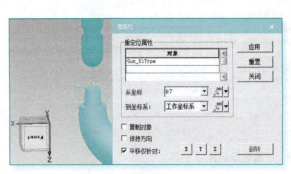

图2-102　确定TCP点（2）

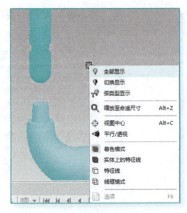

图2-103　确定TCP点（3）

2）调整 TCP 点位置，操作步骤如下：

① 选中新建的坐标系，单击"视点"命令，将模型视点选择为前视图 。

② 单击"放置操控器"按钮 ，更改坐标系的位置。

如图 2-104 所示，在平移方向选择 Z 轴，步长为"1.00mm"，将坐标系位置修改到焊帽顶点位置。通过旋转 Rx 和 Rz 轴，将坐标系方向修改如图 2-105 所示方向。

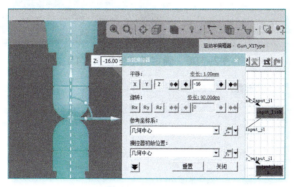

图2-104 确定TCP点（4）

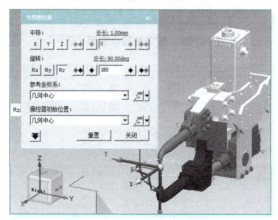

图2-105 确定TCP点（5）

5. 创建基准坐标系BASEFRAME

1）与创建工具中心点 TCP 坐标系的操作类似，如图 2-106 所示，选中工具安装圆盘边缘圆周上的三个点，通过主菜单命令"在圆心创建坐标系"创建一个坐标系（本例为 fr8）。

2）如图 2-107 所示，选中新创建的坐标系，通过"重定位"命令，将坐标系更改成与工作坐标系轴方向相同的姿态。

6. 坐标系的设置

（1）设置工具中心点 TCP 坐标系

1）在主界面图形视图中，选中焊枪"Gun_X1Type"，如图 2-108 所示，单击主菜单"建模→运动学设备→工具定义"命令,弹出如图2-109所示的"工具定义"对话框。

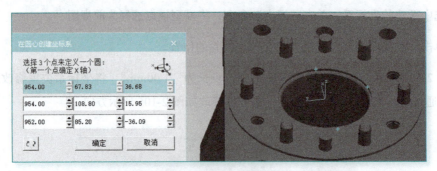

图2-106 确定基准坐标系(1)

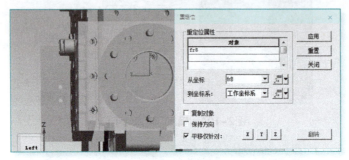

图2-107 确定基准坐标系(2)

图2-108 "工具定义"命令

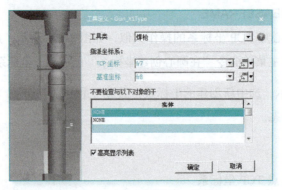

图2-109 "工具定义"对话框

2)在图 2-109 中,设置坐标"fr7"为"TCP 坐标系","fr8"为"基准坐标",设置"不要检查与以下对象的干"为图中焊枪的端点部位。

3)设置完毕后单击"确定"按钮,即可在"对象树"浏览器中看到带有钥匙图标的"fr7"坐标。如图 2-110 所示,修改其名称为"TCP",即可完成工具中心点 TCP 坐标系的设定。

(2)基准坐标系 BASEFRAME 的设置

1)如图 2-111 所示,在"运动学编辑器"对话框的工具条中单击"设置基准坐标系"按钮,即可弹出图 2-112 所示的"设置基准坐标系"对话框。

图2-110 定义TCP

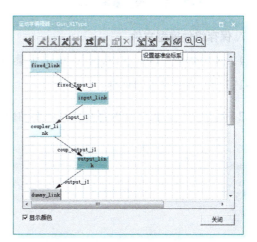

图2-111 设置基准坐标系命令

图2-112 "设置基准坐标"对话框

2)在"设置基准坐标系"对话框中,设置坐标为"对象树"浏览器中的"fr8",单击"确定"按钮,即可在"对象树"浏览器中出现一个新坐标"BASEFRAME",如图 2-113 所示。

3)选中焊枪"Gun_X1Type",单击主菜单命令"建模→范围→结束建模",让焊枪退出编辑状态。结束建模后,如图 2-114 所示,在"对象树"浏览器的焊枪下生成了 TCP 坐标系与基准坐标系"BASEFRAME"。

图2-113　设置基准坐标　　　　　　　图2-114　查看基准坐标

7. 保存组件模型文件

1）选中焊枪"Gun_X1Type"，单击主菜单"建模→范围→将组件另存为"命令，弹出如图2-115所示保存文件对话框。

2）将生成的焊枪组件保存在任意需要的位置。图2-116所示为保存组件的效果。

图2-115　组件另存为对话框　　　　　图2-116　组件另存效果

2.2.3　机器人夹爪机构建模

1. 任务描述

设计一个机器人夹爪机构，要达成的设计目标是：①完成机器人夹爪机构的运动学设置，使夹爪具有张开（OPEN）、半张开（SEMIOPEN）、闭合（CLOSE）和原点（HOME）姿态，如图2-117所示；②完成机器人夹爪工具的设置，例如设置工具中心点TCPF坐标系，在焊枪安装基座上设置BASEFRAME基准坐标系。

夹爪姿态如图2-118~图2-120所示，其中OPEN与RELEASE的姿态相同，CLOSE与GRIP的姿态相同。

机器人焊枪与夹具设备资源建模 项目2

图2-117 夹爪姿态

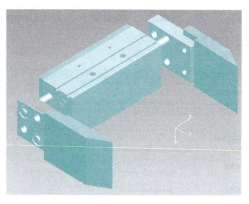

图2-118 夹爪OPEN与RELEASE姿态

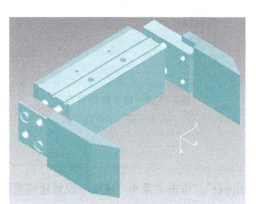

图2-119 夹爪SEMIOPEN姿态

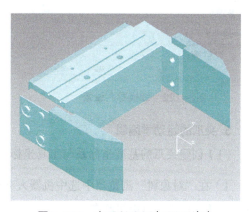

图2-120 夹爪CLOSE与GRIP姿态

2. 准备工作

（1）准备文件　如图 2-121 所示：创建一个文件夹"Gripper"，将包含夹爪三维模型文件"Gripper.jt"的子文件夹"jtModel_Gripper"拷贝到文件夹"Gripper"中。

图2-121 准备文件

（2）创建研究　在桌面上双击软件"PS on eMS Standalone"的快捷图标，打开 PS 的程序界面。设置系统根目录为"Gripper"，按照前述操作建立"新建研究"，保存到系统根目录"Gripper"中，命名为"RobcadStudy.psz"。

（3）模型文件转换　单击"文件→导入/导出→转换并插入 CAD 文件"命令，在弹出的对话框中添加一个转换文件，选中模型文件"Gripper.jt"。文件的导入设置如图 2-122 所示："基

— 115 —

本类:"为"资源","原型类:"为"Gripper"。转换完成后导入模型,在 PS 窗口中的显示如图 2-123 所示。

图2-122 转换导入设置

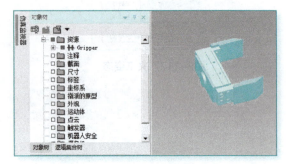

图2-123 导入模型显示

3. 夹爪的运动学编辑

(1)创建夹爪的基准坐标系与工具坐标系

1)在"对象树"浏览器中选中机器人夹爪"Gripper",单击主菜单"建模→设置建模范围"命令,使夹爪进入可编辑状态。

2)创建基准坐标系。

① 如图 2-124 所示,选中夹爪"Gripper",单击主菜单"建模→创建坐标系→在圆心创建坐标系"命令,弹出图 2-125 所示的"在圆心创建坐标系"对话框。

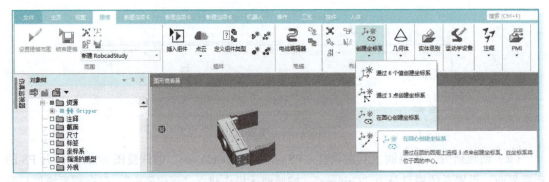

图2-124 在圆心创建坐标系

② 在图 2-125 中,在基座圆周的边沿处任取三个点,然后单击"确定"按钮,就创建了名为"fr1"的坐标系。

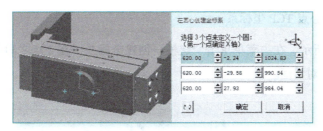

图2-125 创建圆心坐标系

③ 如图 2-126 所示，视图视角使用左视图，先选中坐标"fr1"，然后单击"重定位"按钮，弹出"重定位"对话框。

④ 调整"fr1"使其与工作坐标系的坐标轴保持一致，具体操作为：如图 2-126 所示单击"重定位"按钮，在弹出的"重定位"对话框中设置"从坐标"为"fr1"，"到坐标系："为"工作坐标系"，勾选"平移仅针对："复选项，单击"应用"按钮，即可让"fr1"坐标方向与"工作坐标系"的方向保持一致。

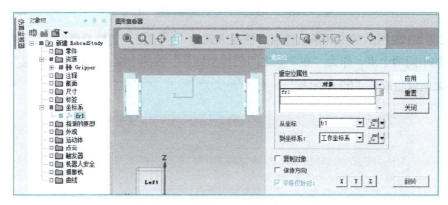

图2-126 调整圆心坐标系方向（1）

⑤ 如图 2-127 所示，单击"放置控制器"按钮调整 fr1 方向。在"放置控制器"对话框中，让坐标"fr1"围绕 Y 轴旋转 90°，当作夹爪的基准坐标。

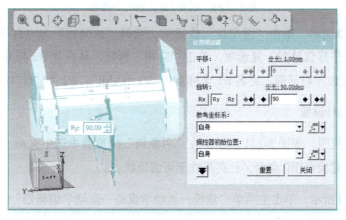

图2-127 调整圆心坐标系方向（2）

3）创建工具中心点 TCP 坐标系。

① 如图 2-128 所示，在主菜单单击"建模→创建坐标系→在 2 点之间创建坐标系"命令，弹出图 2-129 所示的对话框。

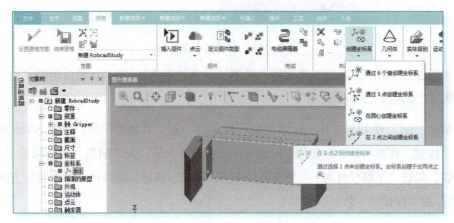

图2-128 "在2点之间创建坐标系"命令

② 在图 2-129 所示的工具条上选取点捕捉方式为"捕捉点选取意图"，然后捕捉手爪的两侧边线的中间两个点，作为"在 2 点之间创建坐标系"的两个端点，单击"确定"按钮，在这两个点之间就生成了"fr2 坐标系"。

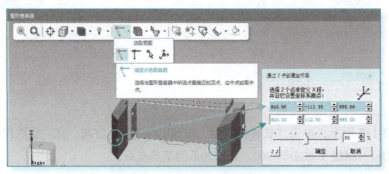

图2-129 创建2点之间的坐标系

③ 如图 2-130 所示，单击"重定位"按钮，选择"从坐标"为"自身"，"到坐标系："为"fr1"，勾选"平移仅针对"复选项，单击"应用"按钮，从而让 fr2 与 fr1 的坐标方向保持一致。关闭"重定位"对话框，更名 fr1 坐标系为"G_BASE"，fr2 为"G_TOOL"。

（2）夹爪的连杆设置

1）设定建模范围。如图 2-131 所示，在"对象树"浏览器中选中夹爪"Gripper"，单击主菜单"建模→设置建模范围"命令，让夹爪处于可编辑状态。

2）如图 2-132 所示，单击主菜单"建模→运动学设备→运动学编辑器"命令，弹出图 2-133 所示的"运动学编辑器"对话框。

机器人焊枪与夹具设备资源建模 项目2

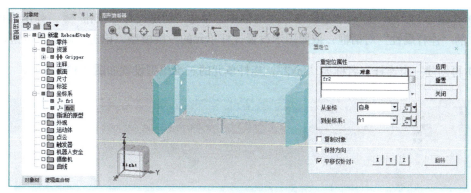

图2-130　调整工具坐标的方向

图2-131　执行建模命令

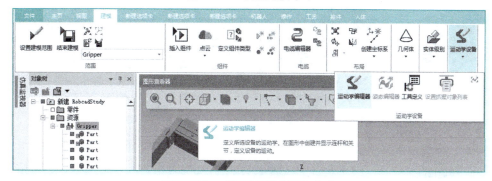

图2-132　"运动学编辑器"命令

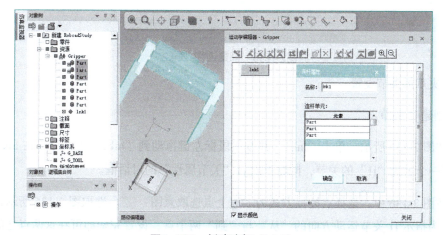

图2-133　创建连杆"lnk1"

3）在图 2-133 的"运动学编辑器"对话框中，单击"创建连杆"按钮 ，弹出连杆名为"lnk1"的"连杆属性"对话框，依照图示设置连杆单元的三维模型，单击"确定"按钮。

4）再创建一个连杆，名称为"lnk2"，连杆单元的三维模型设置如图 2-134 所示。

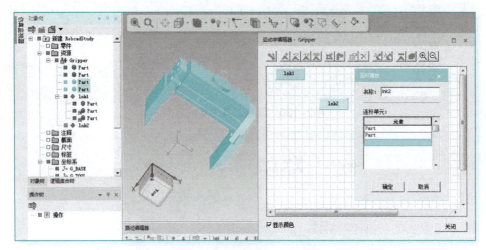

图2-134　创建连杆"lnk2"

5）最后创建连杆 lnk3，连杆单元的三维模型设置如图 2-135 所示。

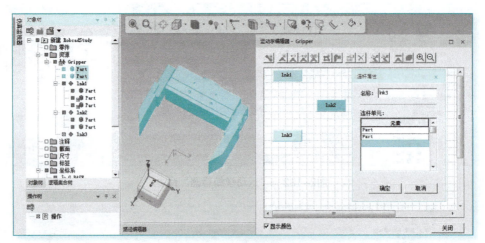

图2-135　创建连杆"lnk3"

（3）夹爪的关节设置

1）创建 j1 关节。

① 如图 2-136 所示，单击"lnk1"并按住鼠标左键拖动到"lnk2"上，即可在 lnk1 与 lnk2 之间生成一个名为"j1"的关节，同时弹出 j1"关节属性"的对话框。

② 在图 2-136 中，选择点捕捉方式为"边上点选取意图" 。选取图 2-136 所示边线上的两个点作为指示 j1 关节运动方向的"从"与"到"两个点，设置完毕即可在这两点之间出现一

个带箭头的直线，指明 j1 轴的运动方向。

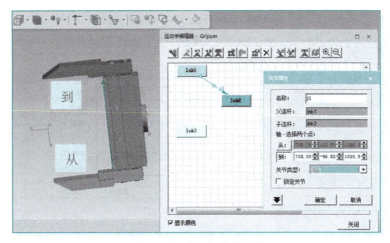

图2-136　创建j1关节属性

③设置"关节类型："为"移动"，单击"确定"按钮，完成关节 j1 的设置。

2）创建 j2 关节。按照同样的操作，创建 j2 关节如图 2-137 所示，然后单击"确认"按钮，返回"运动学编辑器"对话框。

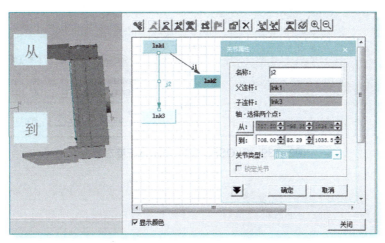

图2-137　创建j2关节属性

（4）编辑夹爪的姿态

1）如图 2-138 所示，在"运动学编辑器"中单击"姿态编辑器"按钮，弹出"姿态编辑器"对话框。

2）在"姿态编辑器"对话框中，通过单击"新建（N）..."按钮，依次创建 OPEN、CLOSE、SEMIOPEN、GRIP、RELEASE 与 HOME 六种姿态。图 2-139 设置了 CLOSE、GRIP 与 HOME 的姿态数据，图 2-140 设置了 OPEN 与 RELEASE 的姿态数据，图 2-141 设置了

SEMIOPEN 的姿态数据。

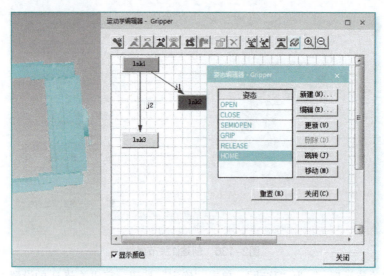

图2-138 "姿态编辑器"对话框

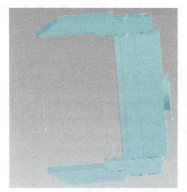

图2-139 CLOSE、GRIP与HOME姿态数据

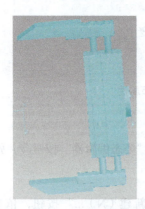

图2-140 OPEN与RELEASE姿态数据

机器人焊枪与夹具设备资源建模 项目2

图2-141 SEMIOPEN姿态数据

姿态编辑完毕后单击"确定"按钮,退回"姿态编辑器"对话框,再单击"关闭"按钮,退回到"运动学编辑器"。

4. 夹爪的坐标系设定

(1)建立基准坐标系 G_BASE 如图 2-142 所示,在"运动学编辑器"中,单击 按钮,弹出"设置基准坐标系"对话框,按照图示把点"G_BASE"设为基准坐标系的数值,单击"确认"按钮即可。

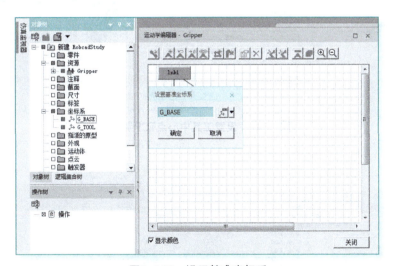

图2-142 设置基准坐标系

(2)建立工具中心点 TCP 坐标系

1)如图 2-143 所示,单击主菜单"建模→运动学设备→工具定义"命令,弹出图 2-144 所示的对话框。

2)在图 2-144 中,按照图示完成工具的设置,单击"确定"按钮返回。以上操作就完成了夹爪的设置,坐标系的设置结果如图 2-145 所示。

123

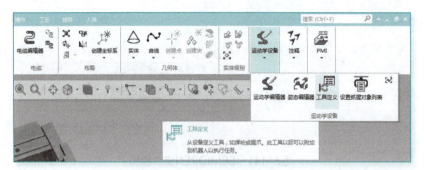

图2-143 "工具定义"命令

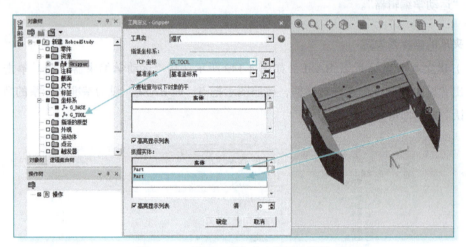

图2-144 设置工具中心点TCP坐标系

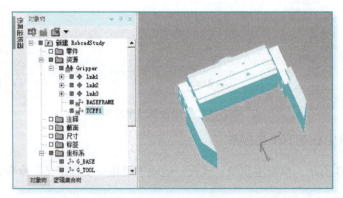

图2-145 夹爪的工具中心点TCP坐标系与基础坐标系

2.3 知识拓展

2.3.1 复合设备简介

可以将若干个设备通过组合构建成一个复合设备。复合设备和常规设备相似，也是由机构、关节和坐标构成的，大多常规设备的"运动学"功能都能使用，但又区别于常规设备，主要区别如下：

1）复合设备关节移动的对象是子装配体，而不是实体。

2）复合设备可以嵌套，而常规设备不能。

3）复合设备的关节可以使用"耦合"互相连接。

4）可以在嵌套设备之间创建附件和信号连接，相比常规附件，这些附件被保存在原型中。

5）附件的父节点必须连接到设备的几何体或是关节子设备的连接对象上。

6）复合设备的机构、关节和坐标通常连接在设备根节点上，但这个节点也不一定必须是设备的根节点。创建一个复合设备的流程如图2-146所示。

图2-146　创建复合设备的流程

2.3.2 创建复合设备

建立如图 2-147 所示的复合设备，能够让两个夹紧器同时张开或者闭合。建立复合设备的两个姿态：OPEN 与 CLOSE。

具体操作步骤如下：

1）项目文件如图 2-148 所示，打开研究，出现图 2-149 所示的界面。

图2-147　复合设备

图2-148 项目研究文件

2）如图2-149所示，在"对象树"浏览器中，分别选中资源"left_clamp"与"right_clamp"，单击主菜单"建模→范围→设置建模范围"命令，使它们处于可编辑状态。

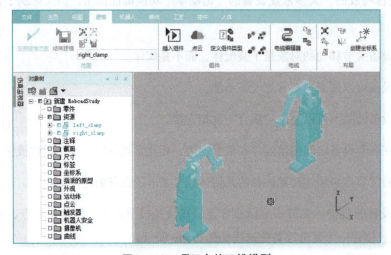

图2-149 项目中的三维模型

3）单击主菜单"建模→组件→新建资源"命令，弹出图2-150所示的对话框，选择节点类型为"EquipmentPrototype"，点击"确定"按钮，建立新的资源如图2-151所示。

图2-150 新建设备原型

图2-151 新建复合设备

4）如图2-152所示，把"left_clamp"与"right_clamp"拖入到"EquipmentPrototype"中，并打开建立复合设备的"运动学编辑器"对话框。

5）如图2-153所示，在"运动学编辑器"中，添加复合设备的运动杆件和关节，各参数采用默认值。

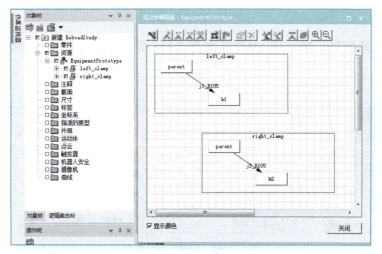

图2-152 建立复合设备的运动学

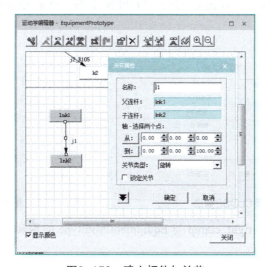

图2-153 建立杆件与关节

6）在图2-153所示的工具条中，单击"姿态编辑器"按钮，打开如图2-154所示的"姿态编辑器"对话框。单击"新建（N）..."按钮，弹出图2-155所示的"新建姿态"对话框。

图2-154 "姿态编辑器"对话框

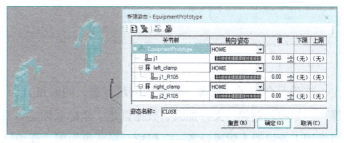

图2-155 编辑CLOSE姿态

7）如图2-155所示，设置两个夹紧器的转向值均为"0.00"，姿态命名为"CLOSE"，单击

"确定"按钮;

8)按照上述操作,建立OPEN姿态如图2-156所示,设置两个夹紧器的转向值均为"170.00"。

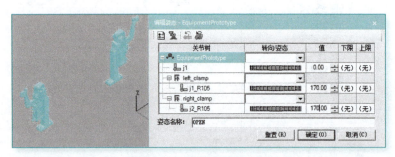

图2-156　编辑OPEN姿态

9)在"姿态编辑器"中双击CLOSE与OPEN姿态,查看复合设备的姿态变化,如图2-157、图2-158所示。

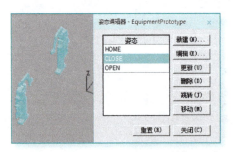 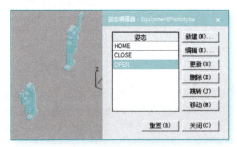

图2-157　复合设备CLOSE姿态　　　　图2-158　复合设备OPEN姿态

10)结束left_clamp、right_clamp与EquipmentPrototype的编辑状态,另存组件文件,完成复合设备的创建与测试。

2.4　小结

本项目介绍了"资源"对象的创建方法,同时也介绍了一些Process Simulate软件的基本操作,如项目创建、文件加载、数据创建、坐标系创建以及相关应用工具、软件窗口等。项目以常用工业机器人附属设备——焊枪、夹爪等为例,详细地介绍了Tecnomatix中"资源"对象运动学的创建、编辑与工具定义等操作,内容包括机构对象连杆与关节轴设置,运动姿态创建、工具中心点TCP坐标系与基准坐标系BASEFRAME的创建与使用等。

本章"资源"对象的数字化体现的是一种"格物致知"的思想，它是一种科学实践精神：只有穷究事物原理，才能获得知识。工业是一个厚重的行业，需要很多沉淀与积累。工业软件仿真不仅仅是软件和代码的问题，更多的是工业领域中的物理、机、电、光、材料及化学等学科计算问题。这需要很强的学科背景，以及大量实验数据的积累和运用。做好工业领域的任何一件事情都需要这种"格物致知"的精神：学贵立行，行贵体悟，行而知之，知而促行，循序渐进，方能造就经世之用。

项目 3
CHAPTER 3

机器人本体及附加设备资源建模

【知识目标】

1. 巩固与提高创建"资源"对象的技能,熟练掌握 Process Simulate 项目研究的创建、模型文件的转化与加载等系统指令。
2. 了解 Process Simulate 中"机器人"等执行逆向运动学设备的概念。
3. 掌握 6 轴工业机器人本体机构资源的建模技术,掌握其运动学建模技术。
4. 掌握机器人硬限位与软限位概念,学会硬、软限位的设置。
5. 掌握工业机器人附加设备——回转台资源的创建。
6. 掌握工业机器人夹爪、焊枪等设备的安装技术。
7. 掌握工业机器人导轨的运动建模与应用、机器人外部轴的添加与应用技术。

【技能目标】

1. 能熟练地完成 jt 格式文件的模型转换和模型组件装配、三维环境坐标设置等任务。
2. 会创建工业机器人本体运动学的连杆机构,熟练地设置各个连杆机构的运动轴,并能够设置各个轴的硬限位和软限位。
3. 会创建与编辑机器人的不同姿态,会设置 HOME 位。
4. 能设置机器人的基准坐标系 BASEFRAME 和机器人的工具中心点 TCP 坐标系。
5. 会创建机器人的外部轴,利用外部轴添加机器人的导轨。
6. 会创建机器人附加设备——回转台机构的运动学模型,能设置机构的姿态。
7. 能安装工业机器人的焊枪、夹爪等附属设备。

工业机器人应用系统建模（Tecnomatix）

3.1 相关知识

3.1.1 PS中的机器人概念

在Process Simulate软件中，"机器人"是能够执行逆向运动学运动设备的概念，它是运动链末端带有工具中心点TCP坐标系的装置，能够运动到某个姿势或某个位置。本项目中的机器人设备是指6自由度工业机器人。对机器人的相关概念介绍如下：

1）机器人：能够执行逆向运动学的任何运动设备，是运动链末端带有工具中心点坐标系（TCPF）的装置，它能够运动到某个姿势或某个位置。

2）工具坐标系TOOLFRAME：将工具安装到机器人运动关节末端默认位置的坐标系。

3）工具中心点TCP坐标系：最初位于运动链的末端，最终往往被设定到机器人末端运动轴工具上预定的位置，TCP包含该位置的坐标轴方向。故当机器人移动到目标位置时，是指TCP被移动到的目标位置，并且包含了TCP到目标位置点处的坐标方向。

4）基准坐标系BASEFRAME：一般处于机器人基座的正中心，当安装机器人的时候，此坐标系常常作为安装参考坐标系。

3.1.2 PS中的机器人运动学

1. 机器人运动学基础

与其他设备一样，在Process Simulate中，描述机器人的运动学需要借助于连杆、运动轴、运动关节和运动学树等概念。

1）连杆：也被称为连杆刚体，是零部件中保持相对固定的一组实体。它是运动链的基本非运动段。其默认名称常以LNK开头，如LNK1、LNK2和LNK3等。

2）关节：是运动链的基本运动段，它由2个连杆和一个轴组成。关节定义了两个连杆相对于轴的运动。通常默认名称以字母J开头，如J1、J2和J3等。通常情况下，关节有两种类型的接头，分别是旋转关节（Revolute joint）和移动关节（Prismatic joint）。其中，绕轴旋转使用右手规则来确定绕轴旋转的正方向，移动关节将沿轴向移动。

3）运动学树：运动学树的顺序由关节和连杆的关系确定，父链接在子链接之前按顺序排列，当父链接移动时，子链接跟随父链接移动。

2. 关节的相关性

在 Process Simulate 中，关节有独立关节与从属关节之分，从属关节的运动依赖于其他关节，如夹持器、焊枪和机器人等。

3. 可变关节限位

1）可变关节限位的概念。当一个关节的限位不是恒定的，而是根据其他关节的姿势而变化时，该关节被称为具有可变限位的关节。为了保持从属关节的限制，机器人系统允许用户根据另一个关节修改从属关节的范围，从而避免碰撞到自身和外部围栏等机器人工作站环境中的其他设备。以图3-1所示的四连杆机构机器人为例，图3-2显示了其中关节J1和J2的依赖关系。

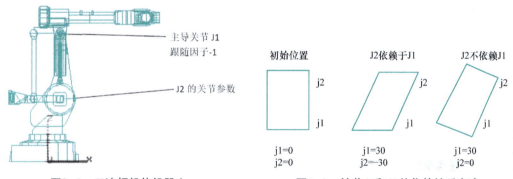

图3-1　四连杆机构机器人　　　　图3-2　关节J1和J2的依赖关系表述

2）可变关节极限图。在典型的6轴机器人本体中，关节J3的限制往往取决于关节J2的值（这意味着J2的限制取决于J3的值）。如图3-3所示，如果以关节J2的值作为横坐标，关节J3的值作为纵坐标，那么就可以绘制出J2与J3之间的依赖关系。如果J2和J3之间没有依赖关系，那么范围图一定是一个矩形，并且图表中只有四个点。

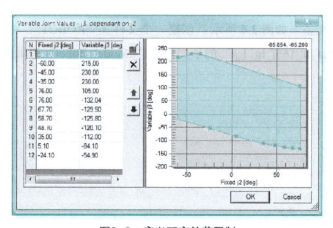

图3-3　定义可变关节限制

设置变量限制的原因是为了避免发生碰撞，故范围图的形状可以是一个平行四边形，也可以是一个六边形等，总之它是一个可定义的凸多边形的任何形状，这是因为其依赖关系必须是可逆的，忽略这一点就会产生机器人运行中的极端点问题。对范围图曲线形状的评价如图 3-4、图 3-5 所示。

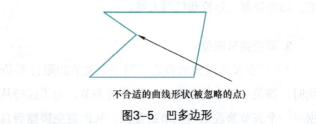

合适的曲线形状　　　　　　　　　　　　不合适的曲线形状(被忽略的点)

图3-4　凸多边形　　　　　　　　　　　图3-5　凹多边形

3.2　项目实施

3.2.1　机器人本体机构设计

1. 任务描述

完成一个机器人本体机构设计，设计目标：①建立机器人的运动学，设置连杆、运动轴及关节；②设置各个关节的硬限位与关节 j2-j3 之间的软限位；③建立机器人的基准坐标系 BASEFRAME、工具坐标系 TOOLFRAME 和工具中心点 TCP 坐标系；④实现拖动 TCP 坐标的机器人随动仿真。

2. 准备工作

（1）建模文件准备　　如图 3-6 所示：创建一个文件夹"ROBOT"，将包含工业机器人三维模型文件"r2000ia_if_165f_tg_1.jt"的子文件夹"jtModel_Robot"拷贝到文件夹"ROBOT"中。

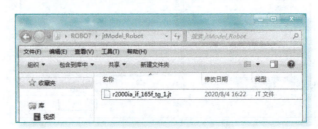

图3-6　准备文件

（2）新建研究　　在桌面上双击软件 PS on eMS Standalone 的快捷图标，打开 Process Simulate（PS）程序。设置系统根目录为"ROBOT"，建立"新建研究"，命名为

"RobcadStudy",保存到系统根目录"ROBOT"内,命名为"RobcadStudy.psz"。

(3)模型文件转换

1)在主菜单单击"文件→导入/导出→转换并插入 CAD 文件"命令,在"转换并插入 CAD 文件"对话框中添加一个转换文件,选中模型文件"r2000ia_if_165f_tg_1.jt"。

2)文件的导入设置:"基本类:"为"资源","原型类:"为"ROBOT",勾选复选项"插入组件""创建整体式 JT 文件",选中"用于每个子装配"。转换完成后,在 Process Simulate 的图形视图窗口中能够看到如图 3-7 所示的导入模型。

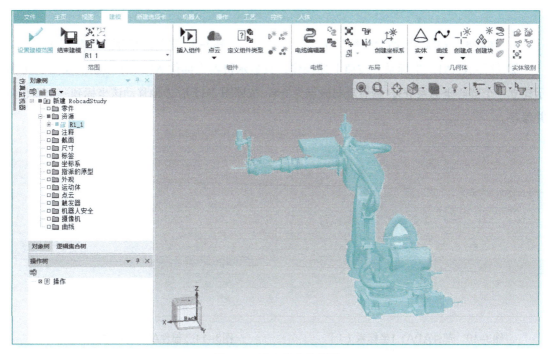

图3-7 导入的文件模型

3. 机器人运动学编辑

(1)启动运动学编辑器 在图 3-7 中,在"对象树"浏览器中单击"R1_1"选中机器人"SAR166-01A2",然后在主菜单"建模"下单击"设置建模范围"命令,使机器人处于可编辑状态。当机器人名称上出现红色的 M 时,表明可以对机器人机构进行编辑。

(2)编辑机器人连杆

1)创建机器人各部件的坐标系。

①底部基座坐标系。选中机器人,隐藏其他部件,只显示机器人底座部件模型"A0-BASE\A0-BASE.1",单击主菜单"建模→布局→创建坐标系→在圆心创建坐标系"命令,弹出图 3-8 所示的对话框。

在图 3-8 中，选择在该部件的表面圆心处建立第一个坐标 fr1。按照相同的操作，如图 3-9 所示，在该部件的底部圆周上建立第二个坐标系 fr2。

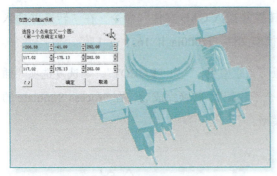 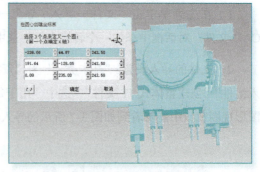

图3-8　建立底座部件坐标系（1）　　　　　图3-9　建立底座部件坐标系（2）

② 部件 A1\A1.1 坐标系。按照上述操作，只显示机器人部件 A1\A1.1 模型，如图 3-10 所示建立一个圆心坐标系 fr3，然后复制该点为 fr4，依照图 3-11 沿 Z 轴移动该坐标到一个新位置并保存。

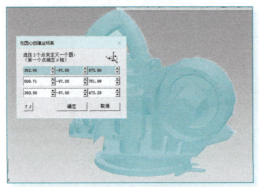 

图3-10　部件A1\A1.1坐标系（1）　　　　　图3-11　部件A1\A1.1坐标系（2）

③ 其他部件坐标系。采用相同的操作，如图 3-12 ~ 图 3-19 所示，分别为机器人的其他杆件建立坐标系 fr5~fr12。

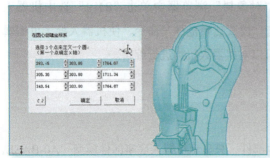 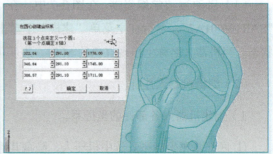

图3-12　部件A2\A2.1坐标系（1）　　　　　图3-13　部件A2\A2.1坐标系（2）

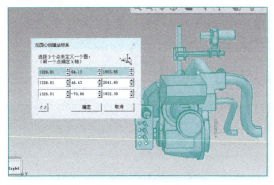

图3-14 部件A3\A3.1坐标系（1）

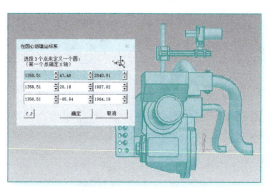

图3-15 部件A3\A3.1坐标系（2）

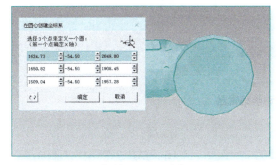

图3-16 部件A4\A4.1坐标系（1）

图3-17 部件A4\A4.1坐标系（2）

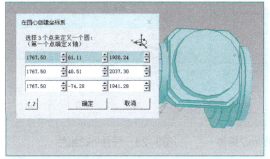

图3-18 部件A5\A5.1坐标系（1）

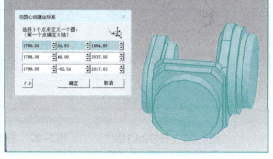

图3-19 部件A5\A5.1坐标系（2）

2）设置连杆部件。

① 在"对象树"浏览器中选中机器人，单击主菜单"建模→运动学设备→运动学编辑器"命令，弹出"运动学编辑器"对话框。在此对话框中单击 按钮创建连杆，连续创建七个连杆，如图3-20所示。

② 设置连杆部件。设置图3-20中 lnk1～lnk7 的各个连杆的组件。

连杆 lnk1、lnk2、lnk3、lnk4、lnk5 与 lnk6 的组件元素选择分别如图3-8、图3-10、图3-12、图3-14、图3-16及图3-18所示，lnk7的组件是指机器人末端的法兰盘部件。最终的设置结果如图3-21～图3-27所示。

图3-20　运动学编辑器

图3-21　杆件lnk1组件

图3-22　杆件lnk2组件

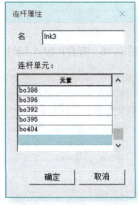

图3-23　杆件lnk3组件

图3-24　杆件lnk4组件

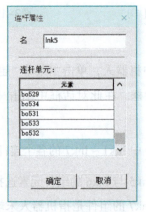

图3-25　杆件lnk5组件

图3-26　杆件lnk6组件

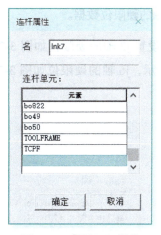

图3-27 杆件lnk7组件

3）机器人关节轴设置。

① 如图 3-28 所示，从 lnk1 到 lnk2 用鼠标左键作拖拽操作，弹出 j1 "关节属性"的对话框。在该对话框中选择"从："为坐标系"fr1"，"到："为坐标系"fr2"。

② 按照相同操作，如图 3-29 所示，分别设置 j2、j3、j4、j5、j6 等关节属性，其"从"与"到"的坐标设定分别为：关节 j2，fr3、fr4；关节 j3，fr5、fr6；关节 j4，fr7、fr8；关节 j5，fr9、fr10；关节 j6，fr11、fr12。

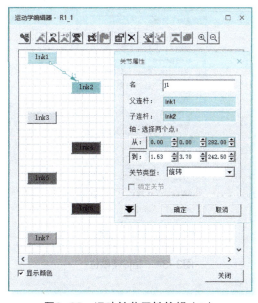

图3-28 运动关节属性编辑（1）

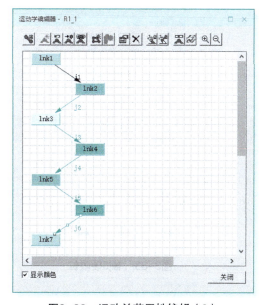

图3-29 运动关节属性编辑（2）

③ 对 j1 关节轴设置限位，如图 3-30 所示，单击 ▼ 按钮展开，选择"限制类型："为"常

数"(硬限位),按照图示设置 j1 轴的硬限位数据。

然后按照同样的操作,分别设置 j2 轴的硬限位如图 3-31 所示,j4 轴的硬限位如图 3-32 所示,j5 轴的硬限位如图 3-33 所示,j6 轴的硬限位如图 3-34 所示,即可完成关节轴的硬限位设置。

图3-30 轴j1硬限位

图3-31 轴j2硬限位

图3-32 轴j4硬限位

图3-33 轴j5硬限位

图3-34 轴j6硬限位

④ 机器人关节轴的软限位设置。设置 j3 轴的软限位:如图 3-35 所示,打开 j3 轴的关节属性,单击 ▼ 按钮展开,选择"限制类型:"为"变量","固定关节:"为 j2",单击 按钮插入数

据,弹出图3-36所示的对话框。

图3-35 设置j3轴软限位(1)

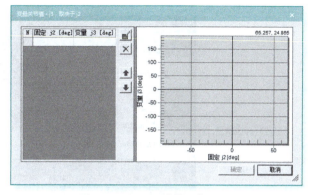

图3-36 设置j3轴软限位(2)

如图3-37所示,设置j3变量关节值与j2固定关节值,然后单击"确定"按钮,返回到图3-35所示的"关节属性"对话框,再单击"确定"按钮,就返回到图3-29所示"运动学编辑器"对话框中。

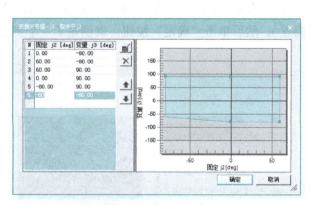

图3-37 设置j3轴软限位(3)

在"运动学编辑器"对话框中,单击"打开关节调整"按钮,弹出机器人"关节调整"对话框,如图3-38所示。在该对话框中,拉动各轴列表中"转向/姿态"栏的蓝色旋钮,改变各个轴的数值,查看其运动效果。

4. 建立机器人的工具坐标系与基准坐标系

(1)创建坐标系

图3-38 查看关节调整

1）工具中心点 TCP 坐标系。

① 首先，如图 3-39 所示，在法兰面的正下方其中一个安装孔的中心确定坐标 fr13 作为 TCP 的 X 轴方向点。然后在法兰面的正中心建立一个点 fr14 作为 TCP 的原点，右侧确定一个坐标 fr15 作为 Y 轴的方向点。

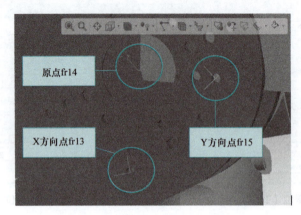

图3-39　Y轴方向点和TCP坐标系

② 如图 3-40 所示，单击"通过 3 点建立坐标系"的命令，在弹出的"通过 3 点创建坐标系"对话框中，确定"fr14"为第一个点（原点），"fr13"为第二个点（X 轴方向点），"fr15"为第三个点（Y 轴方向点），然后单击"确定"按钮，就创建了一个坐标系"fr16"，其 Z 轴向外。

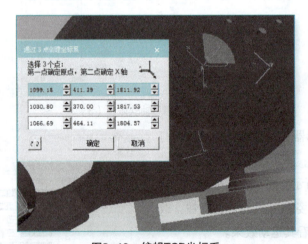

图3-40　编辑TCP坐标系

2）基准坐标系相关坐标点。

① 如图 3-41 所示，采用"通过 2 点创建坐标系"的方法，选取底座正前方对称边线上的

两个端点，创建一个坐标系"fr17"。

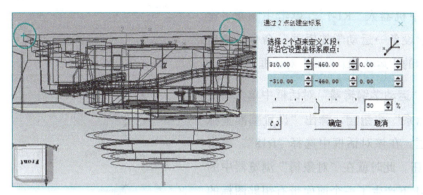

图3-41 基础坐标系的X方向点

② 如图 3-42 所示，采用"通过 3 点创建坐标系"的方法，选取第一个点（原点）为机器人底座的正中心点"fr2"，选取"fr17"为第二个点（X 方向点），右侧边线上取一点作为第三个点，然后单击"确定"按钮，创建一个坐标系点"f18"。

③ 如图 3-43 所示，在"放置操控器"对话框中调整该点坐标，使该点围绕 X 轴旋转 180°，X 轴方向不变，Z 轴垂直向上，作为机器人的基础坐标系点。

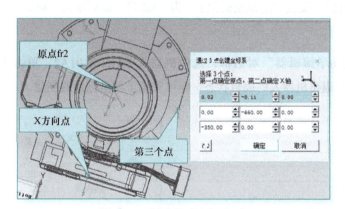

图3-42 创建基础坐标（1）

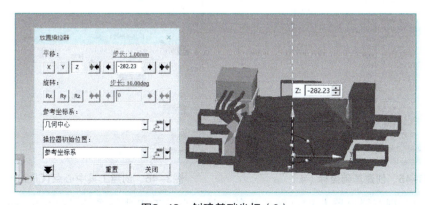

图3-43 创建基础坐标（2）

（2）设置基准坐标系

1）选中机器人"R1-1"，单击主菜单"建模→运动学设备→运动学编辑器"命令，弹出图3-44所示的"运动学编辑器"对话框。

2）在"运动学编辑器"对话框中单击"设置基准坐标系"按钮，弹出"设置基准坐标系"对话框。在该对话框中选择"fr18"，单击"确定"按钮。此时就在"对象树"浏览器中的机器人R1-1下产生了一个前面带有钥匙图标的坐标系"BASEFRAME"，如图3-45所示，即为机器人的基础坐标系。

（3）设置工具中心点TCP坐标系

1）在"运动学编辑器"对话框中，单击"创建工具坐标系"按钮，弹出图3-46所示的"创建工具坐标系"对话框。在该对话框中设置"位置"为"fr16"，设置"附加至链接："为"lnk7"，然后单击"确定"按钮，即可创建工具坐标系。

2）关闭"运动学编辑器"对话框，选中机器人SAR166-01A2，单击主菜单"建模"下"结束建模"命令，退出机器人的编辑状态，即可完成工具坐标系的创建。

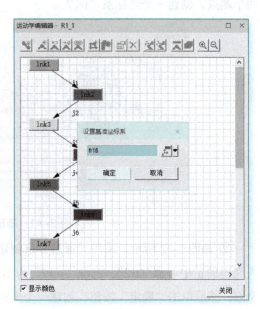

图3-44　创建基础坐标（3）

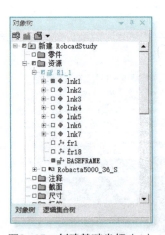

图3-45　创建基础坐标（4）

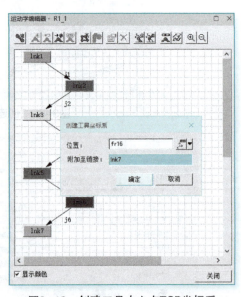

图3-46　创建工具中心点TCP坐标系

"对象树"浏览器机器人R1-1下产生的工具中心点TCP坐标系和基础坐标BASEFRAME

如图3-47所示。

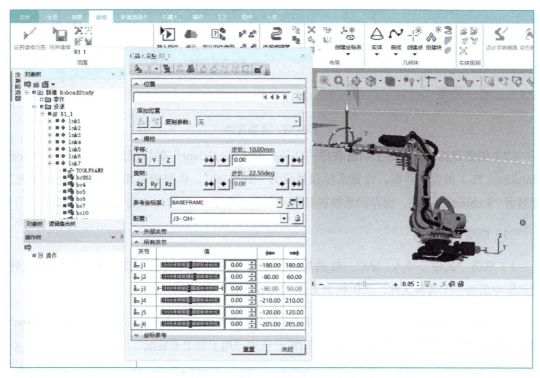

图3-47 机器人工具坐标系测试

（4）测试TCP坐标系 测试该TCP坐标的操作是：先选中机器人"R1-1"，然后在主菜单"机器人"菜单下单击"机器人调整"命令，即可弹出图3-47所示的"机器人调整"对话框。在机器人的TCP点处出现了三轴坐标系，可拖动任意一轴查看机器人各个关节的随动情况。

3.2.2 机器人焊接回转台机构设计

1. 任务描述

完成一个机器人焊接回转台的机构设计，要达成以下设计目标：

1）建立回转台的运动学模型，设置连杆、运动轴与关节。

2）建立回转台的HOME、30°、-30°、60°、-60°、90°与-90° 7种姿态。

2. 准备工作

（1）建模文件准备 如图3-48所示，创建一个文件夹"TurnTab"，将包含C形焊枪三维模型文件"TurnTab.jt"的子文件夹"jtModel_TurnTab"拷贝到文件夹"TurnTab"中。

工业机器人应用系统建模（Tecnomatix）

图3-48　准备文件

（2）创建研究　在桌面上双击软件"PS on eMS Standalone"的快捷图标，打开 Process Simulate（PS）的程序界面。设置系统根目录为"TurnTab"，依照前述操作建立"新建研究"，命名为"RobocadStudy"，保存到系统根目录"TurnTab"内，命名为"RobcadStudy.psz"。

（3）模型文件转换

1）单击"文件→导入/导出→转换并插入 CAD 文件"命令，在"转换并插入 CAD 文件"对话框中添加一个转换文件，选中模型文件"TurnTab.jt"。

文件的导入设置如图 3-49 所示，"基本类："为"资源"，"原型类："为"PmToolPrototype"，勾选复选项"插入组件""创建整体式 JT 文件"，选中"用于每个子装配"。

2）转换完成后，在 Process Simulate 项目窗口中，经过放大显示就能够看到如图 3-50 所示的导入模型。

图3-49　导入的文件模型

3. 回转台运动学编辑

（1）建立连杆

1）单击选中回转台"TurnTab"，在主菜单"建模"菜单下单击"设置建模范围"命令后再单击"运动学设备→运动学编辑器"命令，弹出图 3-51 所示的"运动学编辑器"对话框，在"运动学编辑器"对话框中单击 按钮，创建两个连杆。

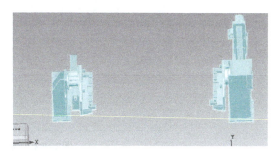

图3-50 三维模型

2）连杆 lnk1 的"元素"选择固定端器件，如图 3-52 所示。

图3-51 "运动学编辑器"对话框

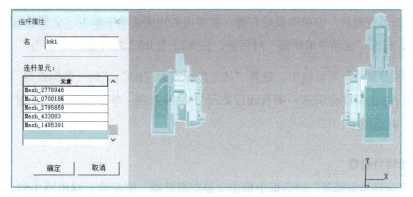

图3-52 固定端器件选择

3）隐藏连杆 1（lnk1）。如图 3-53 所示，设置活动端 lnk2 的器件为剩余的全部组件。

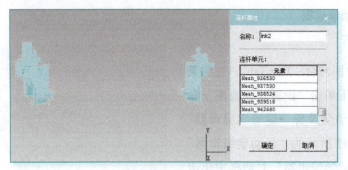

图3-53 活动端器件选择

（2）创建坐标系

1）隐藏 lnk1，只显示 lnk2，如图 3-54 所示，单击主菜单"建模→布局→创建坐标系→通过圆心创建"命令，建立名为"fr1"的坐标系。

2）按照相同的操作，在 lnk2 的另一个部件上建立名为"fr2"的坐标系，如图 3-55 所示。

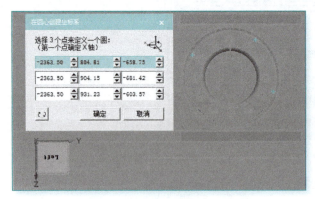

图3-54 建立坐标系（1）

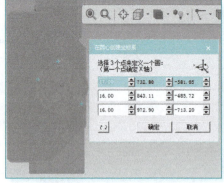

图3-55 建立坐标系（2）

（3）创建关节

1）在"图形查看器"中单击鼠标右键，在弹出的快捷菜单中单击"全部显示 "命令，如图 3-56 所示，打开"运动学编辑器"对话框，在 lnk1 与 lnk2 之间建立关节"j1"。

2）在"关节属性"对话框中，选择"从"坐标点为"fr1"，"到"坐标点为"fr2"，那么在坐标系 fr1 与 fr2 之间就会出现一条直线以指示 j1 轴的方向。单击"确定"按钮，返回到"运动学编辑器"对话框中。

4. 创建回转台姿态

（1）在"运动学编辑器"对话框中单击"姿态编辑器"按钮 ，弹出图 3-57 所示的"姿态编辑器"对话框。

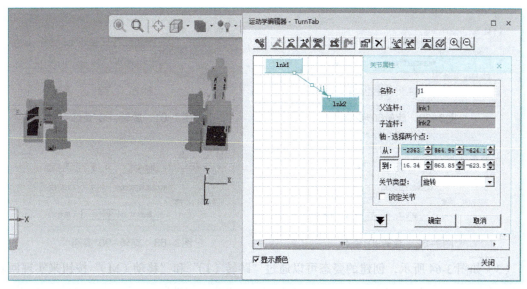

图3-56 建立j1关节

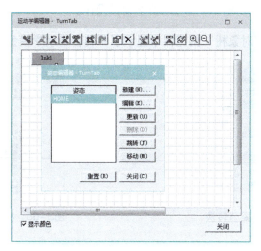

图3-57 "姿态编辑器"对话框

（2）在"姿态编辑器"中，通过单击"新建（N）..."命令，创建回转台旋转的6种旋转姿态分别为30°、-30°、60°、-60°、90°和-90°，其设置如图3-58～图3-63所示。

图3-58 旋转30°姿态

图3-59 旋转-30°姿态

图3-60　旋转60°姿态

图3-61　旋转-60°姿态

图3-62　旋转90°姿态

图3-63　旋转-90°姿态

(3)如图3-64所示,创建的姿态可以通过"跳转(J)"和"移动(M)"按钮来实现回转台的姿态转换。关闭"姿态编辑器"之后再关闭"运动学编辑器",最后单击主菜单"建模"菜单下的命令"结束建模",完成回转台的运动学编辑操作。

如图3-65所示,在"对象树"浏览器中显示了回转台运动学模型创建的最终结果。

图3-64　姿态转换

图3-65　完成组件建模

5. 模型文件的保存

如图3-66所示,在主菜单"建模"菜单下单击"将组件另存为"按钮，即可弹出图3-67所示的文件保存对话框,可以任意选择需要保存的路径保存该组件模型。

图3-66　另存组件(1)

图3-67　另存组件(2)

3.3 知识拓展

3.3.1 安装机器人焊枪

1. 插入组件

1)如图 3-68 所示,把机器人焊枪模型组件文件"SRTC-2C0863.cojt"复制到机器人本体项目的系统文件夹"Robot"中。

图3-68　焊枪组件被复制到系统文件夹中

2)打开机器人本体机构的研究项目。

3)如图 3-69 所示,在主菜单"建模"菜单下单击"插入组件"命令,弹出图 3-70 所示的"插入组件"对话框。

图3-69　插入组件

4)在图 3-70 中,选择组件文件"SRTC-2C0863.cojt"然后单击"打开(O)"按钮,可在三维模型环境中添加机器人抓手,效果如图 3-71 所示。

2. 安装工具

1)在图 3-71 中,选中机器人"R1-1-1",然后单击鼠标右键,在弹出的快捷菜单(图 3-72)中单击"安装工具"命令,即弹出图 3-73 所示的对话框。

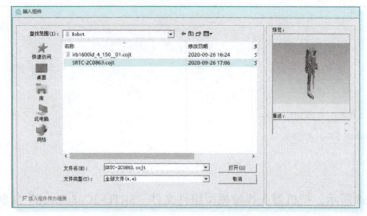

图3-70 打开机器人焊枪组件

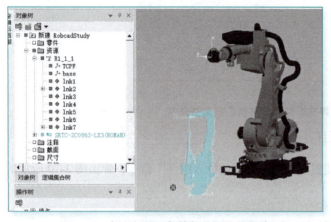

图3-71 插入机器人焊枪组件到三维环境

图3-72 安装工具（1）

2）如图3-73所示，在"安装工具"对话框中进行设置："工具："选择"对象树"浏览器中的焊枪"SRTC-2C0863-LX3(ROMAN)"，"坐标系："选择"基准坐标系"；"安装位置："选择"R1_1_1"，"坐标系："选择lnk7中的"TOOLFRAME"。

完成设置后，依次单击"应用"按钮和"关闭"按钮，即可完成工具的安装，效果如图3-74所示。

3）查看安装效果。工具安装到机器人上之后，工具坐标系将会代替机器人本体自身默认的TCP点。查看机器人TCP坐标的情况需单击"机器人调整"命令。具体操作如下：

① 在"对象树"浏览器中选中机器人"R1-1-1"，然后单击鼠标右键，在弹出的快捷菜单（图3-75）中单击"机器人调整"命令，即弹出"机器人调整"对话框。

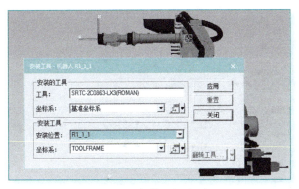
图3-73 安装工具（2）

图3-74 安装工具（3）

图3-75 机器人调整（1）

或者如图3-76所示，单击主菜单"机器人→机器人调整"命令，即弹出"机器人调整"对话框，该对话框的界面如图3-77所示。

图3-76 机器人调整（2）

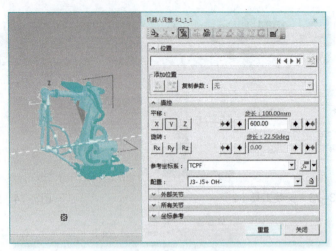

图3-77 机器人调整（3）

② 在图3-77中，拖动TCP坐标系的各个轴，查看机器人各个关节是否有联动现象：若能够联动，就表明机器人焊枪安装成功。检验完成后，单击"重置"按钮，机器人恢复原来姿态。

3.3.2 安装机器人导轨

1. 插入组件

1）如图3-78所示，建立一个文件夹"Weld_ComTrain"，内含机器人"RobotBA006N.cojt"组件和行走导轨"RobotWalk7Ax.cojt"组件。

图3-78 准备组件模型

2）在该文件夹内建立一个研究"RobcadStudy.psz"，在主菜单"建模"菜单下单击"插入组件"命令，同时圈选机器人"RobotBA006N.cojt"组件文件和行走导轨"RobotWalk7Ax.cojt"组件文件，单击"打开"按钮，把两个模型插入到三维视图中，如图3-79所示。

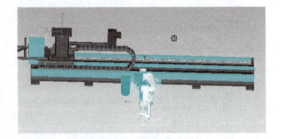

图3-79 插入组件模型

2. 安装机器人

1）如图3-80所示，选中机器人"BA006N"，然后单击"重定位"按钮，弹出图3-81所示的"重定位"对话框。

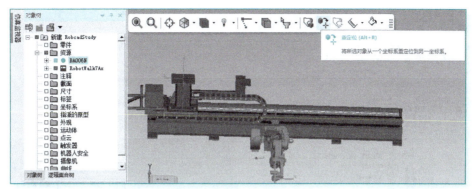

图3-80 机器人重定位（1）

2）按照图 3-81 所示设置重定位参数，其中"到坐标系："选取导轨上机器人台座的中心点坐标，出现一条带箭头的直线指示机器人移动的方向，先后单击"应用"按钮和"关闭"按钮，即可把机器人底座装配到导轨上。

图3-81 机器人重定位（2）

3. 编辑机器人姿态

如图 3-82 所示，选中机器人"BA006N"，然后单击鼠标右键，在弹出的快捷菜单中单击"姿态编辑器"命令，即可弹出图 3-83 所示的"姿态编辑器"对话框。在该对话框中，选中"姿态 GZ(HOME)"，然后单击"跳转（J）"按钮或者"移动（M）"按钮，改变机器人的姿态如图 3-83 所示，再单击"关闭（C）"按钮，回到三维模型界面中。

4. 设置机器人外部轴

1）如图 3-84 所示，选中机器人"BA006N"，单击鼠标右键，在弹出的快捷菜单中单击"机器人属性"命令，即可打开图 3-85 所示的"机器人属性"对话框。

2）在图 3-85 中，单击"外部轴"选项卡，单击"添加..."按钮，即可弹出图 3-86 所示的"添加外部轴"对话框。

3）如图 3-87 所示，选择机器人导轨的 j1 关节作为机器人的外部行走轴，单击"确定"按钮，回到"机器人属性"对话框中，然后再单击"关闭"按钮，回到三维模型环境中。

图3-82 调整机器人姿态（1）　　　　图3-83 调整机器人姿态（2）

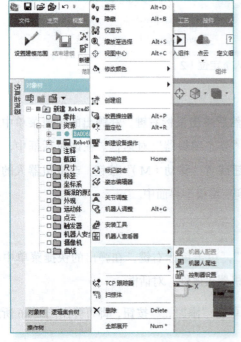
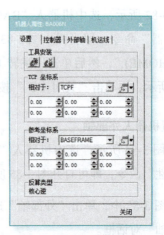

图3-84 打开机器人属性框（1）　　　　图3-85 打开机器人属性框（2）

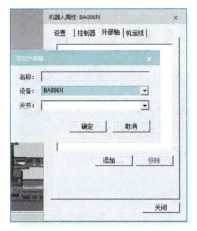
图3-86 添加外部轴（1）

图3-87 添加外部轴（2）

5. 把机器人安放在基座上

1）在"对象树"浏览器中，选中机器人"BA006N"，然后单击主菜单"主页→附件→附加"命令，弹出图3-88所示的"附加"对话框。

2）在图3-88中，选择"到对象："为行走导轨"RobotWalk7Ax"的"lnk2"，单击"确定"按钮，即可把机器人安装在导轨上。

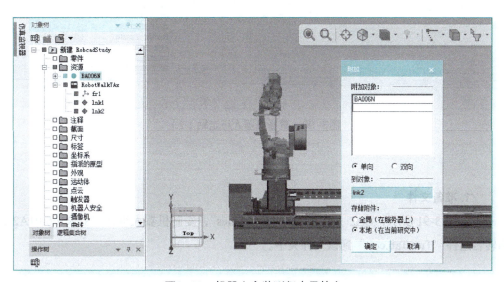

图3-88 机器人安装到行走导轨上

6. 外部轴关节运动测试

1）如图3-89所示，在主菜单"机器人"菜单下单击"关节调整"命令，弹出图3-90所示的"关节调整"对话框。

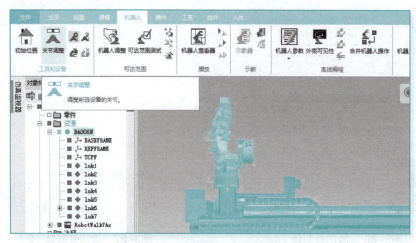

图3-89 查看机器人行走轴（1）

2）在图3-90中，在列表中的最后一行选中"j1(RobotWalk7Ax)"，拖动"转向/姿态"改变其关节值，查看机器人在导轨上移动的情况。

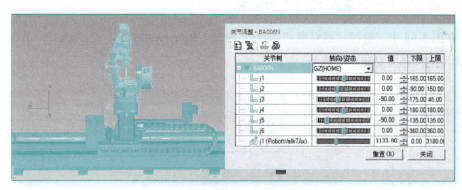

图3-90 查看机器人行走轴（2）

3.3.3 安装回转台

1. 准备文件

如图3-91所示，建立一个文件夹"ExtlAxies"，复制机器人组件"SAR166-01A2.cojt"与回转台组件"TurnTab.cojt"到该文件夹中。

图3-91 准备组件模型

2. 新建研究并插入组件

1）在文件夹"ExtlAxies"内建立一个研究"RobcadStudy.psz"。

2）如图 3-92 所示,在主菜单"建模"菜单下单击"插入组件"命令,弹出图 3-93 所示"插入组件"对话框。

图3-92 插入组件（1）

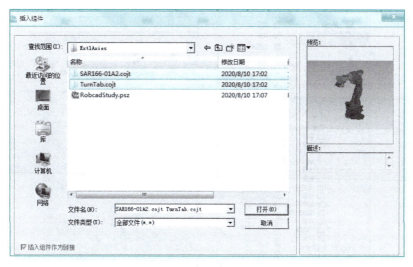

图3-93 插入组件（2）

3）在图 3-93 中,同时圈选机器人组件文件"SAR166-01A2.cojt"与回转台组件"TurnTab.cojt",单击"打开（O）"按钮,把两个模型插入到三维视图中,如图 3-94 所示。

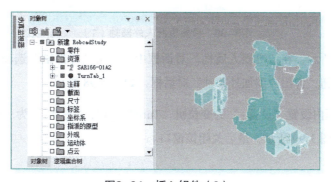

图3-94 插入组件（3）

3. 设置机器人外部轴

1）调整回转台组件的位置如图 3-95 所示。

2）如图 3-96 所示，在"对象树"浏览器中选中机器人"SAR166-01A2"，单击鼠标右键，在弹出的快捷菜单中单击"机器人属性"命令，弹出图 3-97 所示的"机器人属性"对话框。

图3-95 调整回转台的位置

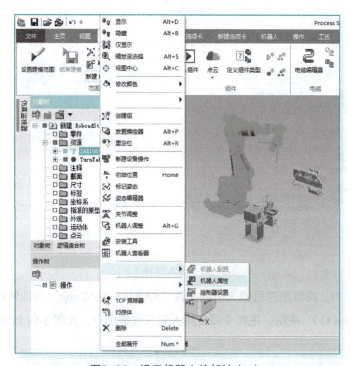

图3-96 设置机器人外部轴（1）

3）如图 3-97 所示，在"机器人属性"对话框中，单击"外部轴"选项卡，在该选项卡中单击"添加..."按钮，弹出"添加外部轴"对话框，如图 3-98 所示。

4）在该对话框内设置"设备："为变位机"TurnTab_1"，"关节："为"j1"。然后单击"确定"按钮，结果如图 3-99 所示，最后关闭该窗口。

机器人本体及附加设备资源建模 项目3

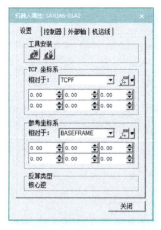  

图3-97 设置机器人外部轴（2）　　图3-98 设置机器人外部轴（3）　　图3-99 设置机器人外部轴（4）

4. 外部轴关节运动测试

1）如图3-100所示，选中机器人"SAR166-01A2"后，单击鼠标右键，在弹出的快捷菜单中单击"关节调整"命令；或者如图3-101所示，在主菜单"机器人"菜单下单击"关节调整"命令。以上两种方式均能打开图3-102所示的"关节调整"对话框。

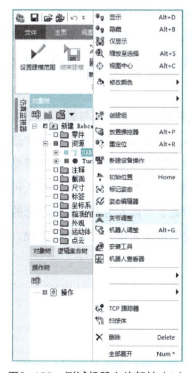

图3-100 测试机器人外部轴（1）　　　　图3-101 测试机器人外部轴（2）

2）如图3-102所示，在列表的最下方，机器人关节增加了一个名为"j1(TurnTab_1)"的附加关节，拖动"转向/姿态"改变该关节的数值，即可看到回转台的翻转运动。

— 161 —

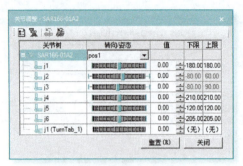

图3-102 测试机器人外部轴（3）

3.4 小结

本项目深入介绍了 Tecnomatix 中"资源"对象的创建方法，以 6 轴工业机器人本体机构为例，介绍了机器人本体运动学的编辑与参数设置，以及工业机器人关节轴软/硬限位、工具中心点 TCP 坐标系、基准坐标系 BASEFRAME 等的设置与应用；以回转台为例，介绍了机器人附加设备运动学的设置。最后，介绍了机器人本体附加设备的安装与使用，包括机器人焊枪工具、机器人导轨和回转台等的安装操作与应用仿真。

发展机器人技术的初衷在于为人提供方便，而不是让机器伤害人。在人与机器人的关系上，"机器人三戒律"要求：①机器人不得伤害人类；②机器人必须服从人类的命令，除非这条命令与第一条相矛盾；③机器人必须保护自己，除非这种保护与以上两条相矛盾。人的需要始终是技术发展的核心。党的"十七"大报告提出：科学发展观核心是"以人为本"，坚持人民群众是历史创造者唯物史观的基本原理。机器人技术的发展也印证了"以人为本"发展理念的普适性。我们要重视技术，但更要重视技术中人的因素，做到发展依靠人民，发展为了人民，发展成果由人民共享。

项目 4
CHAPTER 4

流水线常用设备操作建模

【知识目标】

1. 理解"操作"的概念。
2. 掌握复合操作、非仿真操作、抓握操作、拾放操作和对象流操作等的创建与使用方法。
3. 掌握设备逻辑块的创建技术,学会逻辑块内输入信号、输出信号和逻辑条件的创建与设置,理解逻辑块内各种信号之间的连接关系。
4. 理解"物料流"的概念,并且掌握物料流的创建与设置方法。
5. 掌握各类操作起始信号的创建以及对执行操作触发信号的控制。
6. 熟悉信号查看器与控制面板,掌握在仿真过程中对信号变量的控制与查看方法。

【技能目标】

1. 会创建对象流操作,设置对象流的路径轨迹,添加与调整路径位置点的坐标系。
2. 会创建复合操作、非仿真操作、抓握操作和拾放操作等,能使用这些操作完成给定的任务,会设置各类操作的起始控制信号。
3. 能生成零件外观,使用零件或者零件外观设置操作属性。
4. 会创建逻辑块,能设置与编辑逻辑块内的输入、输出信号和内部的逻辑条件;会使用逻辑块设定机构的功能,理解逻辑块内各种信号之间的连接关系。
5. 会使用物料流查看器编辑与查看物料流。
6. 会使用信号查看器、控制面板设置操作流的外部输入信号,会设置需要监控的信号面板来查看操作流程的信号状态。
7. 掌握 CEE 模式下的仿真调试方法,会编辑操作流程链接,设置操作之间的转换条件;会在生产线模式下仿真运行操作流。

工业机器人应用系统建模（Tecnomatix）

4.1 相关知识

4.1.1 "操作"简介

1. 操作的概念

在 Process Simulate 中，"操作"是为了完成生产工艺流程使用资源工具执行的一系列生产动作。新建操作命令的方法是：如图4-1所示，单击主菜单"操作→创建操作→新建操作"命令，即可出现"新建操作"的命令菜单。

图4-1 "新建操作"命令

这些操作命令涉及的种类有复合操作、非仿真操作、对象流操作、设备操作、握爪操作和拾放操作等，具体功能介绍如下：

1）复合操作：是一系列操作的组合，这些操作可以有不同的类型。在"生产线仿真模式"下，常常把许多单一操作放置到一个复合操作中执行。

2）非仿真操作：是一个空操作，用于标记时间间隔或者标记以后创建的操作位置。

3）对象流操作：是一种表述对象移动路径的操作。对象流操作的路径最少位置点是2个，即起点和终点，对象能够在设置好的路径上移动。

4）设备操作：用于表述设备姿态变化的一种操作。以机器人夹爪为例，具有张开（OPEN）、半张开（SEMIOPEN）和关闭（CLOSE）等姿态，设备操作就是用于切换这些状态的操作。

5）握爪操作：用于表述设备的握爪状态。以机器人夹爪为例，有"抓握对象"和"释放对象"两种状态。"抓握对象"是指把对象抓取到夹爪上，"释放对象"则是把对象从夹爪上释放下来。

6）拾放操作：包括拾取和放置两种操作，常用于机器人把对象从一个地方移动到另外一个地方时的抓取与放置操作。

2. 仿真运行操作

（1）仿真运行工具按钮　与仿真运行有关的工具按钮包括：① 跳转仿真到结尾；② 向前播放仿真操作，直到该操作的结尾，不更新图形查看器；③ 按时间段正向播放步进运行；④ 正向播放运行；⑤ 暂停仿真运行；⑥ 反向播放仿真运行；⑦ 按时间段反向播放步进运行；⑧ 向后反向播放仿真操作，直到该操作的开始，不更新图形查看器；⑨ 跳转仿真到开始；⑩ 将仿真跳转至设定的时间。

（2）序列编辑器与路径编辑器　默认情况下，序列编辑器与路径编辑器在主界面的下方，它们用于仿真的编辑与运行。其中，序列编辑器能够查看、编辑当前操作的执行序列，路径编辑器能够查看、运行与编辑路径中的位置。当前路径通过按钮 被加入到路径编辑器之后，可以在路径编辑器中仿真运行全部的路径操作或者只运行路径中的一部分。

（3）仿真时间间隔　仿真时间间隔决定着在仿真过程中图形查看器的更新频率。如果默认值为 0.1s，那么就表示每 0.1s 更新一次图形查看器。该数据可通过序列编辑器中的文本框进行修改。

4.1.2　创建设备逻辑块

1. 逻辑块的概念

如图 4-2 所示，逻辑块（Logic Block，LB）表达了在外部信号作用下设备的仿真行为。图中的外部设备是可编程序逻辑控制器 PLC，它与仿真设备通过信号达成一对控制关系，即 PLC 的输出/输入信号通过逻辑接口实现与逻辑块输入/输出信号之间的连接，进而通过这些信号实现外部控制器对设备运行的控制仿真。

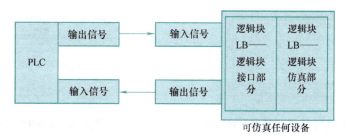

图4-2　逻辑块仿真示例

在以上功能仿真中，设备运行行为的仿真是一个关键，在 Process Simulate 中，它是通过逻辑块中的逻辑资源来实现的。在逻辑块中，逻辑资源包含了一系列定义好的逻辑现象，这些逻辑现象通常受输入/输出信号的控制，它们模拟了设备的运行行为。在逻辑块中，逻辑的定义结果依赖于表达式的运算设计，往往是由一个或者多个逻辑表达式和数学公式经过运算得来的，并最终能够使它逼真地呈现出设备的物理特征和运行动作。

2. 逻辑块创建实例

建立如图 4-3 所示的逻辑表达式。

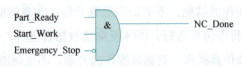

图4-3　逻辑块创建实例

创建逻辑块的操作步骤为：按照前述操作步骤，新建一个研究；创建逻辑资源，步骤如下：

（1）创建逻辑资源变量

1）如图 4-4 所示，单击主菜单"控件→资源→创建逻辑资源"命令，弹出图 4-5 所示的"资源逻辑行为编辑器"对话框。

图4-4　创建逻辑块

2）在"资源逻辑行为编辑器"对话框中，单击"入口"选项卡，如图 4-6 所示。

图4-5　"资源逻辑行为编辑器"对话框　　　图4-6　添加3个输入变量

3）在图 4-6 中，单击"添加"按钮，按照图示添加 3 个布尔型输入变量，并分别更名为

"Part_ready""Start_Work"和"Emerg_stop",效果如图 4-7 所示。

4)在"资源逻辑行为编辑器"对话框中,单击"出口"选项卡,单击"添加"按钮,添加 2 个布尔型输出变量,并分别更名为"NC_Done"与"NC_Ready"如图 4-8 所示。

图4-7 更名输入变量

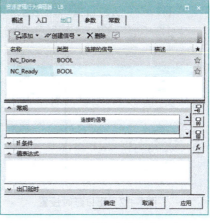

图4-8 添加2个输出变量

单击"概述"选项卡,创建输入/输出信号的最终效果如图 4-9 所示。

(2)添加需要的逻辑程序

1)如图 4-10 所示,单击"出口"选项卡,再单击选中变量"NC_Done",然后单击右侧"入口"按钮,弹出图示的输入变量列表。

2)把这些变量拖入到"值表达式"中,并按照图 4-11 所示编辑表达式。

图4-9 输入/输出信号

图4-10 编辑输出信号表达式

图4-11 编辑出口参数表达式

3)如图4-12所示,勾选"出口延时"复选项,输入数字为"8";然后在"中止延时并重置出口条件:"文本框中输入:Emerg_stop OR (NOT Part_ready),单击"应用"按钮。

4)如图4-13所示,设置输出变量"NC_Ready"的表达式为"NOT Part_ready"。

图4-12 出口延时设置

图4-13 编辑出口参数表达式

(3)建立输入/输出信号的连接信号

1)如图4-14所示,选中逻辑块"LB",单击主菜单"控件→资源→连接信号"命令,即弹出图4-15所示的"将信号连接至逻辑资源"对话框。

图4-14 连接信号

2)在图4-15中,单击创建信号按钮 创建信号,即可创建逻辑块输入/输出信号的连接信号,效果如图4-16所示。

图4-15 "将信号连接至逻辑资源"对话框

图4-16 创建逻辑块的连接信号

3）在图 4-16 中，单击"应用"按钮，即可弹出图 4-17 所示的提示信息，单击"是（Y）"按钮即可弹出图 4-18 所示的创建与连接信号日志文件，查看后关闭该文件。最后关闭"将信号连接至逻辑资源"对话框返回软件主界面。

图4-17 提示信息

图4-18 创建与连接信号日志

（4）仿真运行

1）如图 4-19 所示，单击主菜单"主页→查看器→信号查看器"命令，弹出"信号查看器"列表框，如图 4-20 所示。

图4-19 信号查看器

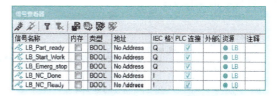

图4-20 信号列表

2）单击主菜单"主页→研究→生产线仿真模式"命令，把仿真模式由"标准模式"切换到"生产线仿真模式"。

3）单击主菜单"主页→查看器→仿真面板"命令，弹出"仿真面板"列表框。然后把"信号查看器"的所有信号加入到"仿真面板"中，如图 4-21 所示（操作方法是：在"信号查看器"中，先单击第一条信号，再按下 <Shift> 键并单击最后一条信号，即能选中所有信号；

然后单击"仿真面板"左上的按钮 添加）。

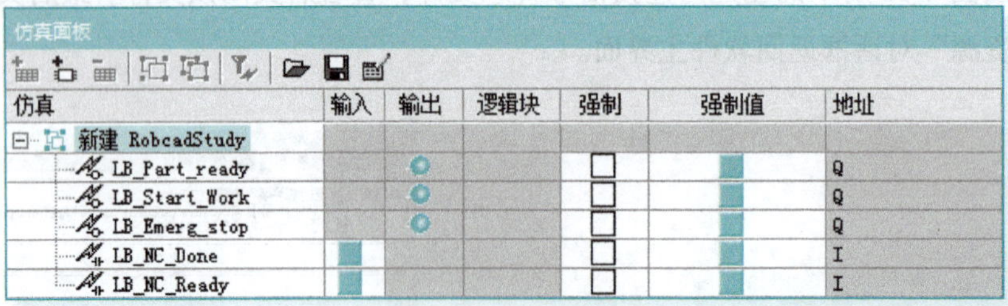

图4-21 仿真面板

4）为检测逻辑块，需要强制某些信号模拟真实程序设置。如图4-22所示，在"仿真面板"对话框中"LB_Part_ready"与"LB_Start_work"的信号行中勾选对应的"强制"复选项。

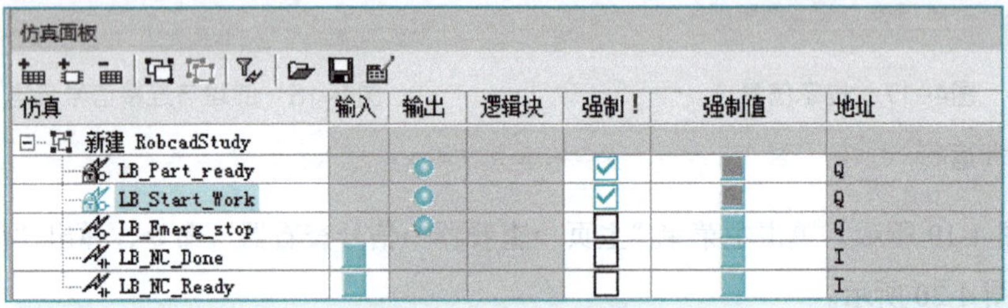

图4-22 信号强制赋值

5）如图4-23所示，强制前两个信号为"TRUE"，然后在"序列编辑器"中单击"正向播放仿真"按钮 ▶ 查看仿真效果。从图4-23中可以看出，信号LB_Part_ready（与Part_ready连接）、LB_Start_work（与Start_work连接）、LB_Emerg_stop（与Emerg_stop连接）与信号LB_NC_Done（与C_Done连接）之间的逻辑关系满足设置的逻辑要求。

6）在图4-12中分别修改"NC_Done"与"NC_Ready"的延长时间为"150"，再查看图4-23中的逻辑运算过程：可以看到信号"LB_NC_Done"经过时延后，由FALSE变化为TRUE的过程比以前变慢了。

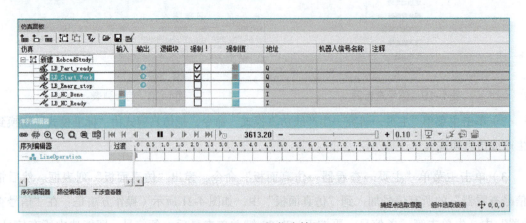

图4-23 逻辑仿真效果

4.2 项目实施

4.2.1 传输带机构的操作设计

1. 任务描述

如图 4-24 所示,创建一个传输带机构,设计目标:①创建对象流操作,使它能够模拟物料在传输带上的移动;②完成传输带机构的逻辑块设计;③在物料流查看器中创建物料流;④使用信号启动传输带机构的物流仿真。

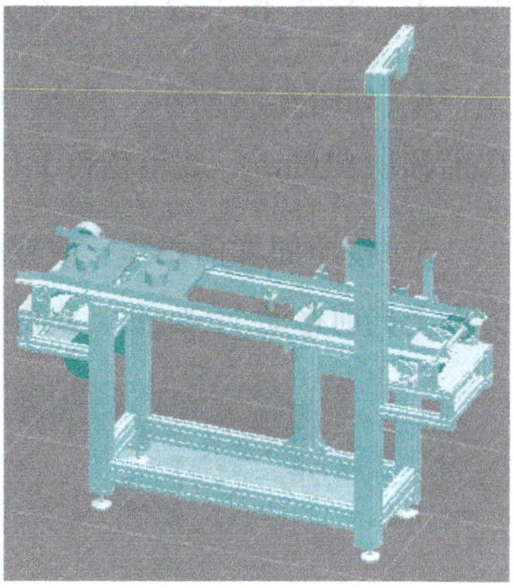

图4-24 传输带机构设计

2. 准备文件

如图 4-25 所示,打开文件夹"AgvBelt_Model"文件夹下的研究"RobcadStudy.psz",即可打开图 4-24 所示的传输带机构三维模型。

图4-25 打开研究

3. 创建对象流操作

(1)建立对象流坐标系

1)单击主菜单"建模→布局→创建坐标系→在2点之间创建坐标系",即命令弹出图 4-26 所示的对话框。

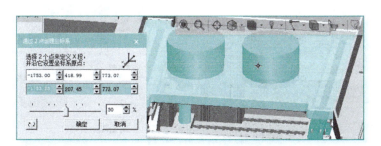

图4-26 "通过2点创建坐标系"对话框

2）在图形查看器中的工具条上选取点捕捉为"捕捉点选取意图"方式，按照图示选取产品 Product 边沿的两个端点作为创建坐标系的参考点，单击"确定"按钮，即可产生一坐标系点"fr1"。

3）如图 4-27 所示，分别使用复制 <Ctrl+C> 和粘贴 <Ctrl+V> 指令，把"fr1"复制为"fr1_1""fr2"和"fr2_1"三个点。

4）如图 4-28 所示，单击"放置操控器"按钮，改变"fr1_1"点的位置，在 Y 轴方向上向前移动 910mm，获得物料 1（Product）在传输带上流动的起点和终点。

5）按照同样的操作，改变"fr2"点位置，在 Y 方向上向前移动"250mm，fr2_1 在 X 轴方向上向前移动 1160mm，获得物料 2（Product_1）在传输带上流动的起点和终点。

图4-27　复制点坐标

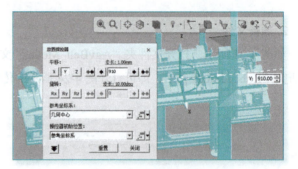

图4-28　移动fr1_1点

（2）创建非仿真操作，模拟物料的生成

1）如图 4-29 所示，先建立一个复合操作"CompOp"。

2）在图 4-29 中，再创建两个非仿真操作"Start"与"CreateM1"。

3）在图 4-29 中，单击鼠标右键，在弹出的快捷菜单中编辑 CreateM1 的属性，把"对象树"浏览器"零件"下的"Product"选入到该属性框"产品"标签下的"产品实例"列表中。

4）依照同样方法，创建物料 2（Product_1）的生成操作，如图 4-30 所示。

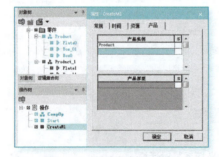

图4-29　创建物料1的操作

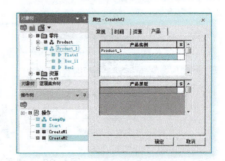

图4-30　创建物料2的操作

(3) 创建物料 2 的对象流操作

1) 如图 4-31 所示，选中物料 2（Product_1），单击主菜单"操作→创建操作→新建操作→新建对象流操作"命令，在弹出的对话框中选择"起点："为"fr1"，"终点："为"fr1_1"，"名称："为"Product_1_Op"。然后单击"确定"按钮。

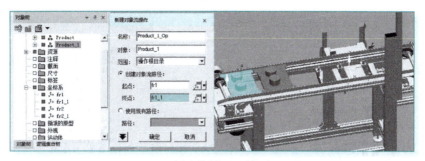

图4-31 创建物料2的对象流（1）

2) 如图 4-32 所示，按照同样的操作，再给物料 2（Product_1）创建一个对象流"Product_1_Op1"，设置"起点："为"fr1_1"，"终点："为"fr2_1"。然后单击"确定"按钮。

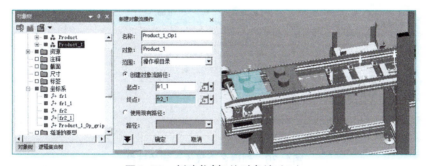

图4-32 创建物料2的对象流（2）

(4) 创建物料 1 的对象流操作

1) 如图 4-33 所示，按照同样的操作，再给 Product 创建一个对象流"Product_Op"，设置"起点："为"fr2"，"终点："为"fr2_1"。然后单击"确定"按钮。

图4-33 创建物料1的对象流

2) 如图 4-34 所示，连续创建两个非仿真操作，分别命名为"End_product"与"End_

Pruduct1"。

（5）建立复合操作进行模拟仿真

1）如图4-35所示，先创建一复合操作，命名为"CreateM"，然后再把上述所有操作，依照图4-35的排列顺序依次拖入到复合操作"CompOp"中。

图4-34 创建非仿真操作

图4-35 在复合操作中的顺序

2）在图4-36的"序列编辑器"中建立各个操作之间的链接。

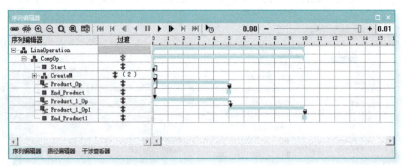
图4-36 创建各个操作之间的链接

3）在图4-36中，修改"仿真时间间隔"为"0.01"，单击"正向播放仿真"按钮▶，查看仿真运行效果，如图4-37所示。

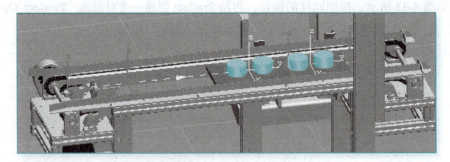
图4-37 正向播放仿真

4. 创建操作的起始触发信号

物料的生成需要一个信号来触发，在本例中主要是给两个物料的生成操作创建触发信号，对应的操作分别是CreateM1和CreateM2，启动对象流也需要创建触发信号。创建这两类触发信号的具体操作如下：

1）选中"操作树"浏览器中的"CreateM1"操作，单击主菜单"控件→操作信号→创建非仿真初始信号"命令，创建该操作的起始信号"CreateM1_start"。

2）按照同样的操作，创建操作 CreateM2 的起始信号"CreateM2_start"。

3）选中"操作树"浏览器中的"Product_1_Op1"，单击主菜单"控件→操作信号→创建所有流初始信号"命令，即可创建该操作的起始信号"Product_1_Op1_start"。

4）单击主菜单"视图→屏幕布局→查看器→信号查看器"命令，在弹出的"信号查看器"对话框中的"信号名称"列表中可以看到创建的起始信号，如图 4-38 所示。

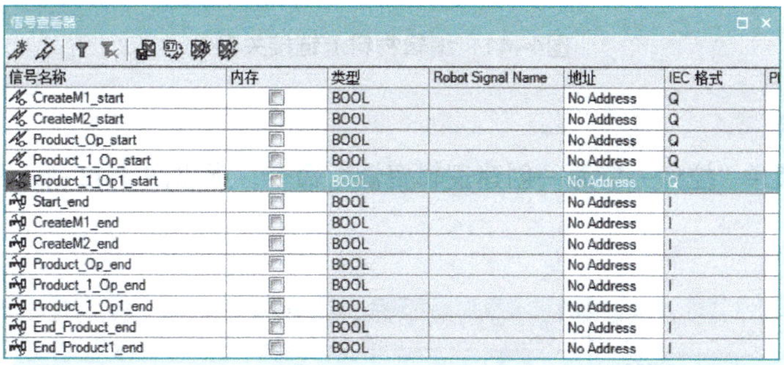

图4-38　查看物料起始信号

5. 生成物料外观并进行重定位

1）单击主菜单"主页→研究→生产线仿真模式"命令，使项目切换到"生产线仿真模式"。

2）选中操作"CreateM"，单击鼠标右键，如图 4-39 所示，在弹出的快捷菜单中单击"生成外观"命令，即可查看到物料的外观，如图 4-40 所示。

3）图 4-40 显示了物料外观的正确位置，如果外观不在该位置，需要使用"重定位"铵钮 重新定位物料外观的位置。

图4-39　生成外观

图4-40　查看外观的位置

4）如果经过上述操作之后，仍然看不到外观的三维模型，就返回到"标准模式"下，把

"对象树"浏览器中"零件"下的复合零件"Product"与"Product_1"的各个零件模型设置成"结束建模"状态。

6. 编辑物料流

单击主菜单"主页→查看器→物料流查看器"命令,弹出图4-41所示"物料流查看器"对话框。按照图示建立"物料流"之间的流动关系。

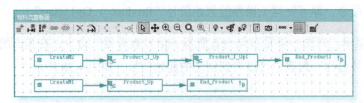

图4-41 编辑物料流链接关系

7. 编辑逻辑块

(1)单击主菜单"控件→资源→创建逻辑资源"命令,弹出图4-42所示的"资源逻辑行为编辑器"对话框。

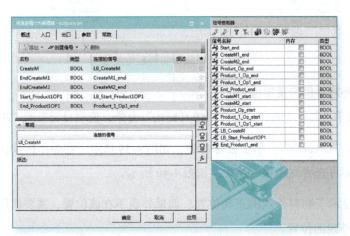

图4-42 "资源逻辑行为编辑器"对话框

(2)在"入口"选项卡添加的变量如下:

1)控制物料生成的变量"CreateM ← LB_CreateM"。

2)物料1(Product)生成完毕变量"EndCreateM1 ← CreateM1_end"。

3)物料2(Product_1)生成完毕变量"EndCreateM2 ← CreateM2_end"。

4)物料2第二个对象流的起始信号"Start_Product1OP1 ← LB_Start_Product1OP1"。

(3)在"出口"选项卡,添加的变量如下:

1)设置的生成物料1的中间变量"M1_Create",如图4-43所示。

2)生成物料 2 的中间变量"M2_Create",如图 4-44 所示。

3)启动物料 2 第二个流程的中间变量"StartP1_OP1",如图 4-45 所示。

4)上述变量设置完毕后单击"确定"按钮返回。

图4-43 出口信号"M1_Create"设置

图4-44 出口信号"M2_Create"设置

5)在序列编辑器中,分别设置操作"Start"之后的过渡条件为"RE(LB_CreateM)",操作"Product_1_Op"之后的过渡条件为"RE(LB_Start_Product1OP1)"。

8. 模拟仿真

(1)单击主菜单"控件→调试→仿真面板"命令,打开"仿真面板"对话框,如图 4-46 所示。

(2)把物料 2 第二个对象流的启动触发信号"LB_Start_Product1OP1"与物料生成的控制变量"LB_CreateM"添加到"仿真面板"中。

(3)单击"序列编辑器"中的"正向播放仿真"按钮▶查看仿真效果,如图 4-47~图 4-49 所示。

图4-45 出口信号"StartP1_OP1"设置

1)如图 4-47 所示,连续两次单击仿真面板中 LB_CreateM 行的"强制值",强制其值为"T"后再为"F",就会生成物料,并且物料 1 开始执行对象流"Product_Op"操作,由左到右前行,到达终止点后自动消失;物料 2 也开始执行对象流 Product_1_Op 操作,由左到右前行。

图4-46 添加仿真面板信号

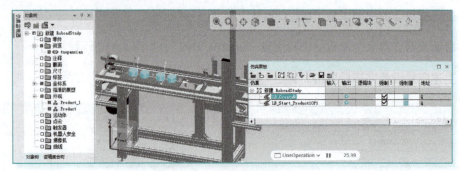

图4-47　查看仿真结果（1）

2）如图4-48所示，物料2到达终止点后停止，等待执行下一个操作流程"Product_1_Op1"。

图4-48　查看仿真结果（2）

3）如图4-49所示，当物料2操作"Product_1_Op1"的启动信号"LB_Start_Product1OP1"强制为"T"时，物料2就继续前行；走完流程"Product_1_Op1"，就完成了整个流程的一次运行仿真。

图4-49　查看仿真结果（3）

4.2.2　AGV小车机构的操作设计

1. 任务描述

如图4-50所示，完成一个AGV小车的机构设计，达成的仿真效果如下：①由外部信号触发物料的生成；②定义工具，能够让AGV小车抓取物料；③建立对象流，使两个物料板能够运载物料在AGV小车上沿直线走到设定位置；④建立对象流，使AGV小车能够载着物料沿轨迹运行；⑤建立对象流，当AGV小车沿轨迹走完之后，让物料板载着物料继续向前，实现小车卸载物料的操作；⑥AGV小车沿轨迹返回。

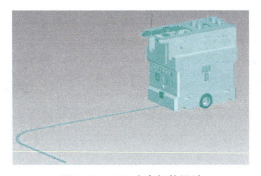

图4-50　AGV小车机构设计

2. 准备文件

（1）建模文件准备　创建一个文件夹"AGVModel"，把 AGV 小车项目相关的组件模型文件拷贝到该文件夹内，如图 4-51 所示，包含两个零件模型"Part.cojt""Part1.cojt"，AGV 小车模型"agv.cojt"，小车轨迹模型"trace.cojt"等。

图4-51　组件模型文件

（2）新建研究

1）如图 4-52 所示，建立一个新研究，设置系统根目录为"AGVModel"，命名该研究为"RobcadStudy.psz"。然后，单击主菜单"建模→组件→插入组件"命令，弹出图 4-53 所示的"插入组件"对话框。

图4-52　从文件插入组件

2）在图 4-53 中，选择所有组件模型文件，单击"打开（O）"按钮，即可把这些组件添加到新建研究的三维环境中，效果如图 4-54 所示。

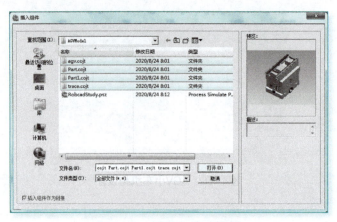

图4-53 选择插入组件模型

如图4-54所示，插入组件之后，在"对象树"浏览器中出现了两个零件"chanpin""chanpin_1"和两个资源"agv""citiao"。

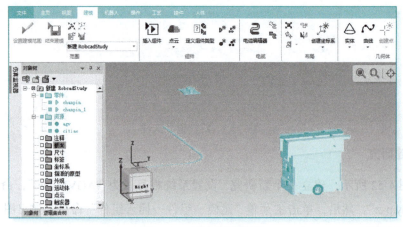

图4-54 插入组件模型

（3）环境布局　单击"放置操控器"按钮和"重定位"按钮，移动组件位置，完成各个组件的布局，最终安放效果如图4-55所示。

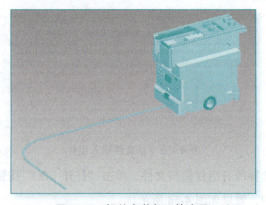

图4-55 组件安装与环境布局

3. AGV小车的工具定义

1）如图4-56所示，在"对象树"浏览器中选中"agv"，执行主菜单指令"建模→范围→设置建模范围"命令，让资源agv处于可编辑状态，此时agv前面出现红色的M标识，展开可以看到agv下的组件，如图4-57所示。

图4-56 设置建模范围

图4-57 进入建模状态

2）如图4-58所示，选中资源"agv"，单击主菜单"建模→运动学设备→工具定义"命令，弹出图4-59所示的信息提示，单击"确定"按钮，弹出图4-60所示的"工具定义"对话框。

图4-58 AGV小车的工具定义

图4-59 信息提示

图4-60 工具定义框

3）在图4-60中设置"工具类"为"握爪"，即出现图4-61所示的界面。设置"TCP坐标"为"fr1"，对"基准坐标"进行设置，单击"2点定坐标系"方法，弹出图4-62所示的"2点定坐标系"对话框。

工业机器人应用系统建模（Tecnomatix）

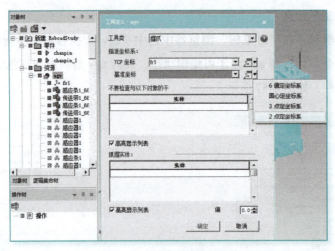

图4-61　设定基准坐标系

4）在图4-62中，选择AGV小车两侧传输带直线上的两个端点，建立一个临时坐标系作为AGV的基准坐标系，单击"确定"按钮，即可返回"工具定义"对话框。

5）如图4-63所示，选择AGV两侧的传输带作为"抓握实体"，单击"确定"按钮，即可完成AGV小车的工具定义。

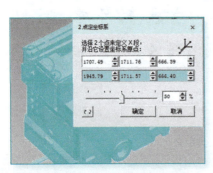

图4-62　"2点定坐标系"对话框

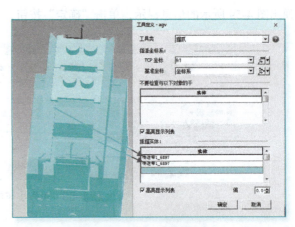

图4-63　选择"抓握实体"

6）如图4-64所示，单击主菜单"建模→运动学设备→设置抓握对象列表"命令，即可弹出"设置抓握对象"对话框，如图4-65所示。

图4-64　设置抓握对象列表

在图4-65中，勾选"定义的对象列表："复选项，把"对象树"浏览器"零件"下的"chanpin""chanpin_1"选入到"对象"列表中，单击"确定"按钮即可完成抓握对象列表的设置。

4. 建立AGV小车的抓握操作

1）如图4-66所示，单击主菜单"操作→创建操作→新建操作→新建复合操作"命令，即可弹出图4-67所示的"新建复合操作"对话框。

图4-65　"设置抓握对象"对话框

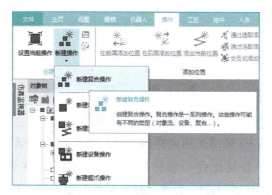

图4-66　新建复合操作

在图4-67中设置"名称："为"AGVOperation"，单击"确定"按钮，即可在"操作树"浏览器中生成一个名为"AGVOperation"的复合操作，如图4-68所示。

图4-67　输入操作名称

图4-68　创建复合操作

2）如图4-69所示，选中AGV小车，单击主菜单"操作→创建操作→新建操作→新建握爪操作"命令，即可弹出图4-70所示的"新建握爪操作"对话框。

图4-69　建立AGV的握爪操作

在图4-70中，设置"名称："为"AGV_Grip"，勾选"抓握对象"复选项，设置"目标姿态："为"HOME"，单击"确定"按钮，即可在"操作树"浏览器中创建一名为"AGV_Grip"的抓握操作，如图4-71所示。该操作能够使AGV小车抓取放在传送带上的物料。

图4-70 设置抓取操作

图4-71 新建抓取操作

3）依照上述同样的步骤，建立AGV小车的"释放"操作。单击主菜单"操作→创建操作→新建操作→新建握爪操作"命令，在弹出的对话框（图4-72）中设置"名称："为"AGV_Realse"，勾选"释放对象"复选项，即可生成名为"AGV_Realse"的放置物料操作，如图4-73所示。

图4-72 设置释放操作

图4-73 新建释放操作

5. 创建对象流操作，让物料在AGV小车上移动

（1）建立物料运动的起止坐标

1）如图4-74所示，选择捕捉点为"捕捉点选取意向图"方式，再单击主菜单命令"建模→布局→创建坐标系→在2点之间创建坐标系"，在弹出的对话框中，选取物料边线上的两个端点，单击"确定"按钮，即可生成一坐标点"fr2"。

2）如图4-75所示，在"对象树"浏览器中选中坐标点"fr2"，执行复制操作后再执行粘贴操作，产生出一名为"fr2_1"的坐标。

3）选中"fr2_1"，单击"放置操控器"按钮，移动fr2_1坐标点到图4-76所示的位置，单击"关闭"按钮实现坐标的修改。

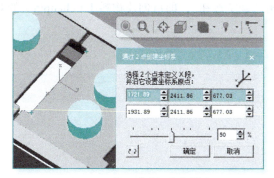

图4-74 设置物料1的起始点

图4-75 复制一个点

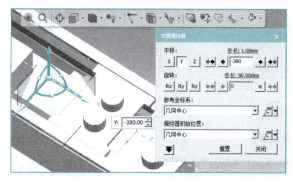

图4-76 移动点坐标

（2）创建物料1的对象流操作

1）如图4-77所示，选中物料1（chanpin），单击主菜单"操作→创建操作→新建操作→新建对象流操作"命令，即弹出图4-78所示"新建对象流操作"对话框。

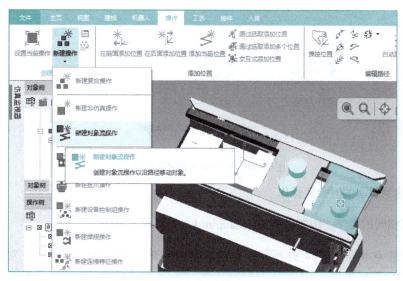

图4-77 "新建对象流操作"命令

2）在图 4-78 中，设置对象流"名称："为"Product1_Move"，"起点："为"fr2"，"终点："为"fr2_1"，"抓握坐标系："为"fr2"，单击"确定按钮"，即可创建物料 1（chanpin）的对象流操作，如图 4-79 所示。

图 4-78　设置对象流操作　　　　　　图 4-79　物料 1 的对象流操作

3）选中对象流"Product1_Move"，如图 4-80 所示，单击"路径编辑器"中的"向编辑器添加操作"按钮 ，把操作"Product1_Move"添加到"路径编辑器"中。

单击"正向播放仿真"按钮 ，查看物料 1 的运动效果。正常情况下，物料 1 会从 fr2 点移动到 fr2_1 点处，从而完成物料 1 的运动操作。每次运行完毕，单击"将仿真跳转至起点"按钮 。

图 4-80　添加操作到路径编辑器

（3）创建物料 2 的对象流操作

1）按照相同的操作，添加物料 2（chanpin_1）的对象流操作。

2）设置起点 fr3，如图 4-81 所示；复制该点产生 fr3_1 点，移动该点产生对象流的终点，如图 4-82 所示。

项目4 流水线常用设备操作建模

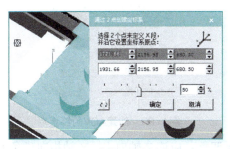

图4-81 物料2对象流起点

图4-82 物料2对象流终点

3）物料2（chanpin_1）对象流的设置如图4-83所示。在"路径编辑器"中，单击 按钮清空原有的内容；再单击 按钮，添加物料2（chanpin_1）的对象流"Product2_Move"，如图4-84所示。单击"正向播放仿真"按钮 ▶，查看运行情况。每次运行完毕，单击"将仿真跳转至起点"按钮 ◀◀ 。

图4-83 设置物料2对象流

图4-84 物料2对象流加入路径编辑器

6. 创建对象流操作，让AGV小车沿轨迹移动

AGV小车沿轨迹运行的操作可分为"去"和"回"两次操作，"回"是"去"的逆过程。下面先创建"去"的操作。

（1）设置AGV小车前向移动轨迹

1）添加AGV小车运动的起点和终点。单击主菜单"建模→布局→在2点之间创建坐标系"命令，弹出图4-85所示的"通过2点创建坐标系"对话框。然后放大磁条轨迹的末端，选择末端边线的两个端点，单击"确定"按钮即可创建一个坐标点"fr4"。在磁条的另外一端使用该指令创建另外一个坐标点"fr5"，如图4-86所示。

图4-85 创建AGV的起始点

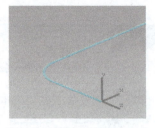
图4-86 创建AGV的终止点

2）在图4-86中，AGV小车终止点的姿态需要调整：应该Z轴向上，Y轴指向磁条方向。单击"放置操控器"按钮，调整该位置姿态至如图4-87所示。

3）选中AGV小车，单击主菜单"操作→创建操作→新建操作→新建对象流操作"命令，弹出图4-88所示的"新建对象流操作"对话框。设置"名称："为"agv_Fwd"，"起点："为"fr4"，"终点："为"fr5"，"抓握坐标系："为"fr4"，单击"确定"按钮，就在"操作树"浏览器中生成名为"agv_Fwd"的操作，如图4-89所示。

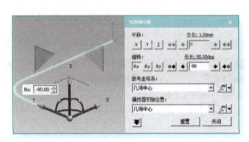
图4-87 调整终止点姿态

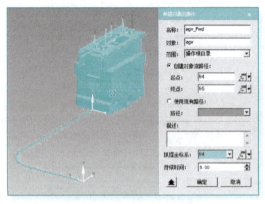
图4-88 创建AGV的对象流操作

4）清空"路径编辑器"，把"agv_Fwd"添加进来，单击"正向播放仿真"按钮 ▶ 查看运行，如图4-90所示。在该图中，AGV在轨道的起点和终点姿态正确，但只是在这两点之间沿直线运行，需要把轨道上的其他点也添加进来。

图4-89 生成AGV对象流

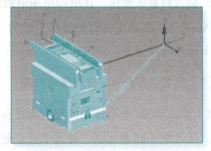
图4-90 正向AGV对象流仿真

5）在"操作树"浏览器中选中操作"agv_Fwd"，如图4-91所示，单击主菜单"操作→添加位置→通过选取添加多个位置"命令。

图4-91　添加多个位置

6) 移动光标，光标就会带有"+"符号。选取磁条轨迹上的多个特征点作为路径的插值，最后再次单击"通过选取添加多个位置"命令，结束添加操作。添加位置之后的轨迹如图4-92所示。

7) 调整坐标系姿态。从图4-92中可以看出，插入的位置点的坐标系姿态不合适，需要调整AGV小车转弯时的姿态。

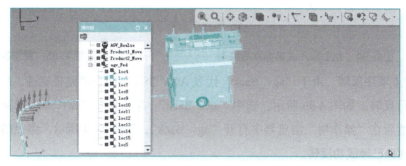

图4-92　AGV轨迹插值效果

① 在图4-92中，选中插入的第一个点"loc6"，然后单击"单个或多个位置操控"按钮 ，弹出图4-93所示"位置控制"对话框。

② 在图4-93中，按下左下角"跟随模式"按钮，再让坐标绕着Z轴旋转-90°，完成对该点的调整。

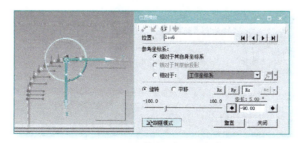

图4-93　调整经过点的姿态

③ 单击"下一个位置"按钮▶，对下一个位置"loc7"进行姿态调整。如此继续，直到所

有插入点姿态全部调整。

④ 调整完毕后,各点坐标系姿态如图 4-94 所示。

⑤ 播放仿真,查看 AGV 运动到各点时的姿态是否合适,不合适继续调整,直到合适为止,完成操作 agv_Fwd 的设置。

(2) 设置 AGV 小车的回退移动轨迹

1) 如图 4-95 所示,在"操作树"浏览器中选中操作"agv_Fwd",执行复制操作之后再执行粘贴操作,这样就产生了一个同名的操作"agv_Fwd"。选中该操作,按下快捷键 <F2>,更改该操作的名称为"agv_Back"。

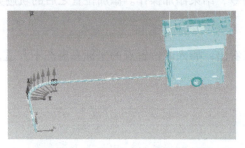
图4-94 各个插入点坐标系的姿态

图4-95 复制操作

2) 位置点顺序反转。由于"agv_Back"代表 AGV 小车"回"的路径轨迹,故需要把当前的位置点进行反转。如图 4-96 所示,选中"agv_Back",单击菜单"操作→编辑路径→反转操作"命令,然后在"操作树"浏览器中打开"agv_Back",如图 4-97 所示,路径的各个插入点按照倒序排列,已经成功反转。

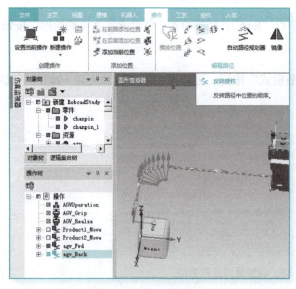
图4-96 执行反转操作

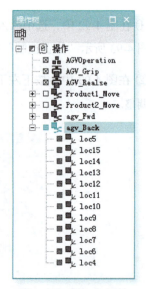
图4-97 插入点反转

3）清空"路径编辑器",插入"agv_Back",单击"正向播放仿真"按钮▶,查看AGV"回"操作退行情况。

7. 创建物料操作

1）如图4-98所示,单击菜单"操作→创建操作→新建操作→新建非仿真操作"命令,弹出图4-99所示的"新建非仿真操作"对话框。输入"名称:"为"Create_M",单击"确定"按钮,即可在"操作树"浏览器中生成操作"Create_M"。

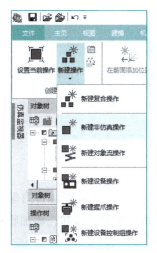

图4-98 "新建非仿真操作"命令

图4-99 物料生成操作

2）设置操作属性。由于操作"Create_M"是用来产生物料的,故需要设置其属性,当该操作得以执行时,让它能够生成物料。

如图4-100所示,选中"Create_M",然后单击鼠标右键,在弹出的快捷菜单中单击"操作属性"命令,弹出图4-101所示的"属性"对话框。

图4-100 打开操作属性

图4-101 设置操作属性

单击该对话框的"产品"选项卡,把"对象树"浏览器中的产品零件"chanpin""chanpin_1"

通过单击选入到对话框的"产品实例"列表中去。最后单击"确定"按钮返回。

3）设置物料生成操作的逻辑块。

此外，物料的生成操作"Create_M"的执行需要一定的条件，这里设置一个名为"LB_CreateM"的变量，值为"T"时，就开始生成物料。此变量的设置过程如下：

① 选中操作"Create_M"，单击主菜单"控件→操作信号→创建非仿真起始信号"命令，就会在图4-102所示的"信号查看器"中生成Create_M的起始信号，默认名称为"Create_M_start"。

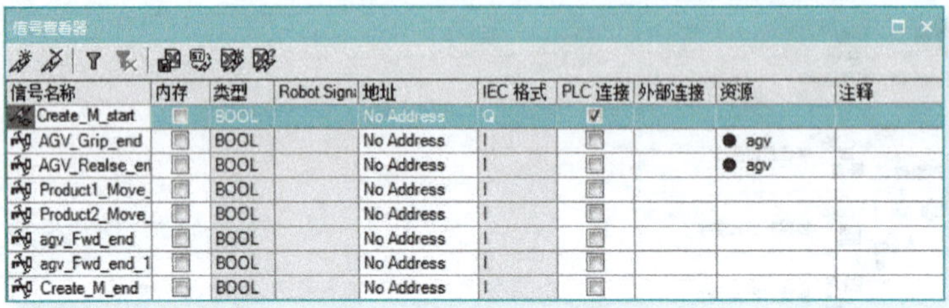

图4-102 信号查看器

② 单击主菜单"控件→资源→创建逻辑资源"命令，弹出"逻辑资源行为编辑器"对话框，如图4-103所示。在该对话框"入口"选项卡中，单击"添加"按钮，添加物料生成的变量"CreateM"和物料生成的结束变量"CreateEnd"。

③ 为入口变量"CreateM"添加一个外部输出信号"LB_CreateM"，表示物料的生成受外部输出信号"LB_CreateM"的控制，其关系可表述为：CreateM=LB_CreateM。

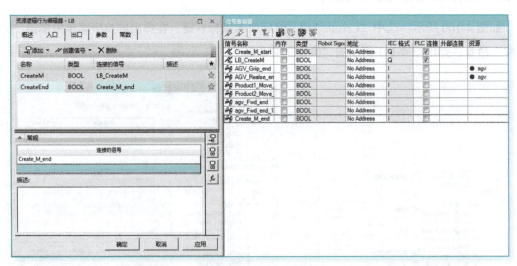

图4-103 建立入口指令

④ 设置入口变量"CreateEnd"的连接信号为"信号查看器"中的"Create_M_end"，其关系可表述为：CreateEnd=Create_M_end，表示物料生成后自动赋予CreateEnd的值为"T"。

⑤ 如图 4-104 所示，在"出口"选项卡中添加一个中间变量"in_CreateM"与"信号查看器"中的非仿真操作起始信号"Create_M_start"相连接，其关系可表示为：Create_M_start=in_CreateM。而变量 in_CreateM 的数值又与入口变量 CreateM、CreateEnd 有关，其表达式为：in_CreateM=SR（CreateM，CreateEnd）。故物料生成的控制关系最终可表达为：Create_M_start = in_CreateM = SR（CreateM, CreateEnd）= SR（LB_CreateM, Create_M_end），即当外部输出变量"LB_CreateM"为"T"时，触发物料生成进程；当物料生成结束（Create_M_end=T）后，停止物料的生成进程。

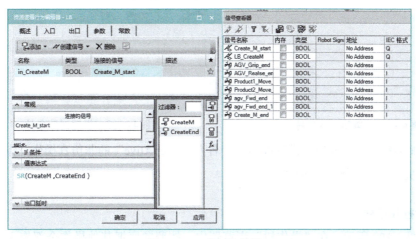

图4-104　出口变量设置

4）添加物料生成操作的变量条件。需要把该条件变量"LB_CreateM"放到物料生成操作"Create_M"的上一级"过渡"条件中去。故这里需要建立操作"Create_M"上级操作，即启动 Start 操作，其过程如下：

① 如图 4-105 所示，创建一个非仿真操作，命名为"Start"，并把"Start"拖入到复合操作"AGVOperation"后，再把操作"Create_M"也拖入。

② 如图 4-106 所示，把"AGVOperation"拖入到"序列编辑器"中，并建立"Start"与"Create_M"之间的链接关系。

图4-105　依次拖入复合操作

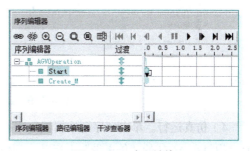

图4-106　建立链接

③ 通过单击"定制列"按钮把"过渡"栏添加到"序列编辑器"中。

④ 在图4-106中双击"Start"行的"过渡"标识，在弹出的对话框中单击"编辑条件…"按钮，弹出图4-107所示的对话框。按照图示输入表达式"RE（LB_CreateM）"，单击"确定"按钮。

最终的条件设置如图4-108所示，单击"确定"按钮返回即可。

图4-107　编辑过渡条件

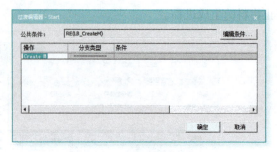

图4-108　设置过渡条件

5）添加物料的结束操作。最后添加一个名为"KeepAlive"的非仿真操作，作为物料消失的操作。便完成了所有操作的创建。

8. 建立操作序列

1）如图4-109所示，在"操作树"浏览器中，按照顺序把其他操作全部拖入到复合操作"AGVOperation"中。

2）在"序列编辑器"中，依照图示建立各个操作之间的链接。

3）设置过渡条件。在图4-109的"序列编辑器"中，设置"agv_Back"行的过渡条件为"RE（LB_CreateM）"，如图4-110所示，含义是：当下一次物料生成指令LB_CreateM为"T"时，就让上一次生成的物料消失。

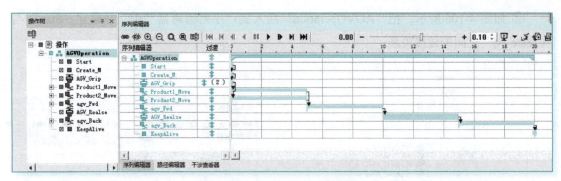

图4-109　建立各操作之间的链接

4）仿真运行。单击"序列编辑器"中的"正向播放仿真"按钮▶，运行效果如图4-111所示：物料在AGV的"传送带"上运动，到位后AGV小车就带着物料沿着轨迹正向运动；正向运动结束之后就释放物料，然后再反向运动到起始位置。

图4-110 设置物料消失的条件

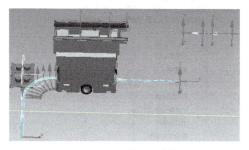

图4-111 仿真运行效果

9. 编辑物料流查看器

上述仿真仅能执行一次，执行后物料不会消失。这需要在"物料流查看器"中设置物料从生成到消失的流程。设置过程如下：

1) 单击"保存"按钮 ，保存当前的研究；如图 4-112 所示，单击主菜单"主页→研究→生产线仿真模式"命令，完成仿真模式切换。

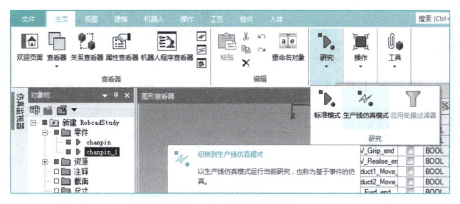

图4-112 仿真模式切换

2) 如图 4-113 所示，单击主菜单"视图→查看器→物料流查看器"命令，弹出图 4-114 所示的界面。

3) 在图 4-114 中，从"操作树"浏览器中把与物料的生成、移动、消失的有关操作拖入到"物料流查看器"中，并且通过单击"新建物料流链接"按钮 ，依照图示建立它们之间的链接关系，最后关闭该窗口。

10. 信号添加与仿真

1) 如图 4-115 所示，单击主菜单"视图→屏幕布局→仿真面板"命令，打开图 4-116 所示的"仿真面板"列表框，并把信号"LB_CreateM"加入其中。

2) 如图 4-117 所示，在"序列编辑器"中单击"正向播放仿真"按钮 ▶。

工业机器人应用系统建模（Tecnomatix）

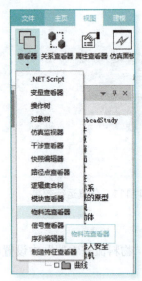

图4-113 打开物料流查看器

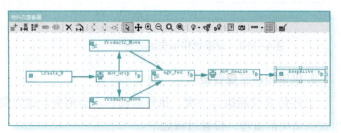

图4-114 编辑物料流查看器

图4-115 打开仿真面板

图4-116 加入控制信号

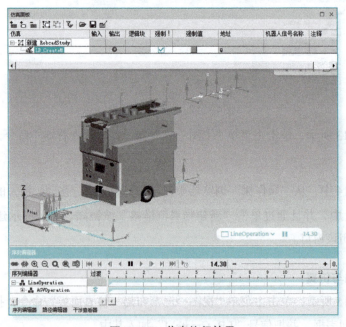

图4-117 仿真执行效果

3）在"仿真面板"中变量"LB_CreateM"行勾选"强制"复选项，单击"强制值"，使其先变为"T（绿色）"后，再单击使其为"F（红色）"，此时就可触发整个复合操作的执行。

复合操作的运行过程为：①物料产生后，先在 AGV 小车传送带上完成物料对象流的移动操作；②随后 AGV 小车载着物料沿着磁道轨迹运行到终止点；③ AGV 释放物料；④ AGV 返回到起始点。

此时，如果再次强制"LB_CreateM"为"T"，那么以上过程将会重新启动，即在"仿真面板"中操纵"LB_CreateM"值的变化能够多次重新启动复合操作流程。

4.3 知识拓展

4.3.1 CEE模式下的仿真

1. CEE模式的概念

默认情况下，项目仿真是 CEE 模式下的仿真。CEE 是 Cyclic Event Evaluator（循环事件评估）的缩写，它是基于事件仿真的核心。CEE 仿真的每个周期都会采集和评估输入、输出信号值，以确定仿真的流程，这与 PLC 程序的执行过程很相似，故它可以模拟 PLC 程序，获得相似的执行效果。因为 CEE 具有循环运行特性，当单击运行时，仿真将会连续无限地模拟运行，直到停止仿真。

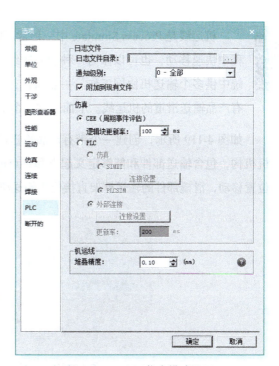

2. 设置仿真模式

设置仿真模式的操作为：在 Process Simulate 软件的图形查看器界面，单击鼠标右键，在弹出的快捷菜单中单击"选项"命令，或者使用快捷键 <F6>，即可弹出"选项"对话框。

如图 4-118 所示，选择左侧栏的"PLC"，再勾选右侧栏的"CEE（周期事件评估）"复选项，即可设定为 CEE 仿真模式。在图 4-118 中，除了 CEE 设置之外，还有 PLC 设置。PLC 设置可以连接外部 PLC 信号，以实现"虚-实"

图4-118　CEE仿真模式设置

结合的虚拟调试，也可以通过 PLCSIM Advanced 等虚拟 PLC 仿真信号实现"虚-虚"结合的虚拟调试。其应用将在后面的项目案例中介绍。

4.3.2 多零件外观

多零件外观是一个对象，通常存储在研究中，用于物流、多工作站等模拟仿真。多零件外观有别于 Process Simulate 生产线仿真模式下的对象，但它们均由零件而来，都是与零件相关的概念。在生产线仿真模式下，外观与 CEE（基于事件的）模拟操作一起使用，采用离散事件和 PLC 逻辑相组合的方式来定义和运行仿真，此时的外观可以由操作仿真自动生成和放置。其用途是：①早期规划阶段的静态可行性验证；②考虑产品实际位置的布局规划；③物流和集装箱规划；④生产线模拟（也称为 CEE 或基于事件的）外观（仅限在过程中模拟）；⑤在多个位置定位同一零件。

在应用过程中，大多数情况下外观与零件的作用相同，例如，可以创建外观并使用重定位、位置操控器等定位命令来改变产品外观的位置；可以将外观与操作联系起来，放置与资源相关的外观并附加它们；还可以根据操作任务将制造特征 MFG 分配给外观，以及在外观所处的加工位置查看、投影和模拟制造特征；系统支持进程内装配（IPA）中的外观，支持碰撞和静态应用中的外观等。在操作过程中，可以在 Process Simulate 中加载由 Process Designer 创建的外观，反之也可以在 Process Designer 中加载由 Process Simulate 创建的外观。

4.3.3 机运线机构

机运线是 Process Simulate 中一种常用的自动化配送机构，它允许大量的货物在物流过程中快速移动，也可以作为一种独立的组件在单个输送机中使用，还可以集成到分布式系统中供多个输送机协同工作。一般而言，机运线有两种类型：直接运输产品的机运线和带有产品输送滑道的机运线。下面通过一个实例来介绍机运线的创建过程。

如图 4-119 所示，创建一个带有产品输送滑道的机运线机构，主要包含两个部分：①输送机机构，包含输送部件和能够定义起点和终点的三维曲线；②滑橇部件，能够做相对于曲线的位置移动，滑橇部件的输送框架直接位于输送机曲线的顶部。

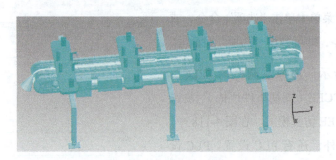

图 4-119 带有产品输送滑道的机运线

具体操作步骤如下：

1. 准备文件

1）如图 4-120 所示，创建一个文件夹"conveyors"，把模型文件复制到子文件夹"jModel"下。

图4-120　模型文件

2）设置系统根目录为"conveyors"，创建一个研究，把图 4-120 中的模型作为资源导入该研究中。资源添加如图 4-121 所示，资源导入后的三维环境如图 4-122 所示。

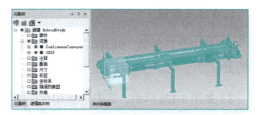

图4-121　添加导入资源　　　　图4-122　资源导入后的三维环境

2. 定义机运线与滑橇

（1）定义机运线

1）在图 4-123 中，选中"对象树"浏览器中"资源"下的滑橇模型 SKID，通过复制操作和粘贴操作增加 3 个同样的模型，分别把这些模型更名为"SKID1""SKID2""SKID3"和"SKID4"。

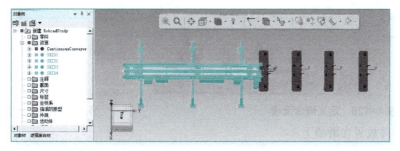

图4-123　执行复制与布局操作

2）单击"放置操控器"按钮 ，把各个 SKID 在 Y 轴方向均匀分布，如图 4-124 所示。

3）选中资源"ContinuousConveyor"，单击主菜单"建模→设置建模范围"命令。

4）如图 4-124 所示，单击主菜单"控件→机运线→定义机运线"命令，即可弹出如图 4-125 所示的"定义概念机运线"对话框。

5）在图 4-125 中，选择"曲线："为"ConveyingCurve"，"起点："与"终点："均使用默认值，按照图示输入"干涉容差：""机运公差："和"最大速度"，勾选"滑橇机运线"复选项。单击"确定"按钮，退出该对话框。

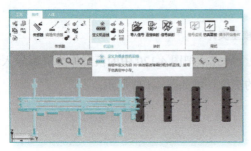
图4-124 定义机运线

图4-125 定义机运线

（2）定义滑橇

1）选中全部滑橇"SKID1"~"SKID4"，单击"放置操控器"按钮 把它们安放到机运线机构上。

2）如图 4-126 所示，选中"SKID1"，单击主菜单"控件→机运线→定义为概念滑橇"命令弹出图 4-127 所示提示信息，单击"是（Y）"按钮，弹出图 4-128 所示的"定义滑橇"对话框。

3）在图 4-128 中，单击"默认"按钮，设置"机运坐标系："；然后按照图示把滑橇表面的零件抓手选入"对象附加到的曲面实体："列表中。单击"确定"按钮退出。

4）依照相同的操作定义滑橇"SKID2"~"SKID4"，完成机运线上所有滑橇的设置。

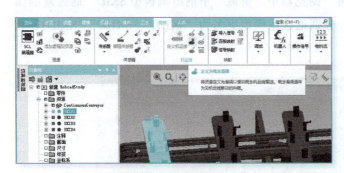
图4-126 定义概念滑橇

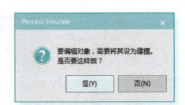
图4-127 提示信息

（3）把零件放置在滑橇上

1）单击主菜单"建模→组件→插入组件"命令，即弹出图 4-129 所示的"插入组件"对话框，选择打开物料组件"weldpart2.cojt"，即可在"对象树"浏览器"零件"下插入该组件。

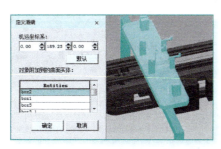
图4-128 定义滑橇

图4-129 插入零件组件

2）使用复制、粘贴操作获得4个同样的零件，分别命名为"Part1"~"Part4"，如图4-130所示。

3）如图4-131所示，选中"Part1"，单击"重定位"命令，在"重定位"对话框中，设置"从坐标："为"自身"，"到坐标系："为"SKID1"，单击"应用"按钮，即把"Part1"安装到了"SKID1"上。

图4-130 复制零件组件

图4-131 安装Part1到滑橇

4）按照相同的操作，如图4-132所示，把"Part2"~"Part4"分别安装到"SKID2"~"SKID4"上。

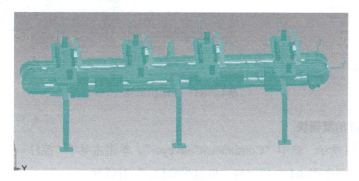
图4-132 安装零件到滑橇

5）如图 4-133 所示，选中"Part1"，单击主菜单"控件→机运线→定义可机运零件"命令，弹出图 4-134 所示的"定义可机运零件"对话框，按照图示选择滑橇"SKID1"处的坐标，单击"确定"按钮，完成"Part1"为可机运零件的设置。

图4-133　定义可机运零件

6）按照相同的操作，把"Part2"~"Part3"都设置成可机运零件。

7）选中机运线"ContinuousConveyor"，单击主菜单"控件→机运线→驱动机运线"命令，弹出图 4-135 所示的"驱动机运线"对话框。拖动改变位置数值，查看滑橇加载零件在输送机上的运动情况。最后单击"重置"按钮，恢复其初始位置，然后再单击"关闭"按钮。

图4-134　设置可机运零件

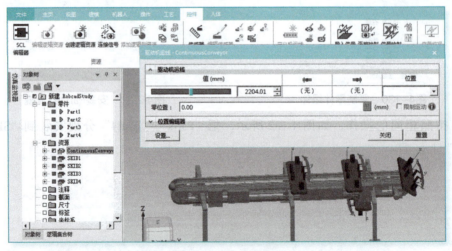

图4-135　驱动机运线

3. 创建机运线的逻辑块

1）如图 4-136 所示，选中"ContinuousConveyor"，单击主菜单"控件→机运线→编辑机运线逻辑块"命令，弹出图 4-137 所示的"机运线操作："对话框。

流水线常用设备操作建模 项目4

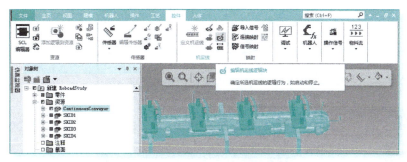

图4-136 "编辑机运线逻辑块"命令　　　　图4-137 设置操作信号

2) 在图4-137中,设置两个操作信号,勾选"开始"和"停止"复选项,单击"确定"按钮,弹出图4-138所示的"资源逻辑行为编辑器"对话框。

3) 在图4-138中,切换到"入口"选项卡,为"Start"与"Stop"信号添加对应的外部输出信号作为它们的连接信号,如图4-139所示。

图4-138 "资源逻辑行为编辑器"对话框　　图4-139 添加入口信号(1)

4) 如图4-140所示,添加入口信号"bTest"和外部连接信号。最后单击"确定"按钮,关闭该对话框。

5) 如图4-141所示,单击主菜单"控件→机运线→编辑概念机运线"命令,在弹出的对话框中单击"控制点"按钮,弹出图4-142所示的"控制点"对话框。

6) 在图4-142中,单击"创建控制点"按钮并选择"创建控制点"命令,如图4-143所示,在机运线三维曲线上选择一个坐标点当作控制点,在"控制点"对话框中就会自动添加名为"CP_0"的坐标系点。

图4-140 添加入口信号(2)

— 203 —

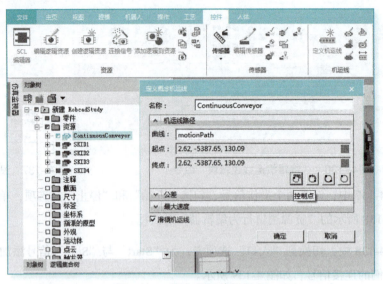

图4-141 添加机运线控制点

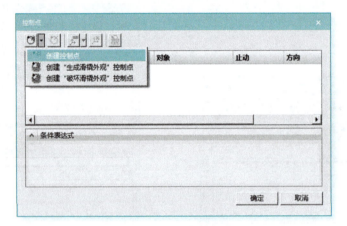

图4-142 创建控制点

7）在图4-143中，勾选"止动"复选项，输入条件表达式如图4-144所示。

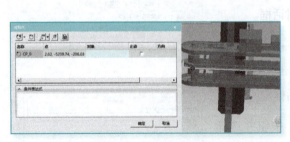

图4-143 编辑控制点

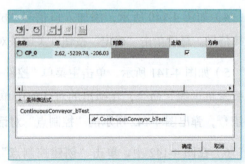

图4-144 添加控制表达式

该表达式的作用是：当雪橇在机运线上滑动到CP_0点时，雪橇的状态是滑动还是停止，要看变量ContinuousConveyor_bTest的数值：为"T"时，就会停止；为"F"时，就会继续滑行。

8）测试控制点的功能。单击主菜单"主页→研究→生产线仿真模式"命令，切换研究到生产线仿真模式；单击主菜单"视图→屏幕布局→查看器→信号查看器"命令，打开信号查看器；单击主菜单"视图→屏幕布局→仿真面板"命令，打开仿真面板。

9）如图4-145所示，把"信号查看器"中的信号插入到"仿真面板"中，在"序列编辑器"中单击"正向播放仿真"按钮▶，开始仿真运行。

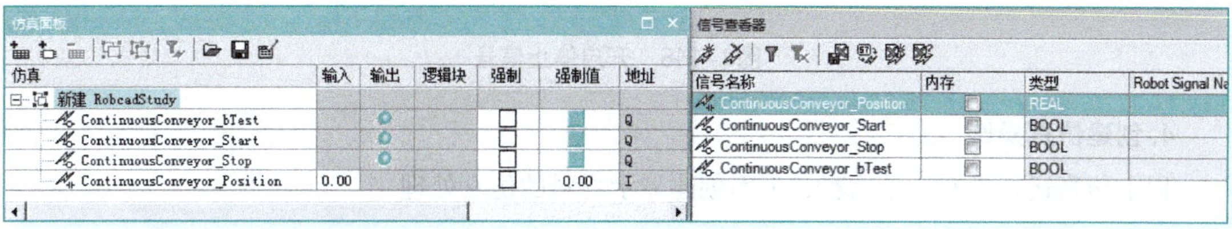

图4-145　添加仿真面板信号

① 如图4-146所示，在"仿真面板中"勾选三个信号"ContinuousConveyor_Start""ContinuousConveyor_Stop"和"ContinuousConveyor_bTest"的"强制"复选项，然后单击启动信号"ContinuousConveyor_Start"，使之变绿色（"T"），机运线就开始运行。

② 在图4-146中，如果关闭控制点信号"ContinuousConveyor_bTest"使之为红色（"F"），那么滑橇就会持续前行。

图4-146　开启启动信号

③ 在图4-147中，若开启控制点信号"ContinuousConveyor_bTest"使之为绿色（"T"），那么滑橇就会在控制点处停下来。

图4-147　开启控制点信号

④ 如图4-148所示，如果开启停止信号"ContinuousConveyor_Stop"使之为绿色（"T"），

那么滑橇无论在任何位置都会立即停止。

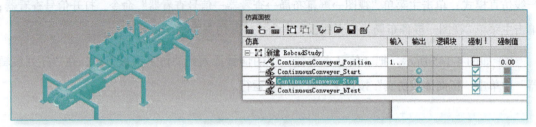

图4-148　开启停止信号

4. 创建仿真操作

以上仿真运行没有显示物料，下面创建显示物料的仿真处理：

1）单击主菜单"主页→研究→标准模式"命令，返回到"标准模式"。

2）单击主菜单"操作→创建操作→新建操作→新建复合操作"命令，创建复合操作"CompOP"。

3）单击主菜单"操作→创建操作→新建操作→新建非仿真操作"命令，连续创建3个非仿真操作"Start""CreateM"和"KeepAlive"。

4）如图4-149所示，把3个非仿真操作拖放到复合操作"CompOP下"。

5）如图4-150所示，设置"CreateM"的属性，把所有零件选入到"产品实例"列表中。

图4-149　编辑复合操作

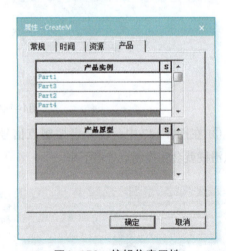

图4-150　编辑仿真属性

6）选中操作"CreateM"，单击主菜单"控件→操作信号→创建非仿真起始信号"命令，打开"信号查看器"，即可在"信号查看器"找到信号"CreateM_start"，如图4-151所示。

7）选中"对象树"浏览器"资源"下的"ContinuousConveyor"，单击主菜单"控件→资源→编辑逻辑资源"命令，如图4-152所示，在打开的"资源逻辑行为编辑器"中添加"入口"

变量"EndM",从"信号查看器"中选择该变量的连接信号为"CreateM_end"。

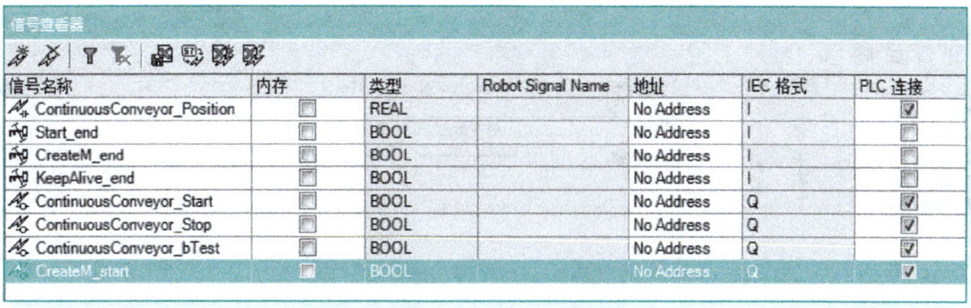

图4-151 信号查看器

8)如图4-153所示,添加"出口"变量"CreateM",连接信号为"信号查看器"中的"CreateM_Start",值表达式为"SR(bTest,EndM)"。

图4-152 建立入口变量

图4-153 建立出口变量

9)如图4-154所示,在"序列编辑器"中建立各个操作的链接关系。

10)单击主菜单"主页→研究→生产线仿真模式"命令进入到生产线仿真模式。

11)单击主菜单"视图→屏幕布局→查看器→物料流查看器"命令,弹出图4-155所示"物料流查看器"对话框。在该对话框中创建物料流。

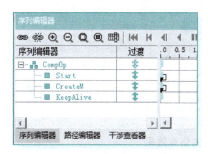

图4-154 建立操作链接

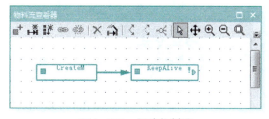

图4-155 创建物料流

12）如图4-156所示，在"序列编辑器"中建立操作"Start→CreateM"的过渡条件。

图4-156　建立过渡条件（1）

13）如图4-157所示，在"序列编辑器"中建立操作"CreateM→KeepAlive"的过渡条件。

图4-157　建立过渡条件（2）

14）单击"正向播放仿真"按钮▶，"仿真面板"中强制信号设置如图4-158所示，物料在滑橇上的运动仿真效果如图所示。

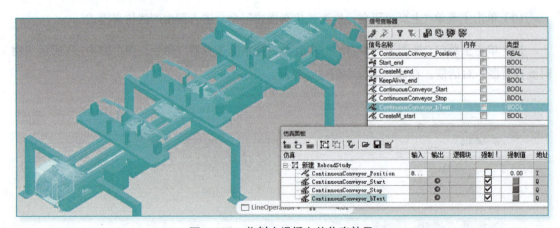

图4-158　物料在滑橇上的仿真效果

4.4 小结

本项目以 Tecnomatix"操作"对象为线索,介绍了传输带、AGV 小车和机运线等机器人工作站流水线常用设备机构的操作建模。重点介绍了对象流操作、复合操作、非仿真操作、抓握操作和拾放操作等的创建与应用。同时,围绕这些设备机构的操作功能,重点介绍了逻辑块的创建、信号的设置、逻辑的添加与编辑、逻辑信号的引出、操作起始信号的设置与控制以及信号查看器与控制面板的使用方法。本项目内容涵盖了创建 Tecnomatix 系统基础对象——"操作"的大部分内容,为熟练掌握"操作",构建流水线设备和机器人工作站附属设备的功能打下基础。

项目 5
CHAPTER 5
高架仓库智能元件操作建模

【知识目标】

1. 熟练掌握零件、资源和操作等 eMS 基本对象的创建与应用，巩固与提高坐标系创建、零件位置移动等基本操作技能。

2. 掌握智能元件的概念及智能元件的创建流程。

3. 熟练掌握高架仓库的运动学设置、逻辑块动作操作设置、输入输出信号设置以及逻辑变量与逻辑条件创建等操作过程。

4. 理解信号事件，掌握操作中的信号事件设置方法。

5. 理解过渡条件，掌握不同操作之间的过渡条件设置方法。

6. 巩固生产线模式下的 CEE 仿真操作，会使用信号查看器与控制面板，通过输入数据设定控制信号，以驱动高架仓库码垛机的运动与抓握。

【技能目标】

1. 会创建智能元件，能设置智能元件的动作与内部参数。

2. 会使用智能元件创建高架仓库的码垛机抓握机构，完成其运动学设置、工具定义及抓握操作的创建等操作。

3. 会使用"对象流"创建高架仓库的物流操作，建立物流操作之间的链接，设置操作的起始控制信号和操作之间的过渡条件等。

4. 能够综合零件、资源与操作技术，完成高架仓库的机构运动学设计，实现 CEE 模式下的生产线仿真。

5.1 相关知识

1. 智能元件的概念

随着电子技术的发展，如今大多数设备资源都拥有自己的控制器。如果在资源中设置了不同的信号，那么控制器会根据不同的信号执行相应的动作。通常情况下，称这样的设备为智能元件。智能元件具有三个重要特征：①需要定义外部操作；②所有逻辑运算都存储在原型机中；③具有逻辑运算和运动机构的结合。

2. 智能元件的设计流程

创建智能元件时，首先要完成智能元件本身的机构设计，智能元件会充分运用逻辑块部件（LB）的功能，将普通设备转换成智能元件。其创建过程如图 5-1 所示。

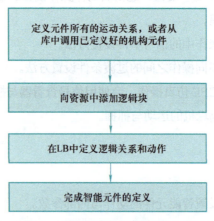

图5-1 将普通设备定义成智能元件

向资源中添加逻辑块之前，资源必须处于可编辑状态。

创建逻辑块的主菜单命令为："控件→资源→创建逻辑资源"。执行该命令后，会打开"资源逻辑行为编辑器"对话框，可在此对话框中编辑新的逻辑运算。

与其他逻辑块相比，当编辑智能元件时，"资源逻辑行为编辑器"对话框中会增加对运动机构进行定义的"操作"模块，如图 5-2 所示。在该操作模块中，可添加的操作动作有移动关节、移至姿态和跳转关节等，对各个动作都可以添加相应的传感器。操作如图 5-3 所示，在对话框的"参数"选项卡里，可以添加的常用传感器有：关节值传感器、关节距离传感器、接近传感器和光电传感器等。其中，关节值传感器用于表明关节已经运动到指定的姿态，关节距离传感器表示每个时间点关节实际运动的值。参数的值可以用来控制设备的动作。

项目5 高架仓库智能元件操作建模

图5-2 智能元件的Action模块

图5-3 添加传感器操作

5.2 项目实施

5.2.1 项目描述

如图 5-4 所示，建立一个高架仓库，实现码垛机在位置数据和控制信号的作用下，移动到设定位置并抓取物料的操作功能。

5.2.2 项目准备

1. 准备文件

创建一个文件夹，把高架仓库相关模型文件复制到该文件夹内。

如图 5-5 所示，建立名为"Store"的文件夹，组件的三维模型文件"WholeModel.jt"放在"Store"下的子文件夹"jtModel"中。

2. 新建研究

启动 Process Simulate 软件，选择文件

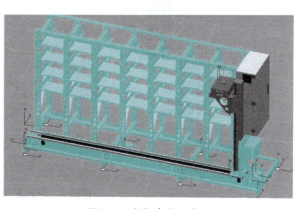

图5-4 高架仓库示意图

— 213 —

夹"Store"作为系统根目录，新建研究"RobocadStudy"保存到系统根目录中。

3. 模型文件的导入与转换

1）单击"文件→导入/导出→转换并插入 CAD 文件"命令。

2）添加转换文件，选择三维模型文件"WholeModel.jt"后，单击"打开"按钮。如图 5-6 所示，设置"基本类："为"资源"，"原型类："为"PmToolPrototype"，勾选复选项"插入组件""创建整体式 JT 文件"，选中"用于每个子装配"单选按钮。

图5-5 准备文件

图5-6 文件转换设置

3）开启模型的转换与导入进程，导入完成后的模型如图 5-7 所示。

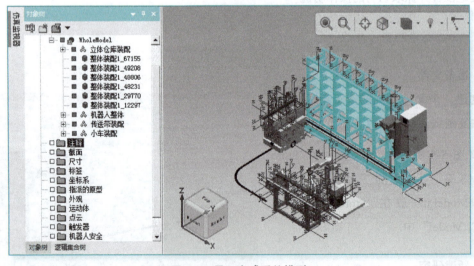

图5-7 导入完成后的模型

5.2.3 码垛机运动学编辑

1. 资源与零件的编辑

（1）资源的编辑

1）设置"建模范围",使WholeModel为可编辑状态。如图5-7所示,先选中"WholeModel",然后单击主菜单"建模→范围→设置建模范围"命令,在WholeModel前即可出现红色"M"图标,表明该模型已进入可编辑状态。

2）编辑资源。在图5-7中,只保留"资源→WholeModel"下的"立体仓库装配"资源,删除其他资源（在"对象树"浏览器中,单击鼠标选中后按<Delete>键；或者选中后单击鼠标右键,在弹出的快捷菜单中单击"删除"命令）,最终效果如图5-8所示。

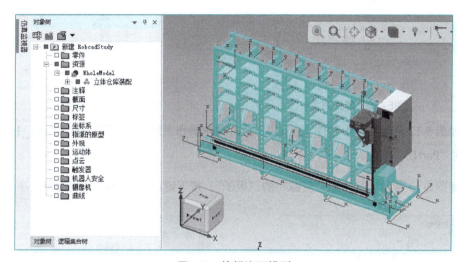

图5-8 编辑资源模型

（2）零件的编辑 在图5-7中,由于在导入与转换文件时,整个文件作为一个整体以"资源"的方式导入到PS环境中,没有导入零件,因此,这里需要对导入的模型进行重新归类,把高架仓库上的物料板重新调整为零件。操作步骤如下：

1）在图5-8左边的"对象树"浏览器中选中"零件",单击主菜单"建模→组件→新建零件"命令,即可弹出"新建零件"对话框,如图5-9所示。在该对话框中选择要创建的零件类型为"PartPrototype",然后单击"确定"按钮,即可在"零件"中创建一个名为"PartPrototype"的零件。

图5-9 新建零件

2）选中新建零件"PartPrototype",按下快捷键<F2>,把该零件更名为"Part1",如图5-10所示。

3）剪切资源中的"板子",再复制到零件中,完成"资源"到"零件"的转化,具体步骤如下：

① 如图 5-11 所示，选中"资源→立体仓库装配→板子_14198"，执行剪切操作。

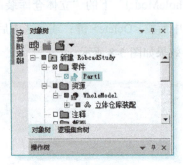

图5-10 零件更名

图5-11 剪切资源

② 如图 5-12 所示，选中零件"Part1"，执行粘贴操作，即可把资源中的"板子_14198"转变成零件"Part1"。

③ 如图 5-13 所示，选中原"资源"的"板子"，按下键盘 <Delete> 键删除剩余项。

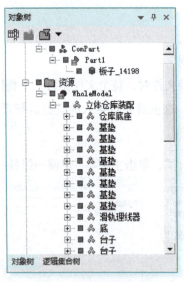

图5-12 粘贴为零件

图5-13 删除资源的剩余项

4）创建复合资源。

① 如图 5-14 所示，选中"对象树"浏览器中的"零件"，单击主菜单"建模→组件→创建

复合零件"命令,即可在"零件"下出现一个"复合零件1"。

② 更名复合零件为"ComPart"。把零件"Part1"拖入到复合零件"ComPart"中如图 5-15 所示。

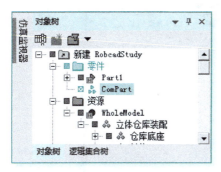
图5-14 创建复合零件

图5-15 更名复合零件

③ 按照上述操作,创建其余零件,最终都拖入复合零件"ComPart"中去,如图 5-16 所示。

④ 保存零件模型。

a)在图 5-16 中,选中所有零件(先选中第一个零件"Part1",再按住 <Shift> 键单击最后一个零件),然后在主菜单"建模"菜单下单击"结束建模"按钮,弹出图 5-17 所示的对话框。

b)在图 5-17 中,选中系统根目录"Store",单击"新建文件夹(M)"按钮,在"Store"下建立子目录"Part"。

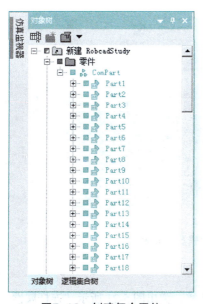
图5-16 创建复合零件

图5-17 保存零件模型

c)选中子文件夹"Part",单击"确定"按钮,把所有零件模型都存放在子文件夹"Part"

下,模型存放效果如图 5-18 所示。

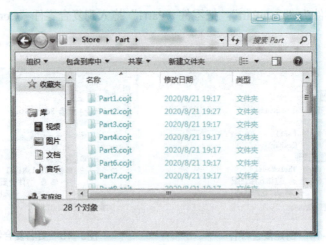

图5-18 保存零件模型

2. 运动学编辑

(1) 连杆的设置

1)如图 5-19 所示,选中"资源→WholeModel",单击主菜单"建模→运动学设备→运动学编辑器"命令,弹出图 5-20 所示的"运动学编辑器"对话框。

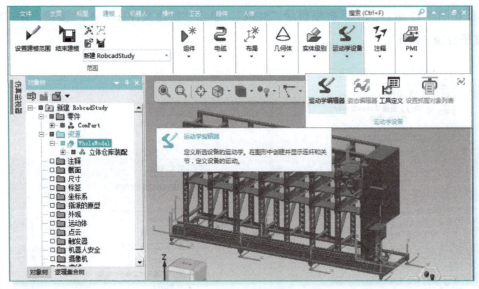

图5-19 "运动学编辑器"命令

2)设置 Base 连杆。

①在图 5-20 中,单击右上角"创建连杆"按钮,弹出图 5-21 所示"连杆属性"对话框。

②在图 5-21 中,命名连杆为"Base",并设置高架仓库的所有不动件为"连杆单元:",单

击"确定"按钮,完成Base连杆的设置。

图5-20 运动学编辑器

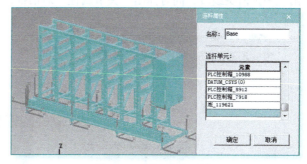

图5-21 设置Base连杆

3）按照同样的操作，设置其他连杆。

① 设置高架仓库的水平移动杆件"X"，如图5-22所示。

② 设置垂直移动杆件"Z"，如图5-23所示。

图5-22 设置X连杆

图5-23 设置Z连杆

③ 设置前后进出的货盘为移动杆件"Y"，如图5-24所示。

高架仓库杆件设置完成，如图5-25所示。

图5-24 设置Y连杆

图5-25 全部连杆

（2）连杆关节的运动编辑

1）如图 5-26 所示，单击"Base"杆件，拖动到"X"杆件上，即在"Base"与"X"之间出现一条箭头线段，同时弹出"关节属性"对话框，如图 5-27 所示。

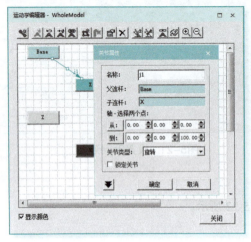
图5-26 关节j1属性框

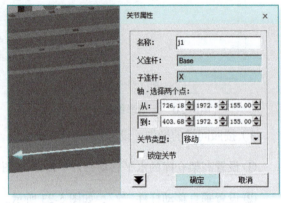
图5-27 设置关节j1运动属性

2）在"关节属性"对话框中，先单击"从："按钮，再选择"Base"杆件上与"X"运动方向一致的组件边线上的一点，作为"从"方向点；然后在该边线上选取另外一点作为"到"方向点；设置"关节类型："为"移动"。上述设置完成之后，就会在"从"与"到"之间出现一个图示的带箭头的水平线来指示 X 轴的运动方向，最后单击"确定"按钮。

3）如图 5-28 所示，依照类似操作，建立杆件"X"与"Z"之间的关节运动"j2"：在垂直方向上选取杆件上的两个点作为"从""到"点，设置"关节类型"为"移动"，单击"确定"按钮。

4）如图 5-29 所示，建立杆件"Z"与"Y"之间的关节运动"j3"，运动方向为托板的进出方向，"关节类型"为"移动"，单击"确定"按钮。

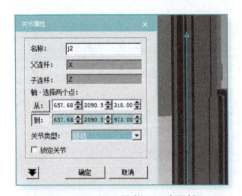
图5-28 设置关节j2运动属性

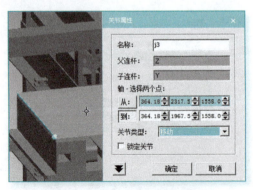
图5-29 设置关节j3运动属性

5）三个关节的运动学属性设置完毕的效果如图 5-30 所示。单击"关闭"按钮，即完成了高架仓库的运动学设置。

6）如图 5-31 所示，选中"WholeModel"，单击鼠标右键，在弹出的快捷菜单中单击"关节调整"命令，弹出图 5-32 所示的"关节调整"对话框。

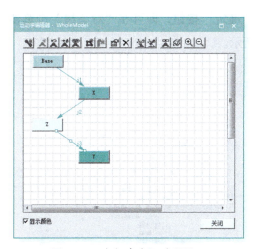
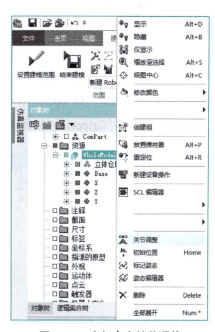

图5-30　高架仓库运动学设置　　　图5-31　高架仓库关节调整

7）在图 5-32 中，分别改变 j1、j2、j3 轴的关节数值，查看堆机的运动情况。最后单击"重置"按钮，恢复其原来的位置，再单击"关闭"按钮。

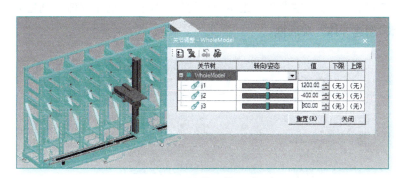

图5-32　"关节调整"对话框

5.2.4　抓握机构的编辑

1. 新建抓握资源

1）如图 5-33 所示，在"对象树"浏览器中单击选中"资源"，单击主菜单"建模→组件→新建资源"命令，弹出图 5-34 所示的"新建资源"对话框。

图5-33 "新建资源"命令

2）在图5-34中，选中"Gripper"后单击"确定"按钮，即可在"对象树"浏览器中的"资源"下创建一个抓手"Gripper"，如图5-35所示。

图5-34 选中抓手类型

图5-35 创建抓手

2. 设置抓握实体

1）如图5-36所示，单击主菜单"建模→几何体→实体→创建方体→创建方体"命令，弹出图5-37所示"创建方体"对话框。

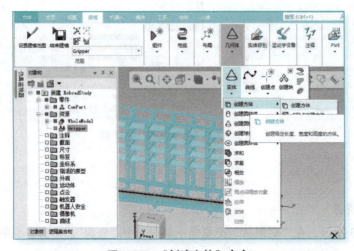

图5-36 "创建方体"命令

2）在该对话框中，设置方体的长、宽、高均为 50mm，单击"确定"按钮，即可创建一方块实体，如图 5-38 所示。

3）在图 5-38 中，选中"Gripper"下的"box1"，单击"重定位"按钮，弹出图中的"重定位"对话框。在"重定位"对话框中，设置"从坐标"为"几何中心"。

图5-37　设置方体参数　　　　　　图5-38　重定位抓手

4）在图 5-38 中，单击"到坐标系："行后面的按钮▼，在弹出的下拉菜单中单击"2 点定坐标系"命令，弹出图 5-39 所示的"2 点定坐标系"对话框。

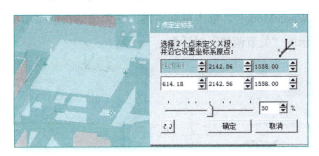

图5-39　设定重定位坐标系

5）在图 5-39 中，捕捉"活动板"两侧边线的中点建立两点之间的坐标系，且出现一个带箭头的直线来指示"box1"的移动方向，如图 5-40 所示。在图 5-40 中，单击"应用"按钮，抓手"box1"就被移动到"活动板"的中间，如图 5-41 所示。

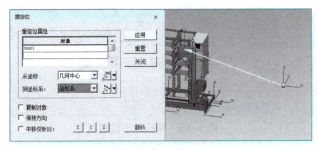

图5-40　抓手重定位坐标　　　　　　图5-41　抓手重定位位置

3. 把抓手"box1"附着在"活动板"上

1）如图5-42所示，选中"Gripper"，单击主菜单"主页→工具→附件→附加"命令，弹出图5-43所示的"附加"对话框。

2）在图5-43中，选择"到对象："为"Y"，单击"确定"按钮，即可把抓手附着在"活动板"上。

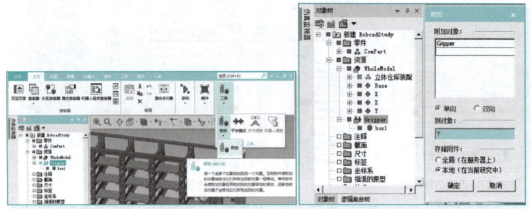

图5-42 抓手附着到活动板命令　　　　　图5-43 附着抓手

3）查看抓手是否已经附着在"活动板"上，可通过高架仓库的关节调整来完成。如图5-44所示。选中"WholeModel"，单击鼠标右键，在弹出的快捷菜单中单击"关节调整"命令，即弹出图5-45所示的"关节调整"对话框。

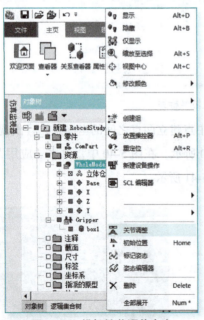
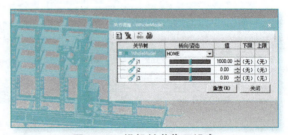

图5-44 垛机关节调整命令　　　　　图5-45 垛机关节位置设定

更改j1~j3轴的位置，就能看到抓手"Gripper"上的"box1"会随着垛机一起运动，即完成了"Gripper"附着在"活动板"上的操作。最后单击"重置"按钮,让垛机回到初始位置。

4. 抓手机构的运动学编辑

1)建立坐标系。选中"Gripper",单击主菜单"建模→布局→创建坐标系→在2点之间创建坐标系"命令,在弹出的对话框(图5-46)中选择方块两边线的中点,创建两点之间的坐标系点"fr1"。

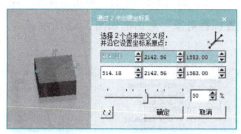

图5-46 建立坐标系

2)如图5-47所示,单击主菜单"建模→运动学设备→工具定义"命令,弹出图5-48所示的"工具定义"信息框,单击"确定"按钮,即可出现图5-49所示的"工具定义"对话框。

图5-47 执行工具定义命令

3)在图5-49中,设置"工具类"为"握爪","TCP坐标"为"fr1",设置"基准坐标"为"活动板_7544","抓握实体":为"box1",单击"确定"按钮,完成Gripper抓手工具定义,结果如图5-50所示。

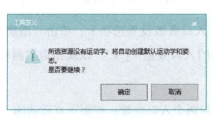

图5-48 信息提示

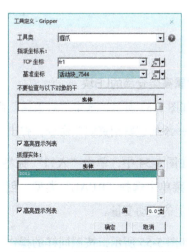

图5-49 "工具定义"对话框

5. 设置抓握对象

1）如图 5-51 所示，单击主菜单"建模→运动学设备→设置抓握对象列表"命令，弹出"设置抓握对象"对话框如图 5-52 所示。

图5-50　工具定义　　　　　图5-51　"设置抓握对象列表"命令

2）在图 5-52 中，选中"定义的对象列表："单选按钮，然后在列表中选择对象为 Part1~Part28，单击"确定"按钮，即可完成抓握对象的设置。

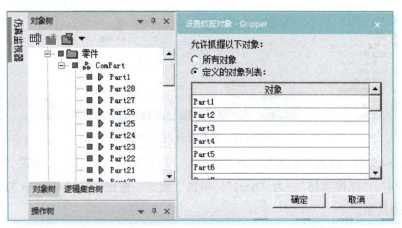

图5-52　抓握对象列表

5.2.5　CEE模式下的运行仿真

1. 编辑高架仓库的LB块

1）如图 5-53 所示，选中"对象树"浏览器"资源"下的"WholeModel"，单击主菜单"控件→资源→添加逻辑到资源"命令，弹出图 5-54 所示"资源逻辑行为编辑器"对话框。

2）在图 5-54 中，单击"入口"标签，切换到入口参数设置选项卡。单击"添加"按钮，在弹出的菜单中选择"REAL"类型，创建实型数的入口变量"j_x"，以此作为控制垛机在 X 水平方向上的运动变量。

3）如图 5-55 所示，按照同样的操作，依次创建两个入口变量：控制垂直运动的"j_z"变量和进出运动的"j_y"变量。

图5-53 添加逻辑到资源

图5-54 资源逻辑行为编辑器

4）在图5-55中，为变量j_x添加外部连接信号；如图5-56所示，单击"创建信号"按钮，在弹出的下拉菜单中单击"Output"，即可创建外部连接信号"WholeModel_j_x"，如图5-57所示。

图5-55 添加入口变量

图5-56 添加输出信号

5）按照相同的操作，依次创建变量"j_z"、变量"j_y"的连接信号分别为"WholeModel_j_z"和"WholeModel_j_y"。

6）如图5-58所示，单击"操作"选项卡之后，在选项卡中再单击"添加"按钮，在弹出的菜单中单击"移动关节到值"命令，即可添加关节操作"mjv_action1"，如图5-59所示。

7）关节的移动设置。在图5-59中，"值表达式"表示发生该移动操作的条件，为"真"时就满足运动条件；"关节值表达式"表示移动的距离；"目标速度表达式""加速度表达式"和"减速度表达式"分别表示运动速度、加速度与减速度的数值。它们的数值设置如下：

① 如图5-60所示，设置"值表达式"为1，代表永远为"真"。

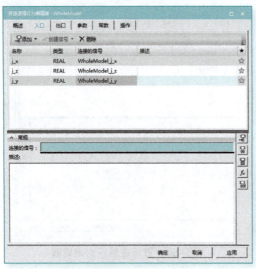
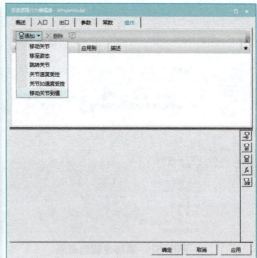

图5-57 输出的外部连接信号　　　　　　图5-58 添加关节操作

② 如图 5-60 所示，设置"关节值表达式"时，可先单击右边"入口"按钮，弹出图示可用的"入口变量"列表，用鼠标拖拽"j_x"到"关节值表达式"编辑窗口中即可。这表示关节移动的距离等于入口变量"j_x"的数值。

图5-59 关节操作　　　　　　图5-60 设置j1关节轴

③ 设置"目标速度表达式"为"1000"，尽可能快地让关节 j1 轴运动到 j_x 值所指的位置。

④ 分别设置"加速度表达式"为"500"，"减速度表达式"为"500"。最终结果如图 5-60 所示。

⑤ 按照同样的操作，分别设置 j2 轴与 j3 轴的关节操作如图 5-61、图 5-62 所示。最后单击"确定"按钮回到主界面中，完成高架仓库资源逻辑行为的编辑。

高架仓库智能元件操作建模 项目5

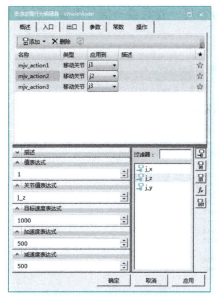

图5-61 关节j2轴的操作

图5-62 关节j3轴的操作

2. 设置高架仓库CEE信号

操作步骤如下：

1）如图5-63所示，在主界面空白位置处单击鼠标右键，在弹出的快捷菜单中单击"选项"命令，弹出图5-64所示的"选项"对话框；或者直接使用快捷键<F2>，也能弹出该对话框。

2）在图5-64中，选择左侧的"PLC"选项，再选中右侧的"CEE（周期事件评估）"单选按钮，然后单击"确定"按钮，关闭该对话框，即可完成CEE设置。

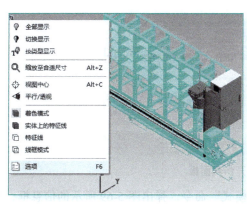

图5-63 执行"选项"命令

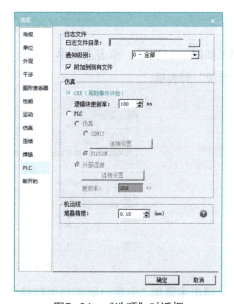

图5-64 "选项"对话框

3）如图5-65所示，单击主菜单"视图→屏幕布局→查看器→信号查看器"命令，打开图5-66所示的"信号查看器"对话框。

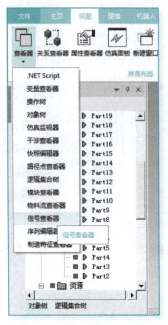

图5-65 打开信号查看器

图5-66 信号查看器

4）如图5-67所示，单击主菜单"视图→屏幕布局→仿真面板"命令，弹出图5-68所示的"仿真面板"列表框。

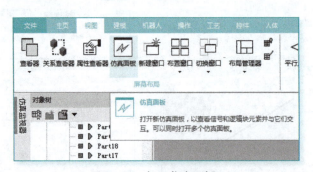

图5-67 打开仿真面板

5）单击主菜单"主页→研究→生产线仿真模式"命令，弹出图5-69所示的信息框，单击"是（Y）"按钮，即可进入到"生产线仿真模式"。

高架仓库智能元件操作建模 项目5

图5-68 仿真面板　　　　　　　　图5-69 切换研究模式提示

6）如图5-70所示，选中"信号查看器"对话框中的三个外部连接信号，在"仿真面板"对话框中单击"添加信号到查看器"按钮，即可把外部连接信号添加到"仿真面板"中。

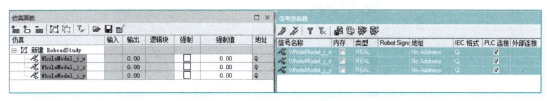

图5-70 添加信号到仿真面板

7）如图5-71所示，在"序列编辑器"中，单击"正向播放仿真"按钮▶，然后改变"仿真面板"中三个外部连接信号的数值，查看高架仓库码垛机的运动效果。

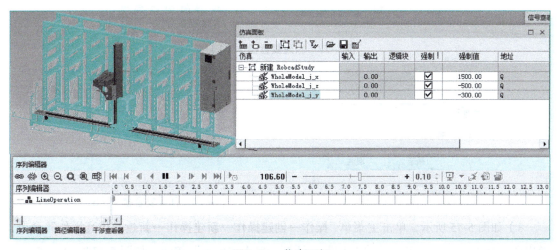

图5-71 仿真运行

可以看出，j1~j3轴能够跟随给定数据的变化而运动。查看之后单击"暂停仿真"按钮Ⅱ，然后再单击"将仿真跳转到起点"按钮◀◀即可。

3. 创建仓库物料抓取操作

1）单击主菜单"主页→研究→标准模式"按钮，返回到标准模式。

2）如图5-72所示，单击主菜单"操作→创建操作→新建操作→新建复合操作"命令，弹出图5-73所示的"新建复合操作"对话框，使用图示设置，单击"确定"按钮，可在"操作树"浏览器中创建一个名为"CompOp"的复合操作，如图5-74所示。

— 231 —

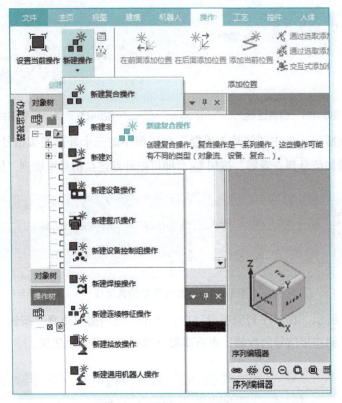

图5-72 新建复合操作(1)

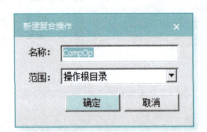

图5-73 创建复合操作(2)

图5-74 创建复合操作(3)

3)如图5-75所示,单击主菜单"操作→创建操作→新建操作→新建非仿真操作"命令,弹出图5-76所示的"新建非仿真操作"对话框。单击"确定"按钮。如图5-77所示,在"操作树"浏览器中即可看到名为"Op"的非仿真操作。

4)选中"Op",按下快捷键<F2>,把非仿真操作"Op"重命名为"Start"。

5)最后把"Start"拖入到复合操作"CompOp"中。

6)按照同样的操作,添加第二个非仿真操作"Create_M",并拖入到复合操作"CompOp"中。

7)如图5-78所示,在"操作树"浏览器中选中"Create_M",单击鼠标右键,在弹出的快捷菜单中单击"操作属性"命令,弹出图5-79所示的"属性"对话框。

8)在图5-79中,单击"属性"对话框的"产品"选项卡,再单击"产品实例"列表的第一空白行,然后选中"对象树"浏览器中的所有零件,把"Part1"~"Part28"选入"产品实例"列表中。单击"确定"按钮。

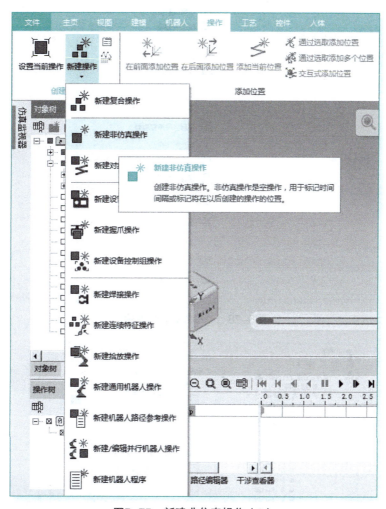

图5-75 新建非仿真操作(1)

图5-76 新建非仿真操作(2)

图5-77 新建非仿真操作(3)

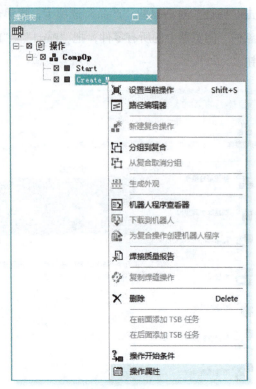

图5-78 "操作属性"命令

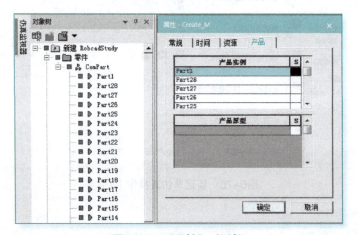

图5-79 "属性"对话框

通过上述设置，操作"Create_M"就能够生成高架仓库上的所有零件。但零件的生成需要信号来触发，信号设置参看后面的操作。

9）如图5-80所示，单击主菜单"操作→创建操作→新建操作→新建握爪操作"命令，弹出图5-81所示的"新建握爪操作"对话框。设置该操作"名称："为"Pick"，"握爪："为抓手"Gripper"，"执行以下操作"为"抓握对象"，"目标姿态："为"HOME"，其他为默认，单击"确定"按钮。

图5-80 "新建握爪操作"命令

10）按照同样操作再建一个名为"Drop"的握爪操作，如图5-82所示，设置"执行以下操作"为"释放对象"，单击"确定"按钮。

图5-81 抓取操作

图5-82 放置操作

11)创建第三个非仿真操作"KeepAlive"。

12)依次把新建的操作"Pick""Drop"和"KeepAlive"拖入到复合操作"CompOp"中。

4. 创建信号及逻辑资源

(1)创建起始信号

1)如图 5-83 所示,在主菜单"视图"菜单下单击"查看器→信号查看器"命令,即弹出图 5-84 所示的"信号查看器"信号列表。

2)创建控制物料生成操作的控制信号。

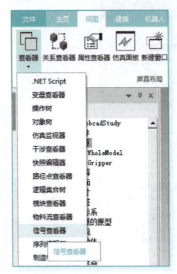

图5-83 打开信号查看器

图5-84 "信号查看器"列表

① 选中"操作树"浏览器中的"Create_M"。

② 如图 5-85 所示,单击主菜单"控件→操作信号→创建非仿真起始信号"命令,即可在信号查看器中生成一信号"Create_M_start",如图 5-86 所示。设置该变量的作用是:当该信号为"TRUE"时,就会生成物料。

图5-85 创建非仿真起始信号

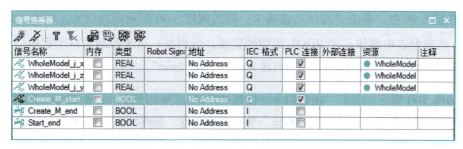

图5-86 非仿真起始信号

③ 按照类似操作，单击主菜单"控件→操作信号→创建设备起始信号"命令，创建 Pick 起始信号"Pick_start"，以及 Drop 操作起始信号"Drop_start"。创建的所有起始信号如图 5-87 所示。

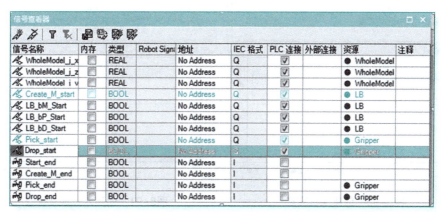

图5-87 所有起始信号

（2）创建逻辑资源

1）如图 5-88 所示，单击主菜单"控件→资源→创建逻辑资源"命令，弹出图 5-89 所示的"资源逻辑行为编辑器"对话框。

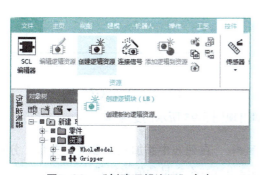

图5-88 "创建逻辑资源"命令

图5-89 "资源逻辑行为编辑器"对话框

2）在图5-89中，单击"入口"选项卡，即出现图5-90所示的选项卡。单击"添加"按钮 ，先向列表中添加三个BOOL类型的变量，分别是：用于控制物料生成的信号"bM_Start"、物料抓取信号"bP_Start"和物料放置信号"bD_Start"。

3）如图5-91所示，单击"创建信号"按钮 ，为上述信号创建Output类型的输出信号，用于与外部设备对应的输出信号相连，使用默认名称，最终如图5-92所示。

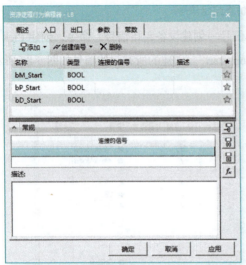
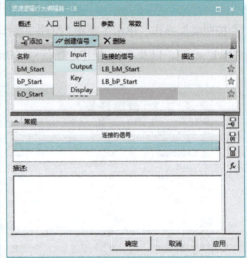

图5-90 创建入口变量　　　　　图5-91 创建入口连接信号

4）以上三个变量设置完成之后，再设置三个变量：分别为用于连接物料生成完成的信号"bM_End"、物料抓取完成的信号"bP_End"以及物料放置完成的信号"bD_End"。

5）如图5-93所示，分别从"信号查看器"中选择"Start_end"作为"bM_End"的"连接的信号"，"Pick_end"和"Drop_End"作为"bD_End"的"连接的信号"，最终效果如图5-94所示。

（3）创建外部设备的输出信号

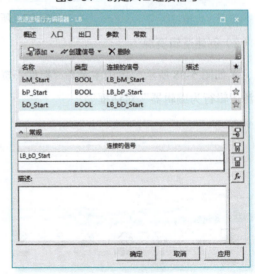

图5-92 入口连接信号

1）在图5-94中，单击"出口"选项卡，即出现图5-95所示的选项卡。

2）在图5-95中，通过单击"添加"按钮 ，在列表中添加三个BOOL变量，分别命名为"MStart""PStart"和"DStart"，然后分别给出这三个变量的值表达式。

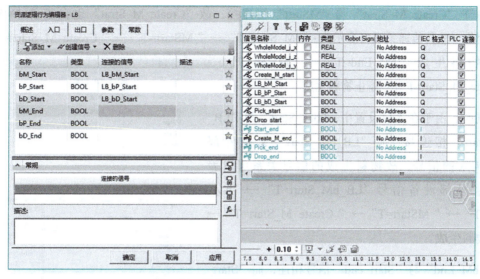

图5-93 设置操作完成的连接信号

3）以"MStart"为例，其操作过程如下：

① 设置"连接的信号"。在图5-95中，先选中信号"MStart"，然后单击"连接的信号"的空白处，使之变为绿色，再单击"信号查看器"中的变量"Create_M_start"，即可把该变量选入"连接的信号"中。

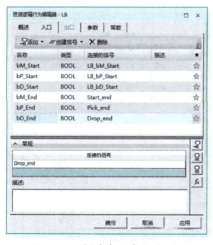

图5-94 创建出口变量（1）　　　　图5-95 创建出口变量（2）

② 设置"值表达式"。如图5-96所示，设置信号"MStart"的"值表达式"：单击"入口"按钮，即在窗口的右下角弹出变量列表，在"值表达式"编辑框处输入"置位/复位"指令"SR"，编辑"值表达式"为"SR(bM_Start，bM_End)"，从而完成出口变量"MStart"的设置。其含义是：当"bM_Start"为"T"时，就让变量"MStart"置位为"T"；当"bM_End"为"T"时，就让变量"MStart"复位为"F"。

由于"Create_M_Strat"与"MStart"相连接，故"Create_M_Strat"也会随着"MStart"的值变化。故其传递关系可表示为："bM_Start=T"→"MStart=T"→"Create_M_Start=T"→启动物料生成，"bM_End=T"→"MStart=F"→"Create_M_Start=F"→停止物料生成。

同时，由于在入口设置中，"bM_Start"与"LB_bM_Start"相连接，而"LB_bM_Start"又是外部设备传入的信号，故物料生成的信号关系可以表述为：外部设备信号"LB_bM_Start=T"→"bM_Start=T"→"MStart=T"→"Create_M_Start=T"→启动物料生成。

"bM_End"与"Start_end"信号相连，而"Start_end"又是物料生成完毕的信号，故当物料生成后，就停止物料的继续生成。停止物料生成的信号关系可以表述为：物料生成完毕信号"Start_end=T"→"bM_End=T"→"MStart=F"→"Create_M_Start=F"→停止物料生成。

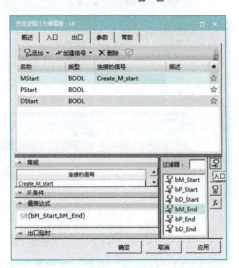

图5-96 设置"MStart"信号

4）按照上述操作，分别设置"PStart"信号与"DStart"信号如图5-97、图5-98所示。

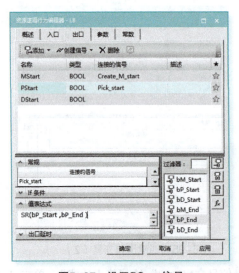 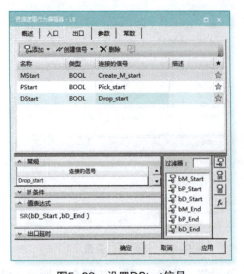

图5-97 设置PStart信号　　　　图5-98 设置DStart信号

① 抓取物料的信号关系可以表述为：外部设备信号"LB_bP_Start=T"→"bP_Start=T"→"PStart=T"→"Pick_start=T"→爪手抓取物料，抓取完毕信号"Pick_end=T"→"bP_End=T"→"PStart=F"→"Pick_start=F"→爪手抓取物料。

② 放置物料的信号关系可以表述为：外部设备信号"LB_bD_Start=T"→"bD_

Start=T"→"DStart=T"→"Drop_start=T"→开始爪手抓取物料，放置完毕信号"Drop_end=T"→"bD_End=T"→"DStart=F"→"Drop_start =F"→停止爪手抓取物料。

通过以上操作，就完成了信号与逻辑资源的创建过程。

5. 创建物料流

创建物料流链接，它表述了物料从"生成"到"消失"整个走向流程，即从哪里产生、中间经历了那些操作环节以及最后又到哪里消失等。创建物料流的步骤如下：

1）如图 5-99 所示，单击主菜单"主页→研究→生产线仿真模式"命令，让模型环境切换到"生产线仿真模式"。

图5-99 切换到生产线仿真模式

2）如图 5-100 所示，在主菜单"主页"菜单下单击"查看器→物料流查看器"命令，弹出图 5-101 所示的"物料流查看器"对话框。

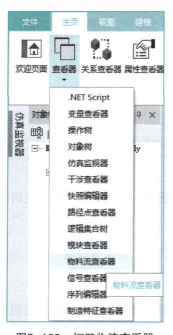

图5-100 打开物流查看器

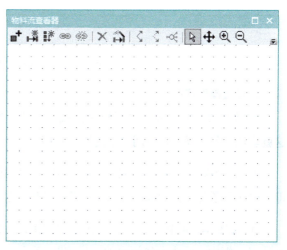

图5-101 "物料流查看器"对话框

3）如图 5-102 所示，把与物料相关的操作从"操作树"浏览器中拖拽到"物料流查看器"中。

4）在图 5-102 中，单击"物料流查看器"左上角的"新建物料流连接"按钮，然后单击选中"物料流查看器"中的"Create_M"模块，拖动到"Pick"模块，建立二者之间物料流方向的链接。

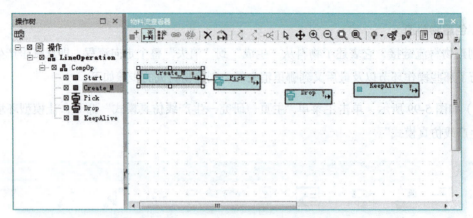

图5-102　拖拽物料操作到物料流查看器

5）依次从左到右建立每个操作之间的链接。

6）单击对话框中的"布局→水平"按钮 使其按照水平方向排列，最终效果如图 5-103 所示。创建完毕关闭，该窗口即可。

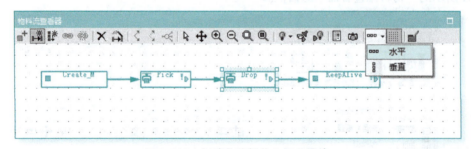

图5-103　创建物流操作之间的链接

6. 设置操作序列

1）如图 5-104 所示，通过鼠标拖拽，在"序列编辑器"中建立各个操作之间的链接关系，这就表述了各个操作在时间轴上的操作顺序。

2）各个操作之间除了需要设置"操作"序列链接之外，还需要设置它们之间的切换条件，即"过渡"条件。设置操作之间"过渡"条件的过程如下：

① 在图 5-104 中，单击"定制列"按钮，即可弹出图 5-105 所示的"定制列"对话框。在该对话框中，选中左侧栏中的"过渡"，单击中间的">"按钮，即可把"过渡"移动到右侧栏中，最后单击"确定"按钮即可。

② 如图 5-106 所示，拉开前面的隔离条，即可看到新添加的"过渡"栏目。

高架仓库智能元件操作建模 项目5

图5-104 建立操作间的链接

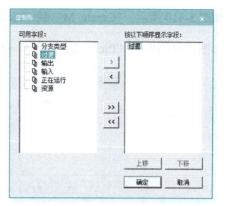

图5-105 增添"过渡"栏（1）

③ 双击"Start"行的"过渡"条件按钮 ↕，即可弹出"过渡编辑器"对话框，如图5-107所示。

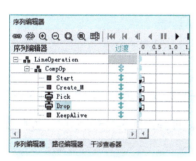

图5-106 增添"过渡"栏（2）

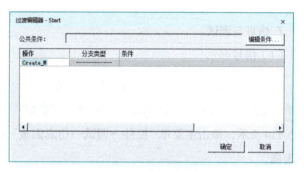

图5-107 编辑过渡条件

④ 在图5-107中，可以编辑从操作"Start"过渡到"Create_M"的条件。

a）单击右上角"编辑条件..."按钮，即可弹出图5-108所示的对话框，输入"RE(LB_bM_Start)"，单击"确定"按钮返回；如图5-109所示，在"过渡编辑器"中的"公共条件"中增加了"RE(LB_bM_Start)"，"操作"中也指明了下一个操作为"Create_M"。

图5-108 输入过渡条件

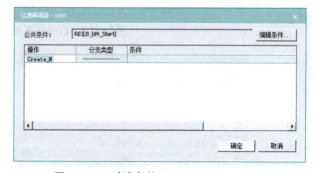

图5-109 过渡条件"Start→Create_M"

b）单击"确定"按钮，即可完成操作"Start"到"Create_M"之间的过渡编辑。

⑤ 按照上述方法，依次建立如下过渡条件：

a）如图 5-110 所示，"Create_M"到"Pick"过渡条件为"RE(LB_bP_Start)"。

b）如图 5-111 所示，"Pick"到"Drop"过渡条件为"RE(LB_bD_Start)"。

图5-110　过渡条件"Create_M→Pick"　　图5-111　过渡条件"Pick→Drop"

c）如图 5-112 所示，"Drop"到"KeepAlive"之间的过渡条件为"RE(LB_bM_Start)"。

7. 仿真与调试

（1）信号显示

1）打开仿真面板。如图 5-113 所示，单击主菜单"视图→屏幕布局→仿真面板"命令；或者如图 5-114 所示，单击主菜单"控件→调试→仿真面板"命令。即弹出图 5-115 所示的"仿真面板"列表框。

图5-112　过渡条件"Drop→KeepAlive"

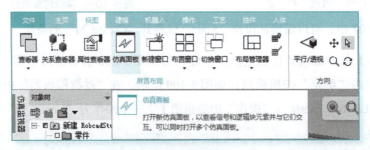

图5-113　打开仿真面板（1）

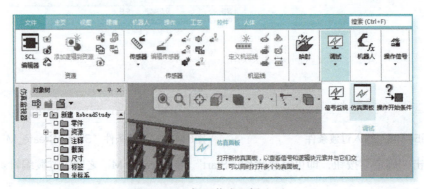

图5-114　打开仿真面板（2）

图5-115 仿真面板列表框

2）把仿真调试需要的变量加入到"仿真面板"列表中，操作过程如下：如图5-116所示，在"信号查看器"中选中需要的变量，然后在图5-115中单击"添加信号到查看器"按钮，即可把所选变量添加到"仿真面板"中。图5-117显示为加入的变量列表。

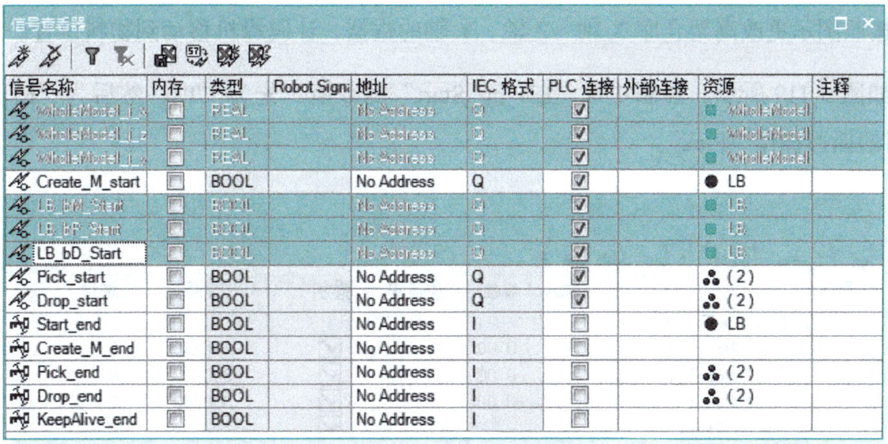

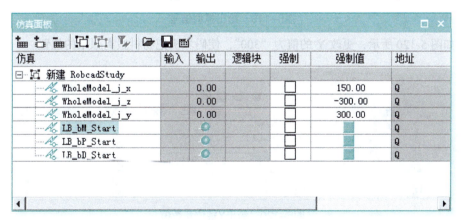

图5-116 选中所需要的变量

图5-117 添加变量到仿真面板

（2）变量设置与仿真运行

1）在"序列编辑器"中单击"正向播放仿真"按钮 ▶。

2）如图5-118所示，勾选所有行的"强制！"复选项。

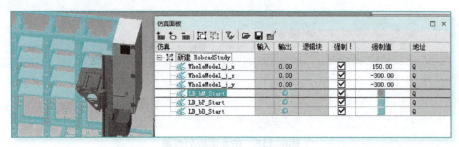

图5-118 给出变量数值

3）单击变量"LB_bM_Start"的"强制值"，使其置位为"T"，颜色由红色变为绿色。此时，高架仓库上就会生成物料。然后通过单击"强制值"复位"LB_bM_Start"的值为"F"，颜色由绿色变为红色，从而完成物料的生成操作"Create_M"。

4）按照图示更改高架仓库X轴、Z轴、Y轴的数据，让码垛机移动到物料位置。

5）如图5-119所示，强制更改"LB_bp_Start"的数值，先为"T"，然后为"F"，从而完成对物料的抓握操作"Pick"。

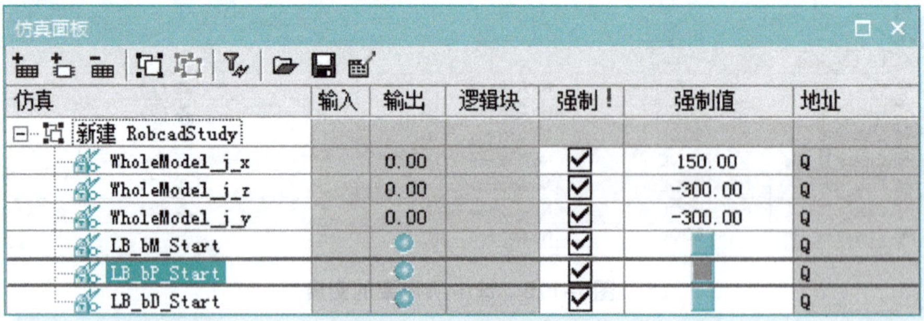

图5-119 给出抓握信号

6）如图5-120所示，更改Y的值为"300"，使码垛机把物料搬离原来的位置。

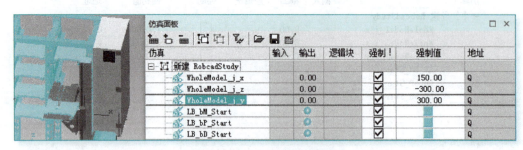

图5-120 给出Y轴位置数值

7）强制更改"LB_bD_Start"的数值，先为"T"，然后为"F"，从而完成对物料的放置操作"Drop"。

8）再次强制改变Y轴的数据为"-300"，让码垛机留下物料，回到上一个位置，仿真效果如图5-121所示。至此，就完成了高架仓库的建模设计与仿真过程。

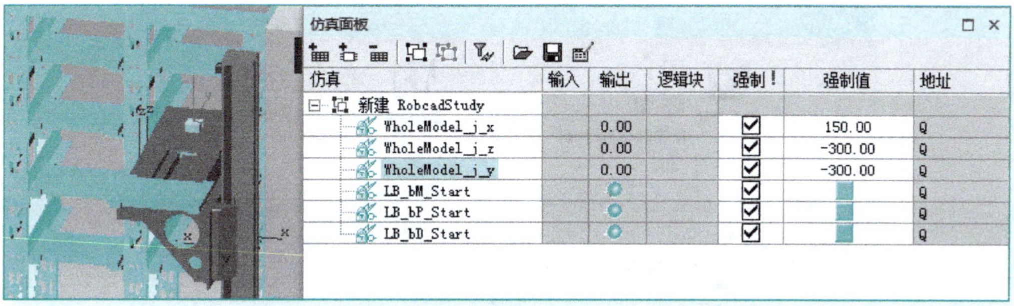

图5-121 放置物料仿真效果

5.3 知识拓展

5.3.1 逻辑块中的信号与参数

在逻辑块中,可以设置参数和信号,通过LB块的"参数"功能块设置传感器信号,并通过传感信号来判断智能元件的状态;在"输出"功能块中,通过信号来显示智能元件当前的状态。

创建C形焊枪的开、关状态,并使用参数与信号切换这些状态。具体操作步骤如下。

1. 打开研究模型

1)如图5-122所示,打开C形焊枪模型文件。

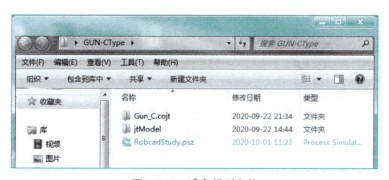

图5-122 准备模型文件

2)如图5-123所示,在打开的研究中,选中"对象树"浏览器中的焊枪资源"Gun_C",单击主菜单"建模→设置建模范围"命令,让焊枪处于可编辑状态。

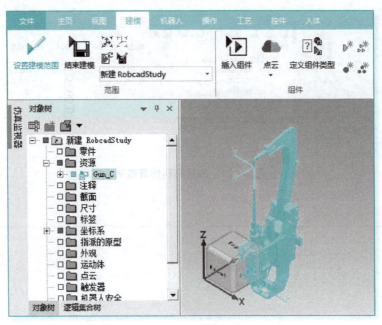

图5-123 设置建模范围

2. 编辑逻辑块

1)如图5-124所示,单击主菜单"控件→资源→添加逻辑到资源"命令,弹出图5-125所示的"资源逻辑行为编辑器"对话框。

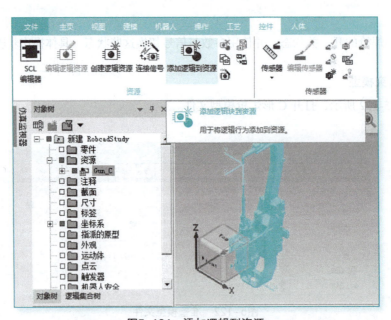

图5-124 添加逻辑到资源

2)在图5-125中,单击"入口"选项卡,添加布尔型变量输入"atHome"与"atSemiOpen"。然后单击"创建信号"按钮,在弹出的菜单中单击"Key",为两个输入信号创建连接信号，结果如图 5-126 所示。

图5-125 资源逻辑行为编辑器

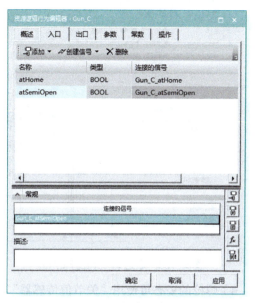

图5-126 创建连接信号

3）如图 5-127 所示，在"操作"功能块中，单击"添加"按钮，在弹出的菜单中单击"移至姿态"命令，连续添加两个操作动作，分别命名为"mtp_Home"与"mtp_SemiOPN"，如图 5-128 所示，分别设置其姿态为"HOME"与"SEM-OPEN"。这两个操作的含义分别是：让焊枪以初始姿态"HOME"（全开）与半开姿态"SEM-OPEN"的方式动作。

表达式"mtp_Home"如图 5-129 所示，表达式"mtp_SemiOPN"如图 5-130 所示。

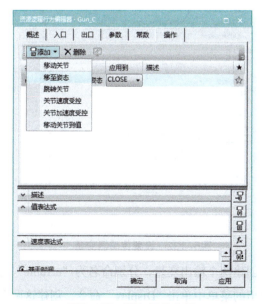

图5-127 添加操作变量

图5-128 设置姿态

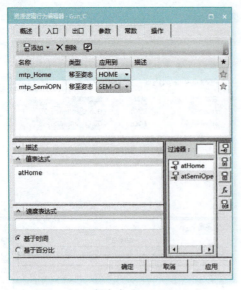

图5-129 表达式"mtp_Home"

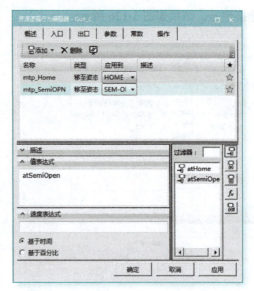

图5-130 表达式"mtp_SemiOPN"

4)焊枪的姿态可使用"关节值传感器"来检测。如图5-131所示,单击"参数"选项卡,单击"添加"按钮,在弹出菜单中单击"关节值传感器"命令,添加两个"关节值传感器",并分别更名为"jvs_atHome"与"jvs_atSemiOpen",分别设置其姿态"Pose"为"HOME"与"SEM-OPEN",类型均设置为范围Π,"传感器容差"设置为"-2.00"到"2.00",最终效果如图5-132所示。

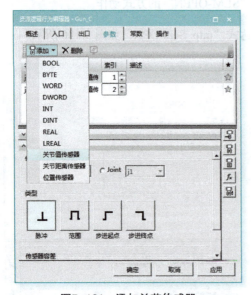

图5-131 添加关节传感器

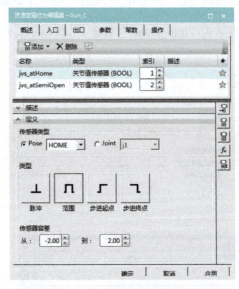

图5-132 设置传感器变量

5)如图5-133所示,单击"出口"选项卡,创建两个输出变量,分别命名为"eHome"与"eSemiOPN",然后单击"创建信号"按钮,在弹出的菜单中单击"Display"命令,创建这两个变量的连接信号,最终效果如图5-134所示。

高架仓库智能元件操作建模 | 项目5

图5-133 创建输出变量

图5-134 创建输出变量的连接信号

6）如图5-135所示，创建变量"eHome"的值表达式为输入变量"atHome"。

7）如图5-136所示，创建变量"eSemiOPN"的表达式为输入变量"atSemiOpen"。

图5-135 表达式"eHome"　　　　　图5-136 表达式"eSemiOPN"

最终的逻辑块设置效果如图5-137所示，单击"确定"即可完成逻辑块编辑。

3. 信号测试

1）单击主菜单"主页→研究→生产线仿真模式"命令，把仿真切换到生产线仿真模式。

图5-137 逻辑块设置效果

2）分别打开"信号查看器"与"仿真面板"，并把"信号查看器"中的信号加入到仿真面板中。

3）添加一个复合操作"CompOp"，最终效果如图5-138所示。

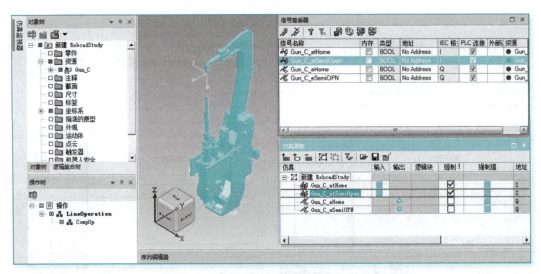

图5-138 信号查看

4）如图5-139所示，在"序列编辑器"中，单击工具的"正向播放运行"按钮▶，强制Key型变量"Gun_C_atHome"为"T"，焊枪就回到"HOME"全开姿态；同时Display型出口连接变量"GUN_C_eHome"也由"F"变为"T"。

5）如图5-140所示，强制Key型变量"Gun_C_atSemiOpen"为"T"，焊枪就转到"SEM-OPEN"半开姿态；同时Display型出口连接变量"GUN_C_eSemiOPN"也由"F"变为"T"。

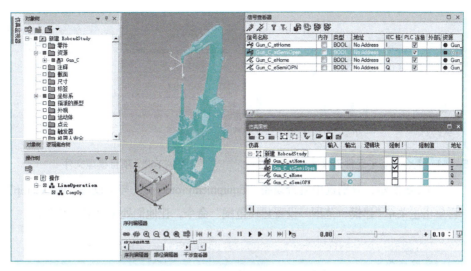

图5-139 触发"HOME"全开姿态

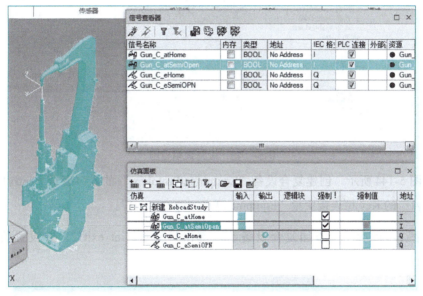

图5-140 触发"SEM-OPEN"半开姿态

5.3.2 复合设备LB块信号连接

复合设备在LB块中支持各个连接子元件信号与指令的连接。下面通过一个实例来介绍复合设备中的子元件信号连接。

如图5-141所示,建立复合元件的父节点与子节点之间的连接,要求子节点的输入对应着父节点的内部输出。

创建实例的步骤如下:

1)如图5-142所示打开研究。

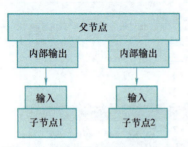

图5-141 复合设备子元件连接实例

图5-142 项目模型文件

2）如图 5-143 所示，分别选中复合设备"EquipmentPrototype"与子设备"left_clamp""right_clamp"，再单击主菜单"建模→范围→设置建模范围"命令，让他们处于可编辑状态。

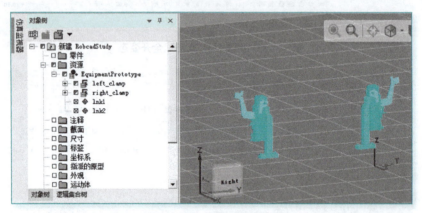

图5-143 设置建模范围

3）如图 5-144 所示，创建复合设备"EquipmentPrototype"的入口变量"entry1"，并设置变量"entry1"的 Key 型连接变量"EquipmentPrototype_entry1"。

4）如图 5-145 所示，添加复合设备的内部出口变量"int_exit1"，并设置值表达式为"entry1"。

图5-144 复合设备入口变量

图5-145 内部出口变量

5）如图 5-146 所示，打开"left_clamp"的逻辑块编辑器，单击右侧下方的"内部出口"按钮，设置入口变量"entry1"，并把父节点的内部出口变量"int_exit1"与之连接。

6）如图 5-147、图 5-148 所示，建立"left_clamp"的打开操作"mtp_Open"与关闭操作"mtp_Close"，按照图示给出这两个操作的"值表达式"。

图5-146　创建并连接入口变量　　　　　图5-147　创建打开动作

7）按照相同的操作，设置子设备"right_clamp"的 LB 块，最终结果如图 5-149~图 5-151 所示。

图5-148　创建关闭动作　　　　　图5-149　子设备"right_clamp"输入变量

8）如图 5-152 所示，把项目转换到"生产线仿真模式"下，建立一个空复合操作"CompOp"，然后单击"正向播放运行"按钮▶。

9）在图 5-152 中，打开"信号查看器"与"仿真面板"，把"信号查看器"中的变量加入到"仿真面板"中，强制信号为"T"，就可以看到两个子设备被同时打开。

图5-150 子设备打开操作　　　　图5-151 子设备关闭操作

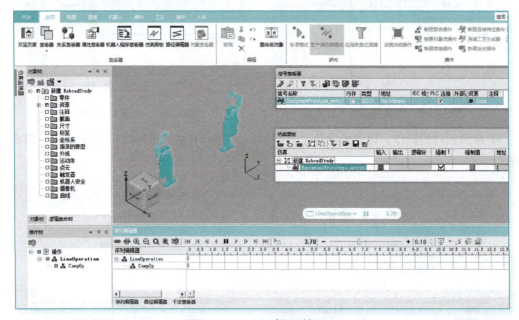

图5-152 子设备同时打开

10）如图5-153所示，在"仿真面板"中，强制信号为"F"，两个子设备就会同时关闭。

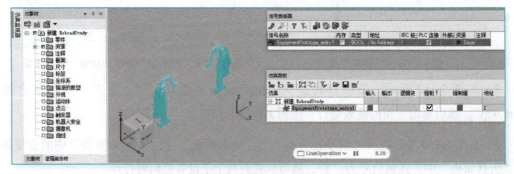

图5-153 子设备同时关闭

5.3.3 接近传感器与光电传感器

1. 接近传感器

接近传感器的作用是：当对象进入到接近传感器设定的距离范围内时，就会激活传感器。接近传感器没有原型，它仅以事例形式存在，不会显示在图形查看器中，也不会影响其资源对象的外观。

如图 5-154 所示，实例环境中已经存在一"对象流操作"，现要求在"对象流"的中间点附近设置一接近传感器，当物料靠近该位置时触发接近传感器信号。

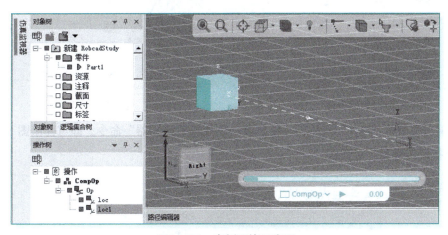

图5-154 实例环境示意图

操作步骤如下：

1）单击主菜单"建模→组件→新建资源"命令，即可弹出图 5-155 所示的"新建资源"对话框。

2）在图 5-155 中，按照图示选择节点类型后单击"确定"按钮，即可在"对象树"浏览器中创建一个资源，更名该资源为"Sensor"如图 5-156 所示。

图5-155 新建资源对话框

图5-156 新建资源更名

3）在"对象树"浏览器中选中"Sensor"，为"Sensor"添加一个实体：单击主菜单"建模→几何体→实体→创建方体→创建方体"命令，即可弹出图 5-157 所示的"创建方体"对话框。

4）按下快捷键 <Alt+P>，弹出"放置操控器"操作对话框，如图 5-158 所示，移动传感器资源到"对象流操作"中间的某个位置处。

图5-157 创建方体

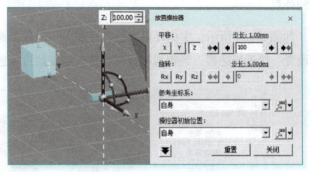

图5-158 移动传感器实体

5）单击主菜单"控件→传感器→传感器→创建接近传感器"命令，即可弹出图 5-159 所示的"创建接近传感器"对话框。

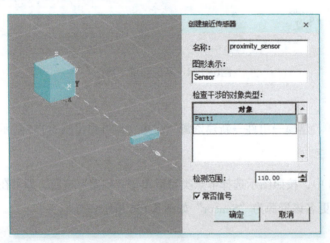

图5-159 创建接近传感器

6）在图 5-159 中，设置"图形表示："为资源"Sensor"，"检查干涉对象类型："为物料对象"Part1"，单击"确定"按钮，即可在"对象树"浏览器中产生一个接近传感器，如图 5-160 所示。

7）切换到生产线仿真模式：单击主菜单"主页→研究→生产线仿真模式"命令。

8）单击主菜单"主页→查看器→查看器→信号查看

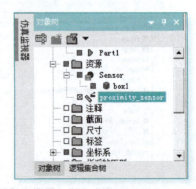

图5-160 接近传感器

器"命令，即可弹出"信号查看器"窗口，如图 5-161 所示，"接近传感器"信号"proximity_sensor"已经自动加入到了列表中。

图5-161 "信号查看器"列表

9）在图 5-161 中，单击工具栏上的"新建"按钮，即可弹出"新建"对话框，如图 5-162 所示。

10）在"新建"对话框中勾选"关键信号"复选项，单击"确定"按钮，即可在"信号查看器"中生成一个名为"关键信号"的布尔型信号，如图 5-163 所示。

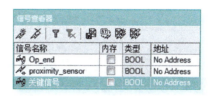

图5-162 "新建"对话框　　　　　　图5-163 新建关键信号

11）单击主菜单"主页→查看器→查看器→模块查看器"命令，即可弹出"模块查看器"对话框；如图 5-164 所示，在"模块查看器"中双击"Main"，弹出"模块编辑器"对话框。在"模块编辑器"对话框中单击工具栏上的"新建入口"按钮，即可弹出编辑器，在编辑器中设置"结果信号"为"信号查看器"中的"关键信号"，编辑区写入传感器信号"proximity_sensor"，然后单击"确定"按钮返回到"模块编辑器"中，如图 5-165 所示。

图5-164 编辑关键信号

12）图 5-165 中列出了信号之间的连接关系，即关键信号值 = proximity_sensor 信号值，单击"关闭"按钮返回，然后再关闭"模块查看器"即可。

13）单击主菜单"主页→查看器→仿真面板"命令，即可打开"仿真面板"如图5-166所示，把"信号查看器"中的"关键信号"与"proximity_sensor"添加到"仿真面板"中。

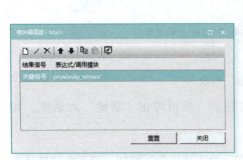

图5-165 "模块编辑器"窗口

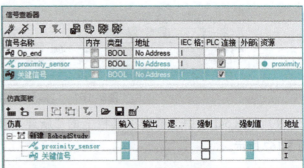

图5-166 仿真面板

14）在"序列编辑器"中单击"正向播放仿真"按钮▶，查看运行结果如图5-167所示：当物料靠近接近传感器时，仿真面板上的传感器信号与关键信号会同时为"T"（绿色）。

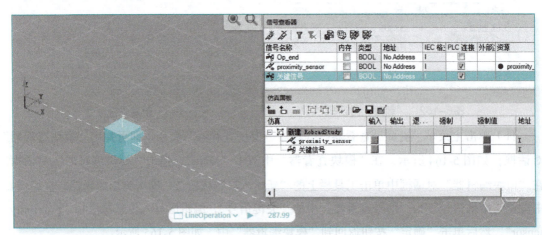

图5-167 仿真效果

2. 光电传感器

光电传感器能够发出一束光作为其探测范围，当移动物体穿越这束光的时候，就会触发光电传感器使其数值为"T"。光电传感器可以设置光束长度和宽度，以调整其探测范围。传感器在图形查看器中通常显示为透镜和黄色检测光束。

在上例的"对象流操作"的终点附近设置一个光电传感器，使物料经过该位置时触发光电传感器信号。操作步骤如下：

1）在上例的仿真环境中，单击主菜单"主页→研究→标准模式"命令，切换到"标准模式"下。

2）单击主菜单"控件→传感器→传感器→创建光电传感器"命令，弹出图5-168所示的

"创建光电传感器"对话框。设置检查干涉对象为物料"Part1",其他设置参照图示,然后单击"确定"按钮,即可在"对象树"浏览器中创建一个光电传感器"light_sensor",如图5-169所示。

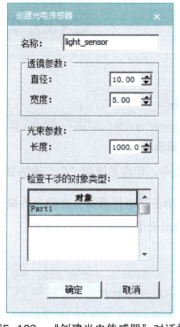

图5-168 "创建光电传感器"对话框

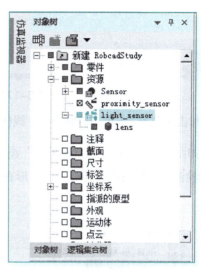

图5-169 光电传感器

3)按下快捷键<Alt+P>,弹出"放置操控器"对话框,如图5-170所示,移动光电传感器到图示位置,使黄色光束线扫过"对象流"轨迹。

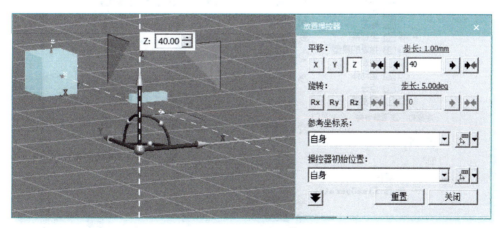

图5-170 放置光电传感器

4)在"信号查看器"中新建一个"关键信号",采用默认信号名为"关键信号1"。

5)如图5-171所示,在"模块编辑器"中设置信号之间的关系,即关键信号1= light_sensor。

图5-171 设置模块编辑器

6)单击主菜单"主页→研究→生产线仿真模式"命令,切换系统到"生产线仿真模式"中。

7)如图5-172所示,在"对象树"浏览器中右键单击光电传感器,在弹出的快捷菜单中单击"显示检测区域"命令,即可在"图形查看器"显示出光电传感器的黄色光束。

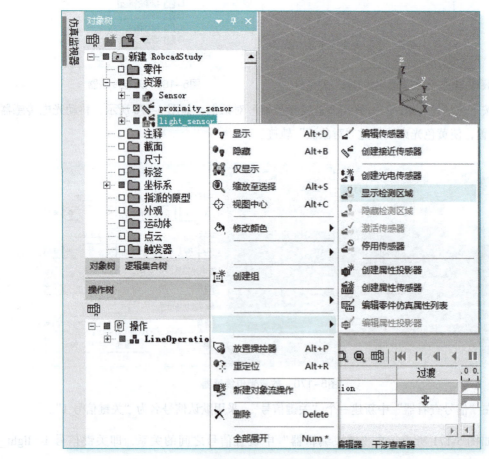

图5-172 显示检测区域

8）如图 5-173 所示，打开"仿真面板"，把"关键信号 1"与"light_sensor"从"信号查看器"添加到"仿真面板"中。

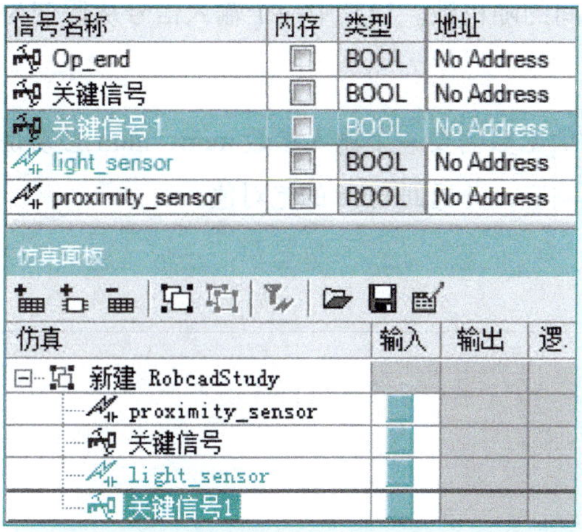

图5-173 设置仿真面板

9）在"序列编辑器"中单击"正向播放仿真"按钮▶，查看仿真结果如图 5-174 所示：当物料与光电传感的光束发生干涉的时候，"仿真面板"中的"关键信号 1"与"light_sensor"同时为"T"（绿色）。

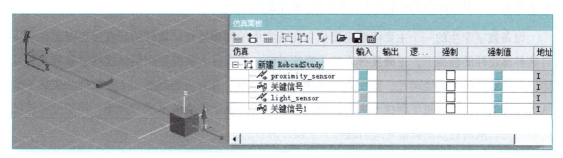

图5-174 仿真效果

5.3.4 逻辑块功能函数

1）RE(X)：即 Rising Edge，是捕捉上升沿功能，上升沿是数字信号从低到高的转换，也叫正边。

2）FE(X)：即 Falling Edge，是捕捉下降沿功能，下降沿是从高到低的过渡。它也被称为负边缘。

3）SR(set,reset)：置位复位函数需要两个输入布尔信号：set 和 reset。此功能将信号保持在触发位置，直到用另一个信号重置。

4）RS(set, reset)：复位设置功能与 SR 功能类似，但当 set 和 reset 均为 TRUE 时，其为

FALSE。

5）RANDOM (min max)：随机函数需要两个整数输入信号，最小值和最大值，并返回一个介于最小值和最大值之间的随机数。当其中一个输入信号从假变为真时，随机函数会在瞬间触发响应。

6）ABS(num)：绝对值函数需要一个输入参数 num，num 必须是数字。当输入信号从假变为真时，ABS 在瞬间触发响应，并返回 num 的绝对值。

5.4 小结

本项目以高架仓库为载体，介绍了智能元件的创建过程。并通过知识拓展，全面地介绍了智能元件、复合元件的相关逻辑块操作、输入/输出信号、内部参数、内部信号、内部常量与变量等的创建与设置方法。本项目综合运用了 Tecnomatix 中零件、资源与操作等 eMS 的基本对象知识，巩固与提高了对基本对象的综合应用能力。

设备数字孪生的一个主要问题是模拟它在现实中的物理特性。软件的开发过程需要在承认自然界客观性的前提下，正确发挥人的主观能动性，即设计人员需要归纳出这些设备的共有规律，并能够发挥主观能动性，使用这些规律进行有目的、有方向的创造。工业软件的成熟不是从天而降的，需要大量工程技术人员运用抽象思维能力揭示事物的本质与规律，并通过计算机代码固化，从而达到正确指导人们进行工业设计的目的。

项目 6
CHAPTER 6

机器人系统仿真与虚拟调试

【知识目标】

1. 巩固与提高零件、资源和操作等 eMS 基本对象数据的运用能力。

2. 巩固与提高智能元件、逻辑块、逻辑块动作、设备姿态传感器、逻辑块信号和逻辑表达式等的创建与设置技术。

3. 掌握机器人程序、程序启动信号和程序号等的设置与使用技术,掌握在模块查看器中编辑机器人入口程序逻辑的技术。

4. 掌握机器人的离线程序 OLP 的创建与编辑技术,掌握机器人程序相关指令。

5. 熟悉 CEE 模式下的机器人系统仿真技术。

6. 掌握 PLCSIM Advanced 实例的创建技术,熟练掌握 PLC 与 Process Simulate 通信设置技术。

7. 掌握基于 PLCSIM Advanced 的虚拟调试技术。

【技能目标】

1. 能够熟练地创建 Process Simulate 项目,加载三维模型组件,完成模型环境的布局。

2. 能熟练地创建设备的运动学、逻辑块建模,能完成逻辑块的输入/输出信号、动作、参数、姿态传感器以及外部连接信号等的设置。

3. 能熟练创建进料流、出料流和机床加工等的"对象流"操作,并创建这些操作的启动信号。

4. 能创建机器人的拾放操作,规划并优化机器人移动轨迹,创建干涉集进行碰撞检测。

5. 会创建机器人信号,建立机器人与外部设备之间的关联,并完成输入/输出信号及其逻辑的设置。

6. 会创建并编辑机器人程序清单,设置机器人程序,设置机器人程序启动信号与程序号,并在模块查看器中编辑机器人的入口程序逻辑;会创建机器人的离线程序 OLP,实现 CEE 模式下的系统仿真运行。

7. 会创建并设置 PLCSIM Advanced 实例，设置与 PLC 之间的输入/输出信号，创建并使用操作的信号事件。

8. 会进行 PLC 硬件组态，创建并设置与 Process Simulate 之间的输入/输出信号，编写 PLC 程序，并下载到 PLCSIM Advanced 实例中。

6.1 相关知识

6.1.1 虚拟调试概念

建立数字孪生模型的最终目的是在虚拟环境中创建和测试所需的生产设备，直到它满足客户需求时才进行实体生产。在实体生产之后，又可以将生产信息通过传感器返还给数字孪生模型，从而确保模型包含对实体产品检测获得的所有信息。在此过程中，数字孪生的优势是利用从设计到运营过程中采集到的数据，以实现对产品设备的优化。因此，数字孪生模型可以充分利用人们长期积累下来的经验知识创造尚在设计阶段的产品或者生产设备，这不仅可以降低设备原型的设计与制造成本，还可以通过将实时数据导入到数字孪生模型中进行分析，实现预测故障、降低维护成本、减少停机时间的目标。

数字孪生的一项关键技术是虚拟调试（Virtual Commissioning，VC），它是在虚拟环境下完成产品制造、设备设计和设备运行的一种调试技术。它可以在物理设备尚未到位的情况下联合运用多学科知识对产品和生产工艺进行反复修改与验证，并把结果映射到真实的物理环境中去。最终在生产线正式生产、安装和调试之前，就能够在虚拟环境中对生产线进行模拟调试，进而解决生产线的规划、干涉以及 PLC 逻辑控制等问题。当完成虚拟调试之后，还可以综合加工设备、物流设备、智能工装和控制系统等各种因素，对建设生产线的可行性进行全面的评估。

图 6-1 所示为一种虚拟调试系统的软硬件结构。一般而言，虚拟调试包含硬件在环虚拟调试与软件

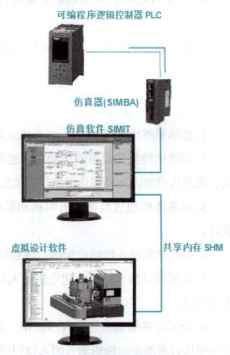

图6-1 虚拟调试的软硬件结构

在环虚拟调试两类。其中，硬件在环虚拟调试是指控制部分用可编程序逻辑控制器硬件，机械部分使用虚拟三维模型，在"虚-实"结合的闭环反馈回路中进行程序编辑与验证的调试；软件在环虚拟调试是指控制器与机械部分均采用虚拟部件，在虚拟PLC及其程序控制下组成的"虚-虚"结合的闭环反馈的验证调试。

6.1.2 虚拟调试技术特点

前面所述"虚拟调试"信号的连接主要是依靠OPC接口技术实现的。OPC是OLE for Process Control的缩写，它既是基于微软公司对象链接和嵌入OLE（Object Linking and Embedding）的一种技术，又是满足实时过程自动化应用程序互操作性要求的组件对象模型接口的技术COM（Component Object Model）。OPC技术的特点是：①它是处理过程控制系统信息的标准技术；②它能够实现从过程设备到应用程序的有效数据传输；③它具备客户端同时使用多个服务器的能力；④它能满足特定服务器的配置支持；⑤它具备客户机/服务器的模块化架构。

Process Simulate（PS）作为OPC的客户端，是通过组件对象模型COM接口与OPC Server服务器进行通信来完成与PLC数据交换的。其基本结构如图6-2所示，当运行OPC时，软件Process Simulate充当了OPC的客户端（PSC），它可以通过OPC服务器与真实的PLC设备进行数据交换。为了能够与OPC服务器交换数据，它们之间的关联信号必须有相同的标识符，这些标识符通常以变量名的形式给出，用户需要验证OPC服务器中的变量定义是否与Process Simulate中的变量名相匹配。对于客户端，它的任务就是把变量信号名转换为可识别的ID，在PS引擎的调节下进行仿真数据交换。如果PS从OPC服务器中读取或写入不存在的变量，则会出现错误提示。另外，软件PS接口也可以直接与虚拟PLC相连接读取虚拟PLC程序中的数据。

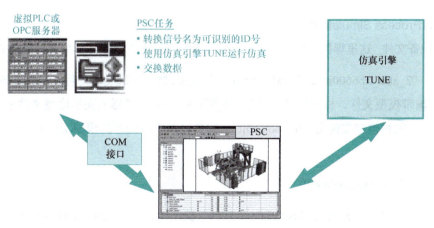

图6-2　Process Simulate与OPC的通信架构示意图

6.2 项目实施

6.2.1 机器人工作站系统CEE模式仿真

1. 任务描述

1）创建Process Simulate项目，加载三维模型组件，完成模型环境的布局。

2）创建数控机床NC的运动学、逻辑块建模，完成逻辑块的输入/输出信号、动作、参数、姿态传感器及外部连接信号等的设置。

3）创建进料流、出料流和机床加工等的"对象流"操作，并创建这些操作的启动信号。

4）创建机器人的拾放操作，规划并优化机器人移动轨迹，创建干涉集进行碰撞检测。

5）创建机器人信号，建立机器人与外部设备机床NC信号之间的关联。

6）创建机器人的逻辑块，完成输入/输出信号及其逻辑的设置。

7）创建并编辑机器人程序清单，设置机器人程序，设置机器人程序启动信号与程序号，并在模块查看器中编辑机器人的入口程序逻辑。

8）创建物料流的信号事件，在"路径编辑器"中创建机器人的离线程序OLP，完成机器人程序的编辑和信号的发送与接收设置。

9）实现CEE模式下的系统仿真运行。

2. 创建Process Simulate项目

（1）准备文件　这里焊接工作站的文件存放在VC文件夹下，组件模型文件如图6-3所示。

其中，"2_abb_irb6600id_255_185_v0r1.cojt"是机器人的模型文件，"1_vr5264280_cnv.cojt"是传输带模型文件，机床模型文件是"1_E700U.cojt"，机器人夹爪模型文件是"0_1box_gripper.cojt"，物料模型文件是"0_0box.cojt"，物料经加工后的产品模型文件是"0_0box_right.cojt"。

（2）创建Process Simulate项目

1）双击桌面上的PS on eMS Standalone软件快捷图标，启动软件如图6-4所示。

2）在图6-4中，单击"…"按钮，选择系统根目录，弹出"浏览文件夹"对话框，在该对话框中选择根目录为"VC"，单击"确定"按钮。

机器人系统仿真与虚拟调试　项目6

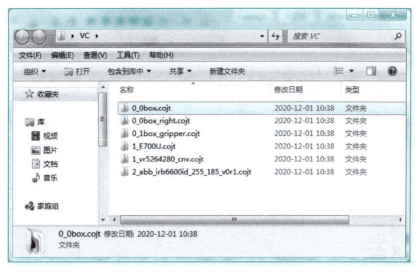

图6-3　工作站项目整体模型结构

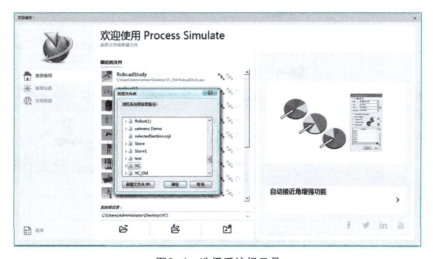

图6-4　选择系统根目录

3）然后再单击图 6-4 下方的"新建"按钮，弹出图 6-5 所示的"新建研究"对话框。

4）输入项目名称单击"创建"按钮，进入图 6-6 所示的软件 Process Simulate 界面。

在图 6-6 中，单击保存按钮，选择保存在文件夹"VC"下，使用默认项目名，即可以在左侧的浏览器"对象树"中看到所创建的项目：
新建 RobcadStudy。

3. 模型组件的加载与创建

（1）加载项目模型组件

1）如图 6-7 所示，单击主菜单"建模→组件→插入组件"命令，弹出图 6-8 所示的"插入组

图6-5　新建项目

工业机器人应用系统建模（Tecnomatix）

件"对话框。

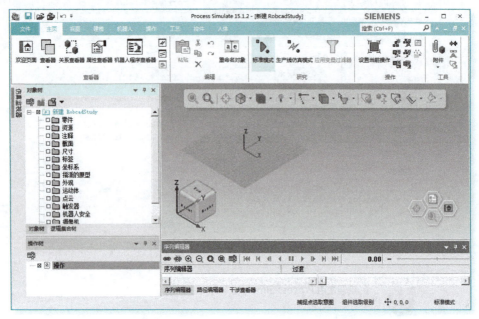

图6-6 进入Process Simulate界面

图6-7 "插入组件"命令

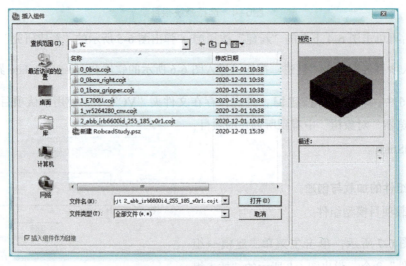

图6-8 "插入组件"对话框

2）如图 6-8 所示，框选 VC 目录下的所有模型，然后单击"打开（O）"按钮，即可把所有模型加载到 Process Simulate 的图形显示器环境中，如图 6-9 所示。

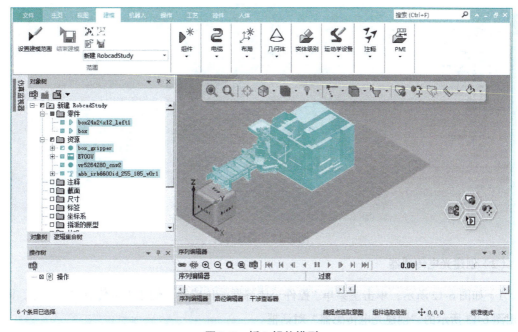

图6-9　插入组件模型

3）按照上述操作，再次执行"插入组件"命令，插入第二个传输带模型，如图 6-10 所示。

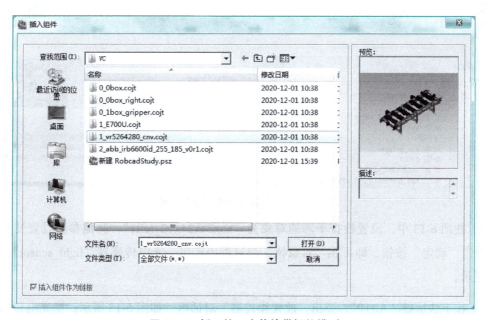

图6-10　插入第二个传输带组件模型

4）对所有三维模型进行重新布局，然后安装机器人夹爪，效果如图 6-11 所示。

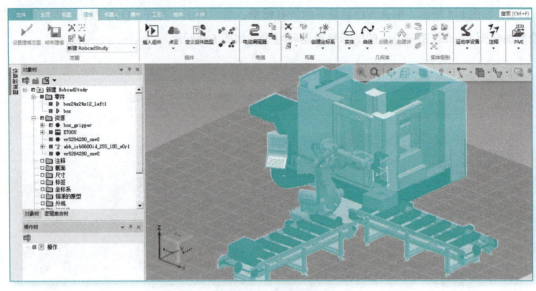

图6-11 项目布局

(2) 创建光电传感器

1) 如图6-12所示,单击主菜单"控件→传感器→传感器→创建光电传感器"命令,即可弹出图6-13所示的"创建光电传感器"对话框。

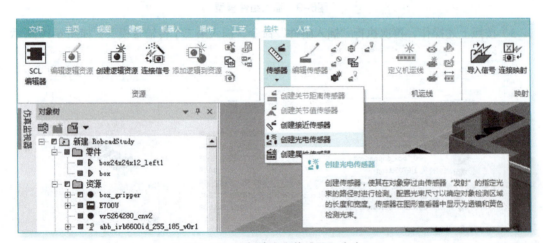

图6-12 "创建光电传感器"命令

2) 在图6-13中,设置检查干涉的对象为"box24x24x12_left1",其他参数设置使用默认值,单击"确定"按钮,即可在"对象树"浏览器中产生一光电传感器"light_sensor",如图6-14所示。

3) 按下快捷键"Alt+P",弹出"放置操控器"对话框,如图6-15所示,把光电传感器放置到图示的位置,注意位置的高度,确保物料移动到该位置时能够与光电传感器发生干涉。最终效果如图6-16所示,光电传感器的探测范围用一条黄线表示。

机器人系统仿真与虚拟调试　项目6

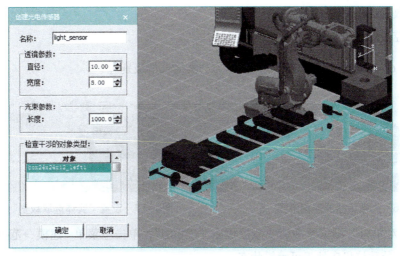

图6-13　"创建光电传感器"对话框

图6-14　产生的光电传感器

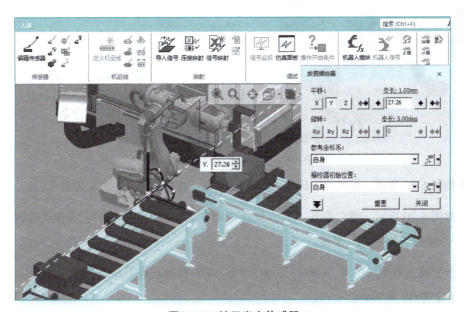

图6-15　放置光电传感器

4. 创建数控机床组件机构

（1）数控机床运动学建模

1）如图 6-17 所示，设置"选取级别"为"实体选取级别"。

图6-16 光电传感器探测范围　　　　图6-17 设置"实体选取级别"

2）在"对象树"浏览器中选中数控机床"E700U"，单击主菜单"建模→范围→设置建模范围"命令，使数控机床处于可编辑状态。

3）在"对象树"浏览器中选中数控机床"E700U"，单击主菜单"建模→运动学设备→运动学编辑器"命令，即弹出图 6-18 所示的"运动学编辑器"对话框。

4）在图 6-18，添加连杆机构"lnk1"，设置"连杆单元："元素为机床体。

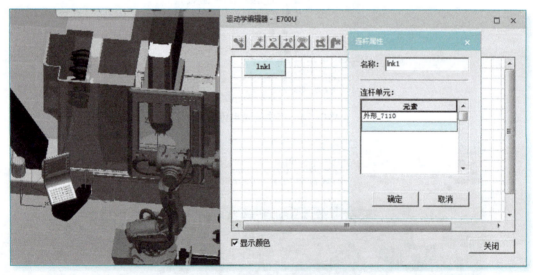

图6-18 "运动学编辑器"对话框

5）如图 6-19 所示，添加连杆机构"lnk2"，设置"连杆单元："元素为机床门。

6）如图 6-20 所示，建立关节"j1"，设置"关节类型："为"移动"，选择机床体横向边线上的两个点作为"从""到"坐标。

7）分别建立机床门的开（OPEN）、关（CLOSE）姿态，如图 6-21、图 6-22 所示，数值分别设置为 1270mm 和 0mm。

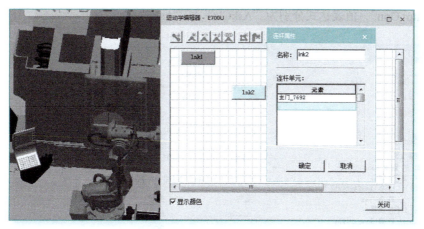

图6-19 设置运动连杆

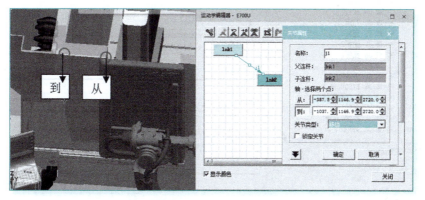

图6-20 设置运动关节

图6-21 "OPEN"姿态设置

图6-22 "CLOSE"姿态设置

（2）创建数控机床逻辑 LB 资源

1）如图 6-23 所示，选中"对象树"浏览器中的数控机床"E700U"，单击主菜单"控件→资源→添加逻辑到资源"命令，弹出"资源逻辑行为编辑器"对话框。

2）在"资源逻辑行为编辑器"对话框中，单击"入口"选项卡，创建 2 个布尔型变量"AskOpn"与"AskCls"。

3）如图 6-24、图 6-25 所示，单击"操作"选项卡，创建 2 个"移至姿态"操作"mtp_

Cls"与"mtp_Opn",值表达式分别为"AskCls"与"AskOpn"。

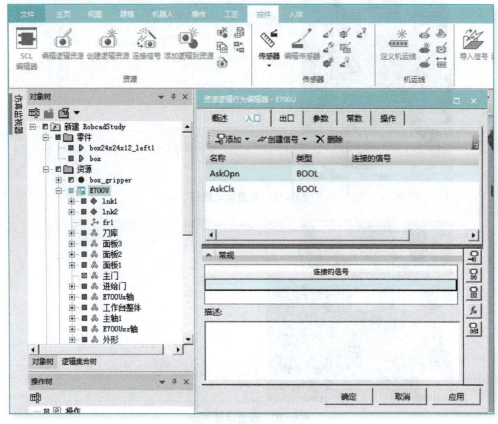

图6-23 创建逻辑资源

图6-24 添加"CLOSE"操作

图6-25 添加"OPEN"操作

4)如图6-26、图6-27所示,单击"参数"选项卡,创建2个"关节值传感器""jvs_

Opnd"与"jvs_Clsd",设置它们的传感器类型分别对应着姿态"OPEN"与"CLOSE",设置它们的探测类型为"范围",设置传感器容差均为 −2~+2mm。

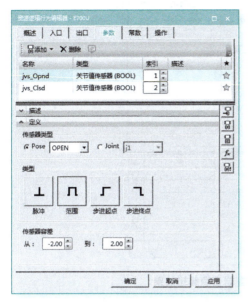

图6-26 添加"OPEN"状态参数值

图6-27 添加"CLOSE"状态参数值

5）如图6-28、图6-29所示,单击"出口"选项卡,在该选项卡中创建2个布尔型变量"IsOpnd"与"IsClsd",值表达式分别为"jvs_Opnd"与"jvs_Clsd"。

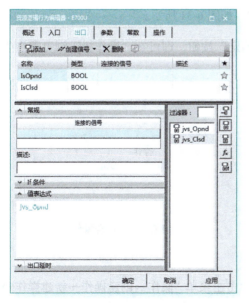

图6-28 添加"IsOpnd"变量

图6-29 添加"IsClsd"变量

6）如图6-30所示,单击"概述"选项卡,可看到逻辑资源的创建结果。查看后关闭该对话框即可。

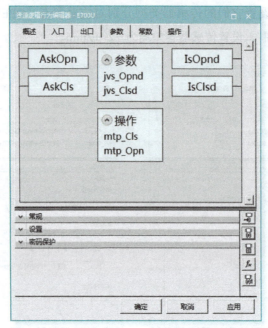

图6-30 数控机床逻辑资源编辑效果

5. 创建物流操作

（1）创建复合操作

1）选中"操作树"浏览器中的"操作"，单击主菜单"操作→创建操作→新建操作→新建复合操作"命令，弹出"新建复合操作"对话框，如图 6-31 所示。

2）在图 6-31 中输入名称与范围，单击"确定"按钮，即可在"操作树"浏览器中生成复合操作，如图 6-32 所示。

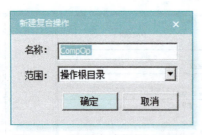

图6-31 "新建复合操作"对话框

图6-32 复合操作

（2）创建非仿真操作

1）选中"操作树"浏览器中的"操作"，单击主菜单"操作→创建操作→新建操作→新建非仿真操作"命令，弹出"新建非仿真操作"对话框，如图 6-33 所示。

2）在图 6-33 中按照图示输入名称"OpStart"与范围，单击"确定"按钮，即可在"操作树"浏览器中生成非仿真操作，如图 6-34 所示。

图6-33 "新建非仿真操作"对话框　　图6-34 非仿真操作

（3）创建对象流操作

1）创建进料流操作。该对象流用于模拟传输带进料操作，让物料从传输带一端走向另外一端。

① 选中"操作树"浏览器中的"操作"，单击主菜单"操作→创建操作→新建操作→新建对象流操作"命令，弹出"新建对象流操作"对话框，如图6-35所示。

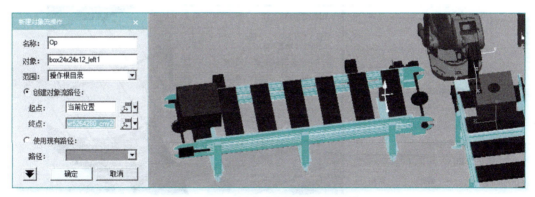

图6-35 "新建对象流操作"对话框

② 在图6-35中，按照图示选择"起点："位置与"终点："位置，注意要让起点位置与终点位置的坐标方向保持一致，单击"确定"按钮，即可在"操作树"浏览器中生成一个"对象流"操作"Op"，如图6-36所示。

③ 在图6-36中，选中位置点"loc1"，按下快捷键<Alt+P>，弹出"放置操控器"对话框，如图6-37所示。调整该点位置与起始点"loc"位置水平对齐。

④ 更改该操作的名称为"In_MaterialOP"。

图6-36 对象流操作

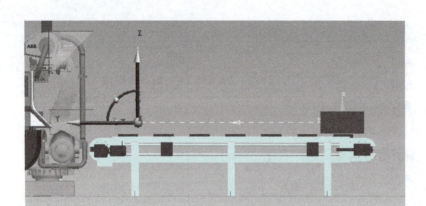

图6-37 调整坐标位置

2）创建机床加工位物料流操作。该处物料流用于模拟物料被机床加工后生成产品的过程。

① 选中"操作树"浏览器中的"操作"，单击主菜单"操作→创建操作→新建操作→新建对象流操作"命令，弹出"新建对象流操作"对话框，如图6-38所示。

② 在图6-38中，起点设置使用"3点圆心定坐标系"方法，按照图示选取机床物料盘圆周上的3个点，其中第一个点确定了坐标的X方向，其他2个点可选圆周上的任意点。

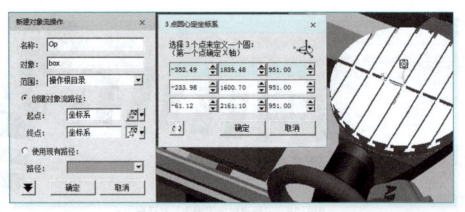

图6-38 创建机床加工位物料流操作

③ 按照同样的操作，设置对象流的终点，坐标位置与方向与起点完全相同，即起点与终点是同一个点。

④ 设置对象为"box"，即加工后的产品，最后单击"确定"按钮，即可在"操作树"浏览器中生成一个"对象流"操作"Op1"。

⑤ 把"Op1"操作更名为"NC_Op"，最终结果如图6-39所示。

3）创建物料出料流程操作。该对象流用于模拟传输带把

图6-39 机床加工位物料流

加工后的成品运出的出料操作。

① 选中"操作树"浏览器中的"操作",单击主菜单指令"操作→创建操作→新建操作→新建对象流操作"命令,弹出"新建对象流操作"对话框,如图6-40所示。

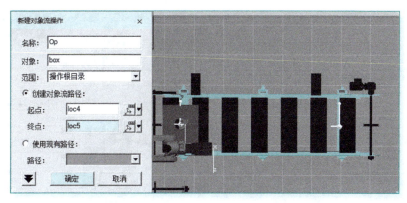

图6-40 新建对象流操作

② 在图6-40中,按照图示选择"起点:"位置与"终点:"位置,注意要让起点位置与终点位置的坐标方向保持一致,单击"确定"按钮,即可在"操作树"浏览器中生成一个"对象流"操作"Op",如图6-41所示。

③ 在图6-42中,选中位置点"loc5",按下快捷键<Alt+P>,弹出"放置操控器"对话框,如图6-42所示,调整该点位置与起始点"loc4"位置水平对齐。

图6-41 对象流操作

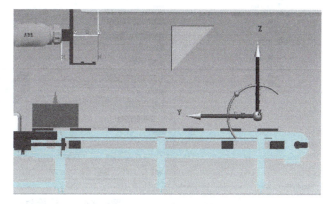

图6-42 调整坐标位置

④ 更改该操作的名称为"Out_MaterialOP"。

4)创建机器人填料时的拾放操作。

① 重新设置机器人TCP坐标系。

a)选中机器人,单击主菜单"建模→范围→设置建模范围"命令,让机器人处于可编辑状态。

b）如图 6-43 所示，选中"对象树"浏览器机器人"link6"下的"TCPF"，单击"放置操控器"按钮，按照图示修改 TCP 坐标系各个坐标轴的方向。

c）再次选中机器人，单击主菜单"建模→范围→结束建模"命令。

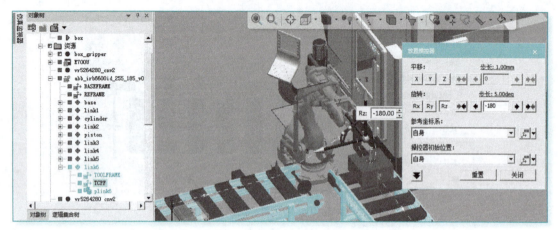

图6-43　修改机器人的TCP坐标系

② 选中"操作树"浏览器中的"操作"，单击主菜单"操作→创建操作→新建操作→新建拾放操作"命令，弹出"新建拾放操作"对话框，如图 6-44 所示。

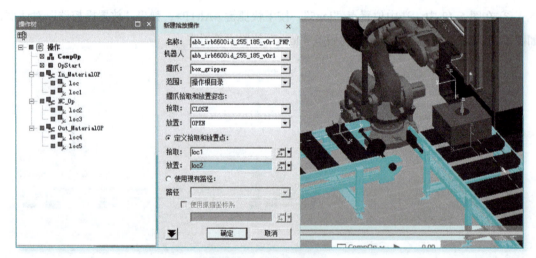

图6-44　新建拾放操作

③ 在图 6-44 中，按照图示设置机器人与拾取、放置位置，单击"确定"按钮，即可生成机器人的拾放操作，如图 6-45 所示。

④ 把该拾放操作更名为"Robot_InMaterial"，如图 6-46 所示。

⑤ 添加机器人的初始位置"HOME"。

a）如图 6-47 所示，选中机器人，单击"机器人调整"（快捷键 <Alt+G>）命令，依照图示调整机器人 TCP 点的位置，注意坐标 X 轴与 Y 轴的方向。

图6-45　机器人拾放操作

图6-46　更名拾放操作

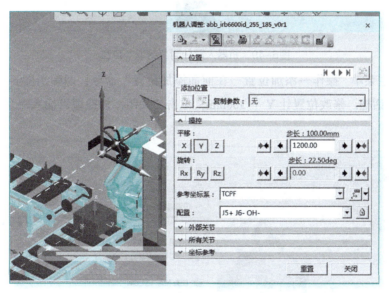

图6-47　调整机器人的TCP位置

b）先把机器人的"Robot_InMaterial"操作添加到"路径编辑器"中，然后再单击主菜单"操作→添加位置→添加当前位置"命令，即可把当前位置添加到该操作中，更改位置名称为"HOME"，并移到第一个位置处，如图6-48所示。

图6-48　设置HOME点

⑥ 添加抓取的过渡点。

a）如图 6-49 所示，单击选中"拾取"位置，再单击"跳转指派的机器人"命令（快捷键 <Alt+J>），机器人即可跳转到"拾取"位置。

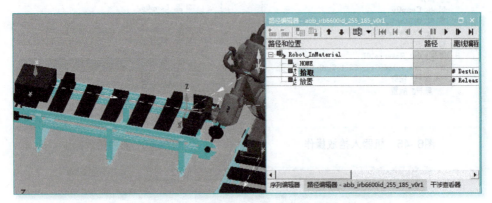

图6-49　机器人跳转到"拾取"位置

b）单击主菜单"操作→添加位置→在前面添加位置"命令，即弹出图 6-50 所示的"机器人调整"对话框。修改位置让 Y 平 300mm，单击"关闭"按钮即可插入一个坐标位置，如图 6-51 所示。

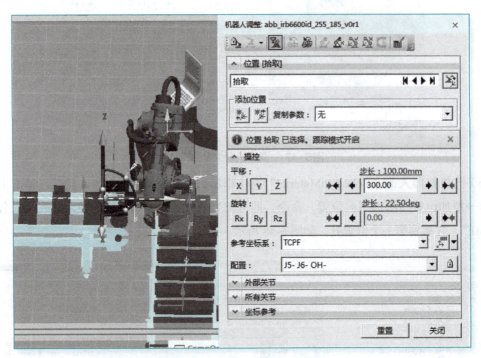

图6-50　"机器人调整"对话框

c）在图 6-51 中，修改过渡点位置名为"BeforePick"，如图 6-52 所示。

d）按照类似操作，添加机器人进料时的其他过渡点，最终结果如图 6-53 所示。

图6-51 过渡点位置

图6-52 更名过渡点位置

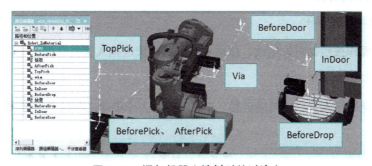

图6-53 添加机器人填料时的过渡点

5）创建机器人出料时的抓放操作。

① 依上述操作方法，创建机器人出料时的拾放操作，如图6-54所示（注意拾取位置X坐标方向）。

图6-54 创建出料时的拾放操作

② 如图6-55所示，设置出料拾放操作的过渡点。

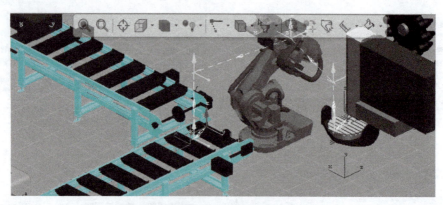

图6-55 创建出料时拾放操作的过渡点

6. CEE模式下的仿真

(1) 标准模式下的仿真

1) 把各个操作按照物料的生成、移动和消失顺序依次拖入到复合操作"CompOp"中,最终效果如图6-56所示。

2) 把复合操作拖入到"序列编辑器"中,并建立各个操作之间的链接如图6-57所示。

图6-56 设置复合操作　　　　　　　　图6-57 建立操作之间的链接

3) 单击"正向播放运行"按钮 ▶,查看仿真效果如图6-58所示。

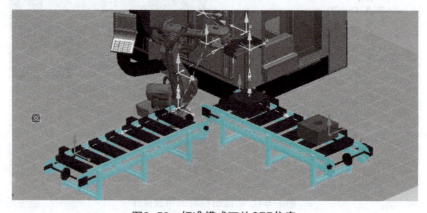

图6-58 标准模式下的CEE仿真

（2）生产线模式下的 CEE 仿真　先保存项目，再进行生产线模式下的 CEE 仿真设置，其步骤如下：

1）CEE 仿真模式设置：按下快捷键 <F6>，即弹出"选项"对话框，如图 6-59 所示。在该对话框中的 PLC 选项卡界面中，勾选"CEE（周期事件评估）"复选项，其他设置参看图示，然后单击"确定"按钮，即可完成 CEE 模式设置。

2）单击主菜单"主页→研究→生产线仿真模式"命令，在操作树浏览器中即可看到操作根目录变为"LineOperation"，如图 6-60 所示。

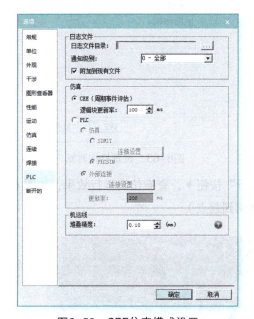 

图6-59　CEE仿真模式设置　　　　　　图6-60　操作树生产线仿真模式

3）单击主菜单"主页→查看器→物流查看器"命令，即弹出"物料流查看器"窗口，如图 6-61 所示。

4）把"操作树"浏览器中的对象流拖入图 6-61 所示的"物料流查看器"中，并按照图示建立各个物料流之间的链接关系，然后关闭该窗口。

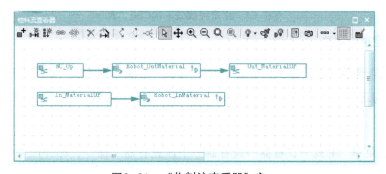

图6-61　"物料流查看器"窗口

5）如图 6-62 所示，在"序列编辑器"中选中进料操作"In_MaterialOP"，单击鼠标右键，在弹出的菜单中单击"操作属性"命令，即可弹出图 6-63 所示的"属性"对话框。

6）在图 6-63 中，单击"时间"选项卡，按照图示设置该物料流的运行时间——"经验证的时间："为 15s。

图6-62 设置操作属性　　　　　　　图6-63 设置操作时间

7）单击"序列编辑器"中的"正向播放运行"按钮▶，查看仿真运行效果，如图 6-64 所示。每次开始运行之前均要做复位操作（将仿真调到起点）。

图6-64 生产线模式下的CEE仿真

（3）干涉检查与调整

1）干涉检查选项设置：按下快捷键<F6>，弹出"选项"对话框，如图 6-65 所示。在"干涉"选项卡中勾选"检查几乎干涉"复选项，设置"几乎干涉默认值："为 10mm，单击"确定"按钮。

2）单击主菜单"主页→查看器→查看器→干涉查看器"命令，即弹出"干涉查看器"窗口，如图6-66所示。

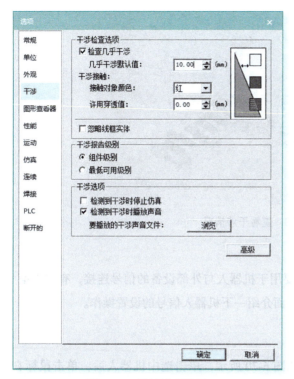

图6-65　干涉选项设置　　　　　　　图6-66　干涉查看器

3）在图6-66中，单击"干涉集编辑器"按钮，即弹出图6-67所示的"干涉集编辑器"对话框。

4）在图6-67中，设置"机器人"与"传输带""数控机床"之间的干涉关系，单击"确定"按钮，即可建立它们之间的"干涉集"，如图6-68所示。

5）在"序列编辑器"中单击"正向播放运行"按钮▶，查看仿真运行中的干涉情况，当发生干涉碰撞时，会出现红色高亮显示；当将要发生干涉碰撞时，会出现黄色高亮显示，均发出碰撞响声，效果如图6-69所示。

 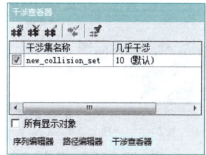

图6-67　"干涉集编辑器"对话框　　　　图6-68　干涉集查看

6）尝试修改物料流的起始位置，使传输带不与机器人发生碰撞。

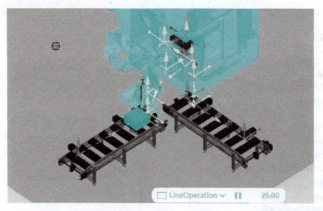

图6-69 查看干涉情况

7. 系统信号设置

（1）设置机器人信号　机器人信号主要用于机器人与外部设备的信号连接，有输入信号与输出信号，也有机器人内部产生的信号。下面介绍一下机器人信号的设置操作。

1）创建默认机器人信号

① 设置机器人信号的方式有 2 种，如图 6-70 所示，单击选中机器人后，单击鼠标右键，在弹出的快捷菜单下方有一个"机器人信号"按钮，单击该按钮，即弹出图 6-71 所示的"机器人信号"对话框；或者选中机器人后，单击主菜单"控件→机器人→机器人信号"命令，也能弹出图 6-71 所示的"机器人信号"对话框。

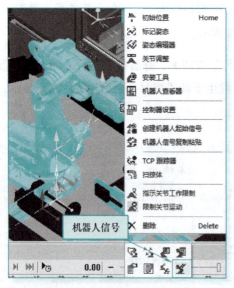

图6-70 "机器人信号"命令

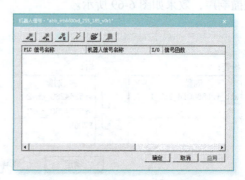

图6-71 "机器人信号"对话框

② 在图 6-71 中，单击工具栏上"创建默认信号"按钮，即可生成机器人的默认信号列表，如图 6-72 所示。

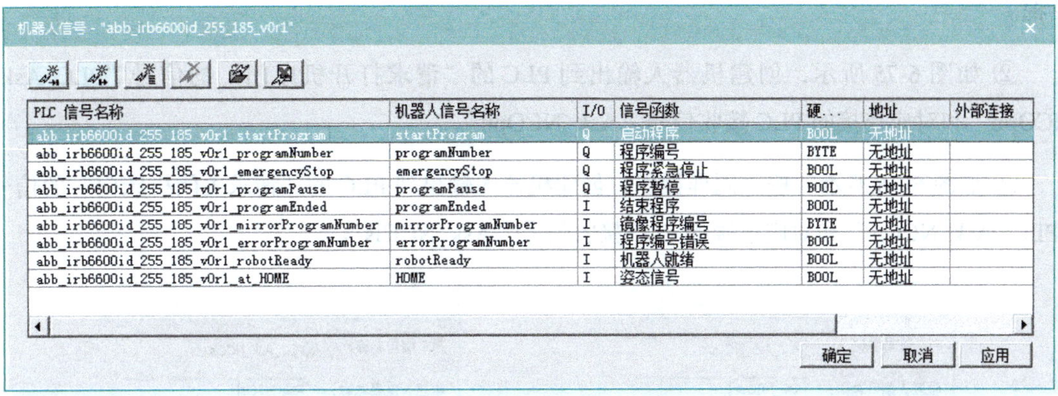

图6-72 生成默认机器人信号

在图 6-72 中，每一个"机器人信号"都对应一个"PLC 信号"，代表机器人的信号与 PLC 外部设备信号之间的连接关系。与机器人启动和程序执行相关的 2 个信号解释如下：

a）机器人信号"startProgram"：机器人的启动信号，当为"T"时，就会启动机器人操作。

b）机器人信号"programNumber"：机器人的执行程序编号，设置某个编号就代表机器人将要运行该编号的程序。

2）创建机器人的输出与输入信号。为了能够让机器人与数控机床协调工作，机器人需要通过外部设备 PLC 控制数控机床门的打开和关闭，故在图 6-72 中需要添加来自外部设备的相关信号。创建输出信号的操作步骤如下：

① 在图 6-72 中，单击"新建输出信号"按钮，弹出图 6-73 所示的"输出信号"对话框。

② 如图 6-73 所示，创建 PLC 输出到机器人的"机床门打开"信号"PLC_IsNCOpnd"和对应的机器人接收信号"IsNCOpnd"。

③ 如图 6-74 所示，按照同样操作，创建 PLC 输出到机器人的"机床门关闭"信号"PLC_IsNCClsd"和对应的机器人接收信号"IsNCClsd"。

图6-73 创建输出信号（1）

图6-74 创建输出信号（2）

创建输入信号的操作步骤如下：

① 在图 6-72 中，单击“新建输入信号”按钮 ，弹出图 6-75 所示的“输入信号”对话框。

② 如图 6-75 所示，创建机器人输出到 PLC 的“请求打开机床门”的信号“PLC_Ask_NCOpn”和对应连接的 PLC 接收信号“Ask_NCOpn”。

③ 如图 6-76 所示，按照同样操作，创建机器人输出到 PLC 的“请求关闭机床门”的信号“PLC_Ask_NCCls”和对应连接的 PLC 接收信号“Ask_NCCls”。

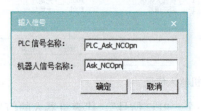

图6–75　创建输入信号（1）

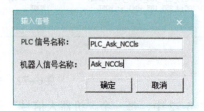

图6–76　创建输入信号（2）

创建完输入输出信号之后的信号列表如图 6-77 所示。

PLC 信号名称	机器人信号名称	I/O	信号函数	硬…	地址	外部连接
abb_irb6600id_255_185_v0r1_startProgram	startProgram	Q	启动程序	BOOL	无地址	
abb_irb6600id_255_185_v0r1_programNumber	programNumber	Q	程序编号	BYTE	无地址	
abb_irb6600id_255_185_v0r1_emergencyStop	emergencyStop	Q	程序紧急停止	BOOL	无地址	
abb_irb6600id_255_185_v0r1_programPause	programPause	Q	程序暂停	BOOL	无地址	
abb_irb6600id_255_185_v0r1_programEnded	programEnded	I	结束程序	BOOL	无地址	
abb_irb6600id_255_185_v0r1_mirrorProgramNumber	mirrorProgramNumber	I	镜像程序编号	BYTE	无地址	
abb_irb6600id_255_185_v0r1_errorProgramNumber	errorProgramNumber	I	程序编号错误	BOOL	无地址	
abb_irb6600id_255_185_v0r1_robotReady	robotReady	I	机器人就绪	BOOL	无地址	
abb_irb6600id_255_185_v0r1_at_HOME	HOME	I	姿态信号	BOOL	无地址	
PLC_IsNCOpnd	IsNCOpnd	Q		BOOL	无地址	
PLC_IsNCClsd	IsNCClsd	Q		BOOL	无地址	
PLC_Ask_NCOpn	Ask_NCOpn	I		BOOL	无地址	
PLC_Ask_NCCls	Ask_NCCls	I		BOOL	无地址	

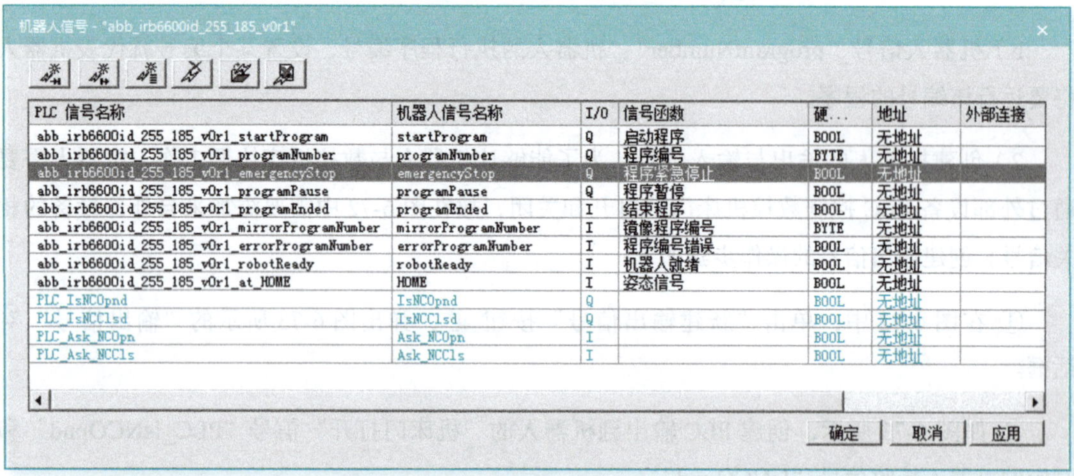

图6–77　机器人信号列表

（2）数控机床连接信号设置

1）单击主菜单“主页→查看器→查看器→信号查看器”命令，弹出“信号查看器”列表，如图 6-78 所示。

2）在“图形浏览器”中单击选中数控机床后，单击主菜单“控件→资源→编辑逻辑资源”命令，即可弹出“资源逻辑行为编辑器”对话框，如图 6-79 所示。

3）在“入口”选项卡中，按照图示设置数控机床信号“AskOpn”的连接信号为“信号查看器”中的“PLC_Ask_NCOpn”，设置“AskCls”的连接信号为“PLC_Ask_NCCls”。

4）如图 6-80 所示，在“出口”选项卡中，按照图示设置数控机床信号“IsOpnd”的连接信号为“信号查看器”中的“PLC_IsNCOpnd”，设置“IsClsd”的连接信号为“PLC_IsNCClsd”。

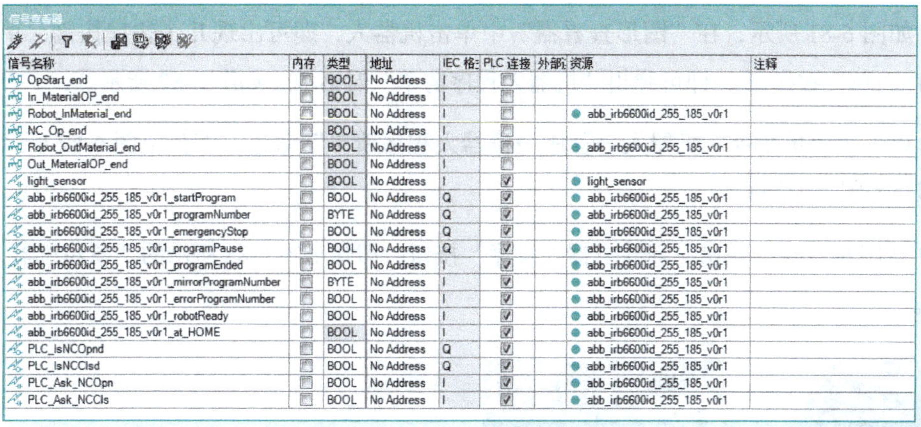

信号名称	内存	类型	地址	IEC 格式	PLC 连接	外部连接	资源	注释
OpStart_end		BOOL	No Address	I				
In_MaterialOP_end		BOOL	No Address	I				
Robot_InMaterial_end		BOOL	No Address	I			abb_irb6600id_255_185_v0r1	
NC_Op_end		BOOL	No Address	I				
Robot_OutMaterial_end		BOOL	No Address	I			abb_irb6600id_255_185_v0r1	
Out_MaterialOP_end		BOOL	No Address	I				
light_sensor		BOOL	No Address	I	✓		light_sensor	
abb_irb6600id_255_185_v0r1_startProgram		BOOL	No Address	Q	✓		abb_irb6600id_255_185_v0r1	
abb_irb6600id_255_185_v0r1_programNumber		BYTE	No Address	Q	✓		abb_irb6600id_255_185_v0r1	
abb_irb6600id_255_185_v0r1_emergencyStop		BOOL	No Address	Q	✓		abb_irb6600id_255_185_v0r1	
abb_irb6600id_255_185_v0r1_programPause		BOOL	No Address	Q	✓		abb_irb6600id_255_185_v0r1	
abb_irb6600id_255_185_v0r1_programEnded		BOOL	No Address	I	✓		abb_irb6600id_255_185_v0r1	
abb_irb6600id_255_185_v0r1_mirrorProgramNumber		BYTE	No Address	I	✓		abb_irb6600id_255_185_v0r1	
abb_irb6600id_255_185_v0r1_errorProgramNumber		BOOL	No Address	I	✓		abb_irb6600id_255_185_v0r1	
abb_irb6600id_255_185_v0r1_robotReady		BOOL	No Address	I	✓		abb_irb6600id_255_185_v0r1	
abb_irb6600id_255_185_v0r1_at_HOME		BOOL	No Address	I	✓		abb_irb6600id_255_185_v0r1	
PLC_IsNCOpnd		BOOL	No Address	Q	✓		abb_irb6600id_255_185_v0r1	
PLC_IsNCClsd		BOOL	No Address	Q	✓		abb_irb6600id_255_185_v0r1	
PLC_Ask_NCOpn		BOOL	No Address	I	✓		abb_irb6600id_255_185_v0r1	
PLC_Ask_NCCls		BOOL	No Address	I	✓		abb_irb6600id_255_185_v0r1	

图6-78　信号查看器

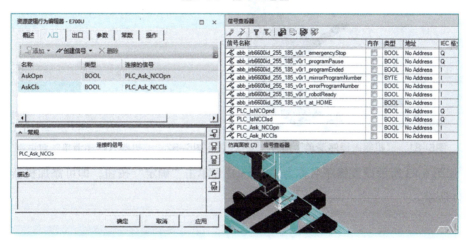

图6-79　设置数控机床的连接信号（1）

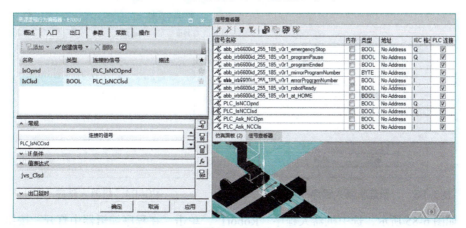

图6-80　设置数控机床的连接信号（2）

8. 机器人程序编辑

（1）设置机器人程序清单

1）设置机器人程序清单，方法有如下 2 种：

① 如图 6-81 所示，在"图形查看器"中单击机器人，即可出现几个快捷按键，单击"机器人程序清单"按钮 ，即可弹出"机器人程序清单"对话框，如图 6-82 所示。

② 单击主菜单指令"机器人→程序→机器人程序清单"命令，即弹出图 6-82 所示的"机器人程序清单"对话框。

2）在图 6-82 中，单击"新建机器人程序"按钮，即弹出图 6-83 所示的"新建机器人程序"对话框。

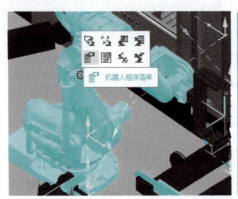

图6-81 "机器人程序清单"命令

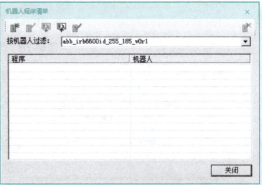

图6-82 "机器人程序清单"对话框

3）如图 6-83 所示设置程序名称为"Robot1"，单击"确定"按钮，即可添加机器人程序，如图 6-84 所示。

图6-83 "新建机器人程序"对话框

图6-84 机器人程序

4）如图 6-85 所示，选中机器人程序"Robot1"，单击"在程序编辑器中打开"按钮 。如

图 6-86 所示，单击"设为默认程序"按钮 。

图6-85 在程序编辑器中打开

图6-86 设为默认程序

5）关闭"机器人程序清单"对话框，此时可在"路径编辑器"中查看被添加的机器人程序"Robot1"，如图 6-87 所示。

6）把"操作树"浏览器中的两个机器人"拾放操作"拖拽到"路径编辑器"中的"Robot1"下，结果如图 6-88 所示。

7）在图 6-88 中，分别设置两个机器人操作的路径程序编号为"1"和"2"。

8）如果图 6-88 中没有"路径"栏，需要手动把"路径"添加到"路径编辑器"中，步骤如下：

图6-87 路径编辑器中的机器人程序

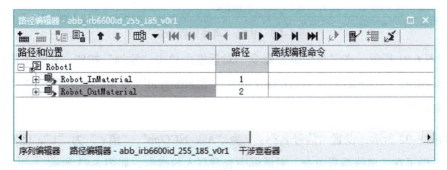
图6-88 编辑机器人路径程序

① 在"路径编辑器"的工具栏处单击"定制列"按钮，即弹出"定制列"对话框，如图 6-89 所示。

② 在图 6-89 中，选择左栏中的"路径"，把它添加到右栏中，再单击"确定"按钮，即可把"路径"栏添加到"路径编辑器"中。

（2）编写机器人程序

1）机器人进料程序。当机器人送料到机床门口时，通过 PLC 给机床发送"请求开门"信号（Ask_NCOpn=T）；信号发送之后，等待机床通过 PLC 返回给机器人"门已打开"信号

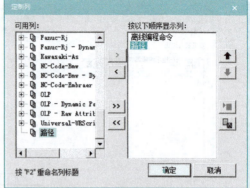

图6-89 "定制列"对话框

（IsNCOpnd=T）；收到该信号后，机器人撤销"请求开门"信号（Ask_NCOpn=F）；随后机器人就可以把物料送入到机床中。编写这段程序的操作步骤如下：

① 如图 6-90 所示，在第一个操作"Robot_InMaterial"的第一个"BeforeDoor"行，单击"离线编程命令"栏，即弹出图示的"离线编程命令"对话框。

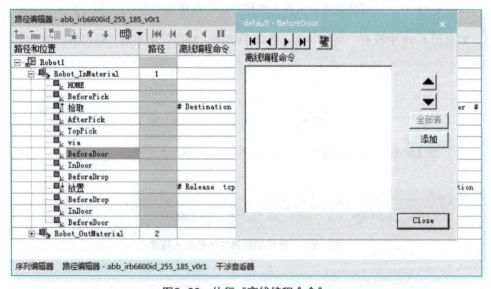

图6-90 执行"离线编程命令"

② 如图 6-91 所示，在"离线编程命令"对话框中单击"添加"按钮，在弹出的快捷菜单中单击"Standard Commands → Synchronization → SendSignal"命令，弹出图 6-92 所示的"发送信号"对话框。

③ 如图 6-92 所示，设置"信号名称："为"Ask_NCOpn"，"值："为"1"，然后单击"确定"按钮，即可在"离线编程命令"对话框中查看写入的指令，如图 6-93 所示。

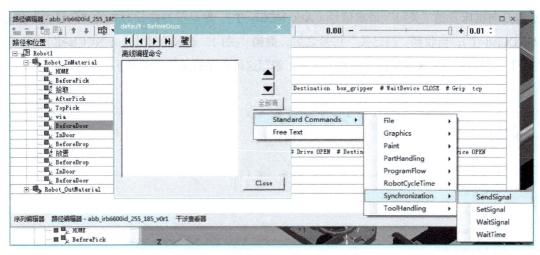

图6-91 选择机器人离线编程命令

④ 按照类似操作,完成等待信号(IsNCOpnd=1)的设置:"Standard Commands→Synchronization→WaitSignal"。

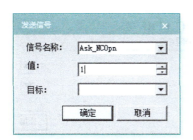

图6-92 编辑发送信号　　　　图6-93 查看发送信号命令

⑤ 按照类似操作,完成撤销"请求开门"信号(Ask_NCOpn=0)的设置:"Standard Commands→Synchronization→SendSignal"。

⑥ 最终结果如图6-94所示,单击"Close"按钮,关闭"离线编程命令"对话框,在"路径编辑器"中能够看到添加的机器人指令,如图6-95所示。

当机床门打开之后,机器人按照设定轨迹把物料放进机床内,然后退出。当退出到达机床门口时,通

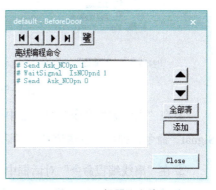

图6-94 机器人程序

过 PLC 向机床发送"关门"请求信号（Ask_NCCls=T）；然后等待接收对方的"门已关"信号（IsNCClsd=T）；当收到"门已关"信号之后，撤销"关门"请求信号（Ask_NCCls=F）；最后，"关门"之后再等待 3s 模拟机床的加工过程。编写这段程序的操作步骤如下：

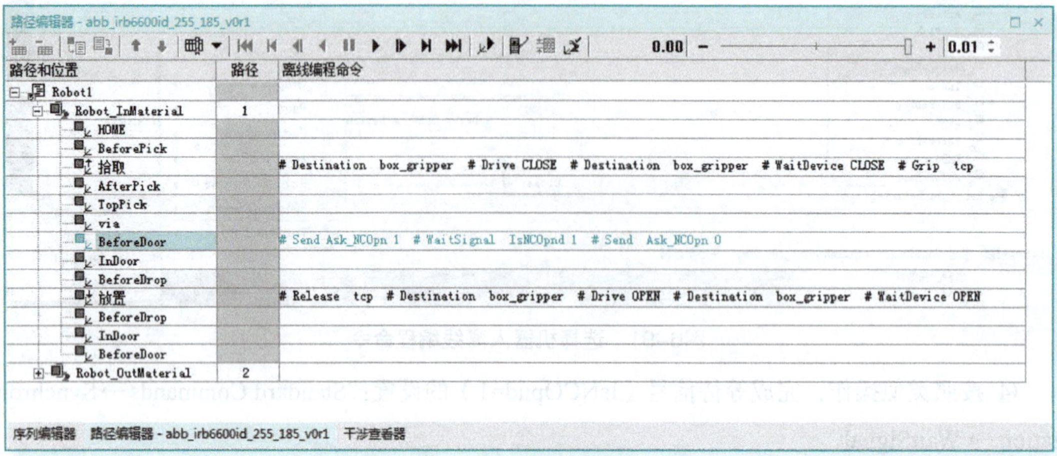

图6-95 离线编程命令

① 如图 6-96 所示，在第一个操作"Robot_InMaterial"的最后一行"BeforeDoor"单击"离线编程命令"栏，即弹出图示的"离线编程命令"对话框。

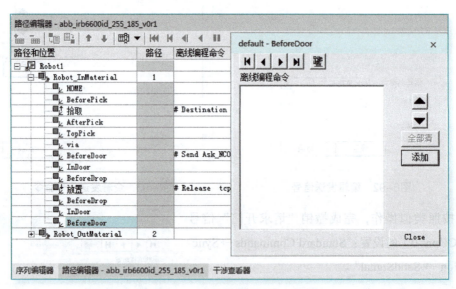

图6-96 "离线编程命令"对话框

② 在"离线编程命令"对话框中单击"添加→Standard Commands→Synchronization→Send Signal"命令，弹出"发送信号"对话框，填入命令使"Ask_NCCls=1"。

③ 在"离线编程命令"对话框中单击"添加→Standard Commands→Synchronization→Wait Signal"命令，弹出"等待信号"对话框，填入命令使"IsNCClsd=1"。

④ 在"离线编程命令"对话框中单击"添加→Standard Commands→Synchronization→Send Signal"命令，弹出"发送信号"对话框，填入命令使"Ask_NCCls=0"。

⑤ 在"离线编程命令"对话框中单击"添加→Standard Commands → Synchronization → WaitTime"命令，弹出"WaitTime"对话框，填入命令使"WaitTime =3"。

⑥ 最终结果如图 6-97 所示，单击"Close"按钮关闭"离线编程命令"对话框，在"路径编辑器"中就能够看到添加的机器人命令，如图 6-98 所示。

图6-97 离线编程命令

图6-98 离线编程命令

2）机器人出料程序。上述程序完成了机器人送料过程，送料后机器人退回门口，当机床加工完毕就退出第 1 个操作程序"Robot_InMaterial"，随即进入到第 2 个操作程序"Robot_OutMaterial"中。

① 在第 2 个操作中，机器人在机床门口（BeforeDoor）处同样需要通过 PLC 给机床发送"请求开门"信号；信号发送后，等待机床通过 PLC 返回给机器人的"门已打开"信号；收到该信号后，机器人撤销"请求开门"信号等过程。程序的编写过程与前述相同，编辑结果如图 6-99 所示。

② 在第 2 个操作中，当机器人取料退出到机床门口（BeforeDoor）处后，同样需要通过 PLC 向机床发送"关门"请求信号；然后就等待接收对方的"门已关"信号；当收到"门已关"信号之后，撤销"关门"请求信号。程序的编写过程与前述相同，最终编辑结果如图 6-100 所示。

③ 在"路径编辑器"中，该部分的程序片段如图 6-101 所示。

图6-99 开门离线编程命令

图6-100 关门离线编程命令

图6-101 机器人出料的离线程序

3）仿真运行中的信号设置。

① 设置物料流的启动信号。

a）如图6-102所示,在"信号查看器"的工具栏处单击"新建信号"按钮,即弹出图示的"新建"对话框。

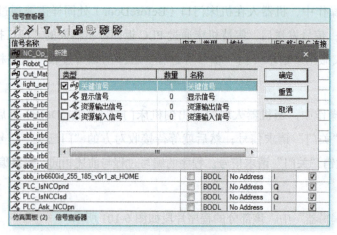
图6-102 新建信号

b）在图 6-102 中，勾选"关键信号"复选项，单击"确定"按钮，即可在"信号查看器"中增加一个名为"关键信号"的布尔型信号，把该信号更名为"InitSignal"，如图 6-103 所示。

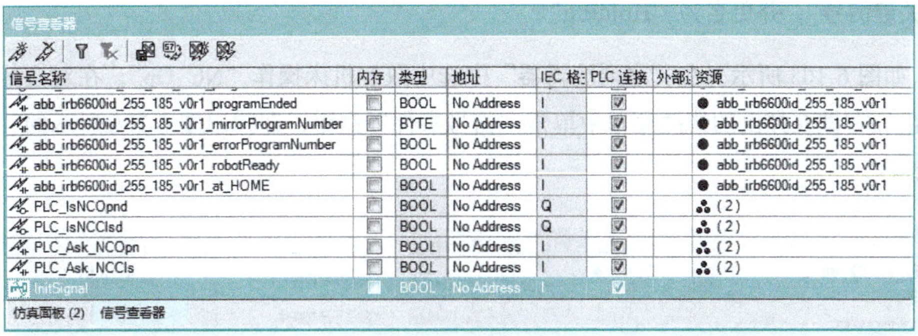

图6-103 信号更名

c）如图 6-104 所示，双击操作"OpStart"行"过渡"栏的过渡按钮，即弹出"过渡编辑器"对话框。单击该对话框中的"编辑条件..."按钮，弹出编辑窗口，在编辑区输入变量"InitSignal"，单击"确定"按钮，返回到"过渡编辑器"，再单击"确定"按钮关闭窗口即可。

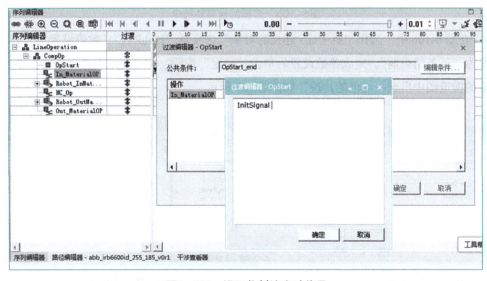

图6-104 设置物料流启动信号

② 设置机器人程序号的计算逻辑。该计算逻辑生成机器人程序号，其工作原理是：当物料触发光电传感器产生"物料到"信号时，启动机器人的 1 号程序，1 号程序结束退出后，切换到机器人的 2 号程序。故先设置一个初值为"0"（F）的布尔变量"HoldPrg"，当 1 号程序结束退出之前，在 1 号程序的操作内设置"HoldPrg"为"1"（T），一旦进入到机器人 2 号操作程序，就设置"HoldPrg"为"0"（F）。利用该变量与传感器信号"light_sensor"来产生机器人程序号。故机器人程序号的计算逻辑可以设置为：机器人程序号 =(1 * light_sensor) + (2 * HoldPrg)。

设置机器人程序号计算逻辑之前，先添加一变量"HoldPrg"，并在"序列编辑器"中添加

该变量的"信号事件",步骤如下:

a)在"信号查看器"中单击"新建信号"按钮,在弹出的"新建"对话框中勾选新建一个"关键信号",并更名为"HoldPrg"。

b)如图 6-105 所示,在"序列编辑器"中选中数控机床操作"NC_Op",在对应的横道图上单击鼠标右键在弹出的快捷菜单中单击"信号事件"命令,即弹出图 6-106 所示的"信号事件"对话框。

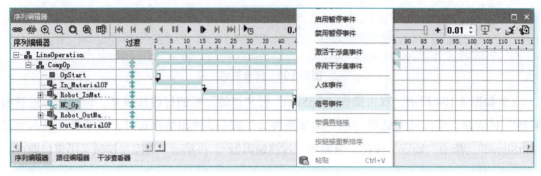

图6-105 选择信号事件指令

c)在图 6-106 中,选择"要生成/连接的对象"为变量"HoldPrg",数值设置为"TRUE",时间段为"任务结束前"。完成参数设置后单击"确定"按钮,即可完成设置,此时在序列编辑器对应的横道图中出现一红色的片段,如图 6-107 所示。

图6-106 设置信号事件　　　　图6-107 信号事件显示

d)按照同样的操作,在机器人 2 号程序操作"Robot_OutMaterial"中设置变量"HoldPrg"的数值为"FALSE",最终的结果如图 6-108 所示。

然后,再添加机器人程序号的计算逻辑,步骤如下:

a)单击主菜单"主页→查看器→查看器→模块查看器"命令,弹出"模块查看器"对话框,如图 6-109 所示。

b)在图 6-109 中,选中程序"Main",单击工具条上的"编辑模块"按钮,即弹出"模块编辑器"对话框,如图6-110所示。

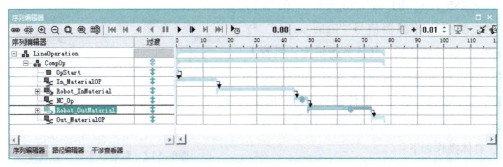

图6-108　查看信号事件

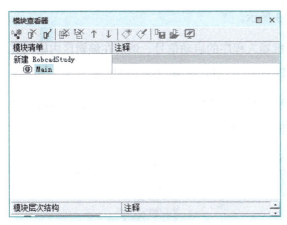

图6-109　"模块查看器"对话框

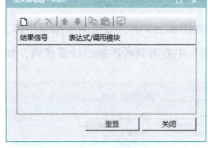

图6-110　"模块编辑器"对话框

c)在图6-110中,单击"新建入口"按钮,即弹出图6-111所示的"模块编辑器"对话框。

d)在图6-111中,输入机器人程序号的计算逻辑,即abb_irb6600id_255_185_v0r1_programNumber=(1 * light_sensor) + (2 * HoldPrg),然后单击"确定"按钮关闭该窗口,如图6-112所示,在"模块编辑器"窗口显示出输入的计算逻辑。

图6-111　编辑机器人程序号计算逻辑

③ 光电传感器信号设置为机器人程序的启动信号。机器人程序的启动信号为"abb_irb6600id_255_185_v0r1_startProgram"。在本例中，它主要受电传感器信号"light_sensor"与"HoldPrg"信号的控制，其计算逻辑为：机器人程序启动信号 =light_sensor 或者 HoldPrg。故需要编辑"HoldPrg"信号、电传感器信号"light_sensor"与机器人程序的启动信号的逻辑计算表达式，具体操作如下：

图6-112 查看程序号计算逻辑

a）单击主菜单"主页→查看器→查看器→模块查看器"命令，在"模块查看器"对话框中编辑主程序"Main"，增添入口程序如图 6-113 所示。

b）在图 6-113 中，设置"结果信号"为机器人程序的启动信号，然后在编辑区内输入其计算逻辑为：abb_irb6600id_255_185_v0r1_startProgram= light_sensor OR HoldPrg。

c）在图 6-113 中，按照图示编辑机器人程序号计算逻辑后单击"确定"按钮，即可在"模块编辑器"中查看到所添加的计算逻辑，如图 6-114 所示。

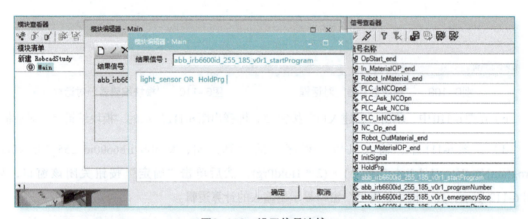

图6-113 设置信号连接

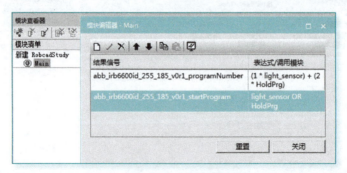

图6-114 查看"模块编辑器"

d）单击"关闭"按钮，返回到"模块编辑器"对话框中，关闭该对话框即可。

（3）仿真运行

1）在"生产线模式"下单击主菜单"主页→查看器→仿真面板"命令，即弹出图6-115所示的"仿真面板"列表框。

2）把"信号查看器"中的相关信号加入到"仿真面板"中，勾选操作启动信号"InitSignal"的"强制！"复选项。

3）单击"序列编辑器"工具条上的"正向播放运行"按钮▶，即进入到CEE模式下的仿真运行状态，单击图6-115中信号"InitSignal"的强制值，使其变为"T"（绿色），之后再单击使其变为"F"（红色），即可启动物料流仿真。

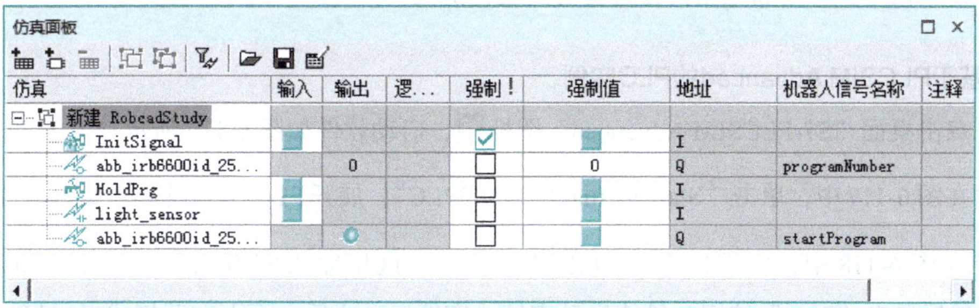

图6-115 "仿真面板"列表框

4）如图6-116所示，物料产生之后，经第一个传输带传送到机器人手臂下方，机器人抓取后给数控机床进料，进料后机器人退出等待机床门打开，门打开后机器人执行出料操作，把加工后的工件放置到第二个传输带上，然后经第二个传输带传送到另外一端后，工件消失。

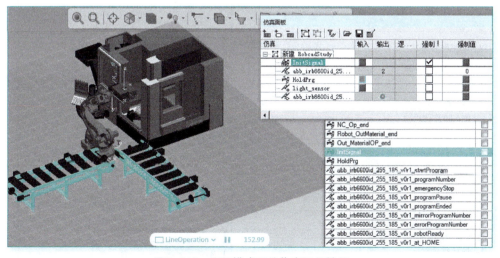

图6-116 CEE模式下的仿真运行结果

5）复位操作后，再次使"InitSignal"强制值置"1"后再置"0"，将会重复上一轮操作过程。

6.2.2 机器人工作站系统虚拟调试

1. 任务描述

1）在 Process Simulate 中整理项目操作,创建并设置与 PLC 之间的输入输出信号。

2）创建逻辑块并设置信号逻辑,创建操作的信号事件。

3）创建并设置 PLCSIM Advanced 实例。

4）完成 PLC 硬件组态,创建并设置与 Process Simulate 之间的输入/输出信号,编写 PLC 程序,并下载到 PLCSIM Advanced 实例中。

5）使用信号查看器和控制面板查看仿真运行情况。

2. 基于PLCSIM Advanced的PLC实例

1）双击桌面"S7-PLCSIM Advanced"图标 ,启动软件如图 6-117 所示。

2）在图 6-117 中,单击"Start Virtual S7-1500PLC",展开 PLC 实例设置,如图 6-118 所示。

3）在图 6-118 中,实例的名称可以自行设定,这里输入实例名称（Instance name）为"abc",然后单击"Start"按钮,等待启动实例。实例启动之后,下面有黄灯或者绿灯提示（其中,黄灯是实例已经启用,但没有运行程序;绿灯是实例已经启动,并且已经运行了该程序）。

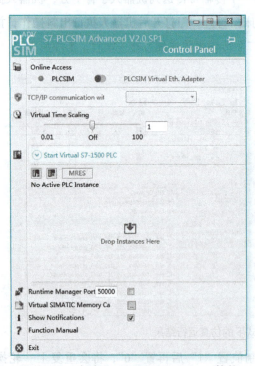

图6-117　启动S7-PLCSIM Advanced软件　　　　图6-118　设置PLC实例

4)最小化该软件,进行下面的操作。

3. 项目导入与调整

(1)准备文件　焊接工作站的文件存放在"VC"文件夹下,组件模型文件如图6-119所示。

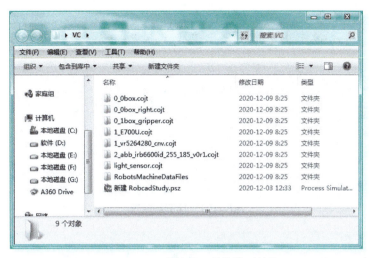

图6-119　工作站项目整体模型结构

(2)打开 Process Simulate 项目

1)双击"VC"文件夹中项目文件"新建 RobcadStudy.psz",即可打开项目如图 6-120 所示。

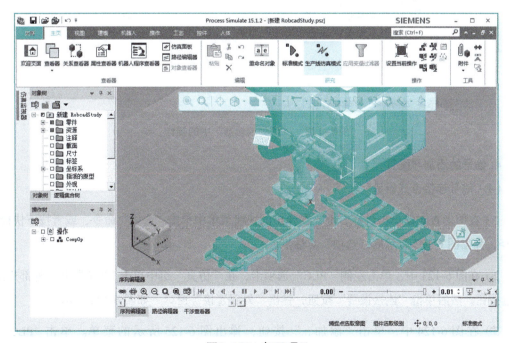

图6-120　打开项目

2)在图 6-120 中,单击主菜单"主页→研究→生产线仿真模式"命令。

3）把操作拖拽到"序列编辑器"中，如图 6-121 所示。

4）在图 6-121 中，删除"OpStart"操作，在"序列编辑器"中删除各个操作之间的链接，然后再删除操作中的"事件"，结果如图 6-122 所示。

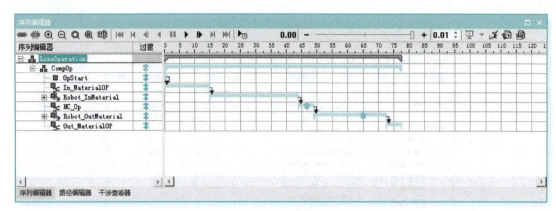

图6-121 序列编辑器

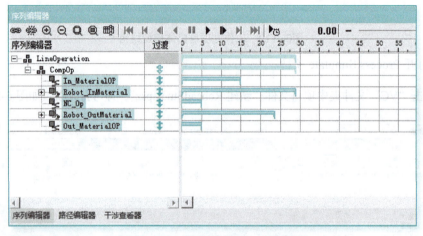

图6-122 "序列编辑器"中的操作

4. 信号的添加与配置

（1）信号连接方式设置

1）在图形查看器单击鼠标右键，在弹出的快捷菜单中单击"选项"命令，或者按下快捷键<F6>，弹出图 6-123 所示的"选项"对话框。

2）在图 6-123 中，单击左侧"PLC"选项卡，在"仿真"组中单击"PLC"和"外部连接"单选按钮，然后单击"连接设置"按钮，弹出"外部连接"窗口，如图 6-124 所示。

3）在图 6-124 中，单击"添加..."按钮，弹出图 6-125 所示的菜单。单击"PLCSIM Advanced"命令，弹出图 6-126 所示的"添加 PLCSIM Advanced 2.0 连接"对话框。

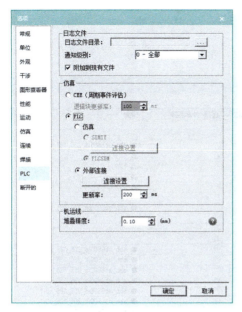

图6-123 "选项"对话框

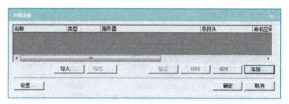

图6-124 "外部连接"窗口

图6-125 选择菜单

图6-126 设置连接对话框

4)在图6-126中,输入名称"ABC",选择实例名称为"abc",其他设置如图中所示,单击"确定"按钮,即可完成"外部连接"的添加。如图6-127所示。

5)在图6-127中,单击选中所创建的连接,再单击"验证"按钮,弹出"所选外部连接有效"信息提示,说明已经建立了有效的连接,单击"确定"按钮返回,关闭打开的窗口即可。

图6-127 添加外部连接

（2）信号的添加与设置

1）打开"信号查看器"，如图 6-128 所示。

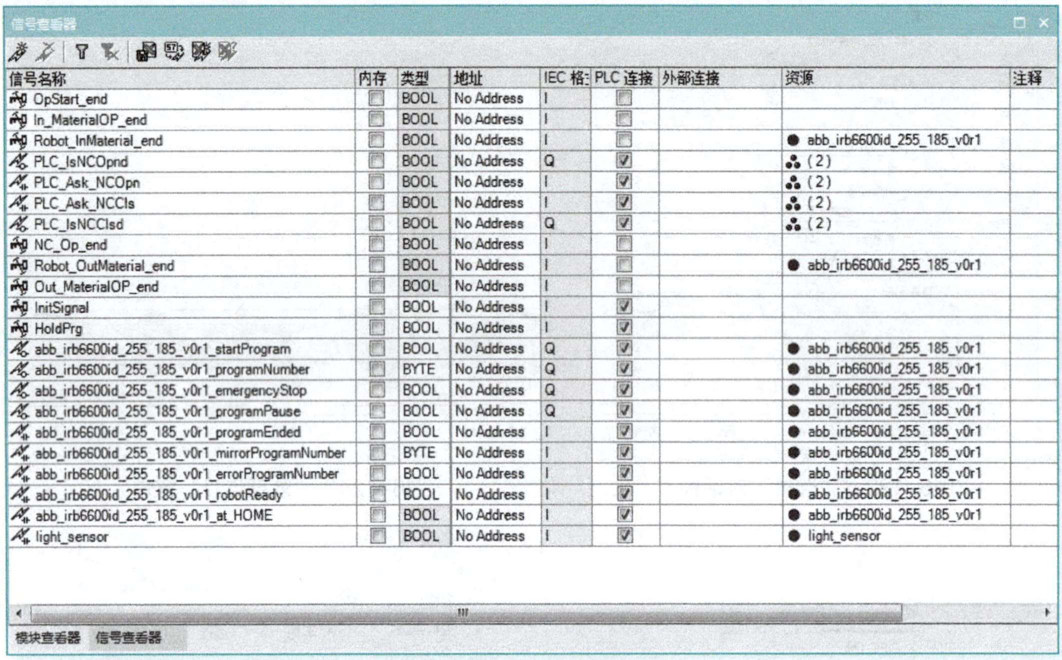

图6-128　打开"信号查看器"

2）在信号查看器中单击工具栏中"新建信号"按钮，弹出图 6-129 所示的"新建"对话框，勾选"资源输入信号"复选项，"数量"设为"5"，单击"确定"按钮。

3）在"信号查看器"中更名 5 个新建信号名称，设置新建信号的外部连接为"ABC"，分别设置各个信号的名称、输入地址为"End_InMaterial（I100.1）、End_RobotPrg1（I100.2）、End_NC（I100.3）、

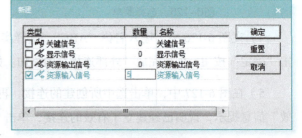

图6-129　新建信号

End_RobotPrg2（I100.4）和 End_OutMaterial（I100.5）"。最后设置光电传感器信号"light_sensor"的外部连接为"ABC"，地址为 I100.0，结果如图 6-130 所示。

4）仿照上述操作，添加输出信号：启动机器人程序 1 信号 Start_RbtPrg1、启动机器人程序 2 信号 Start_RbtPrg2，外部连接均为 ABC，地址分别设置为 Q200.2、Q200.4。

5）选中"操作树"浏览器中的操作"In_MaterialOP"，单击主菜单"控件→操作信号→创建所有流起始信号"命令，并更名为"start_InMaterial"，设置"外部连接"为"ABC"，地址设置为"Q200.1"。

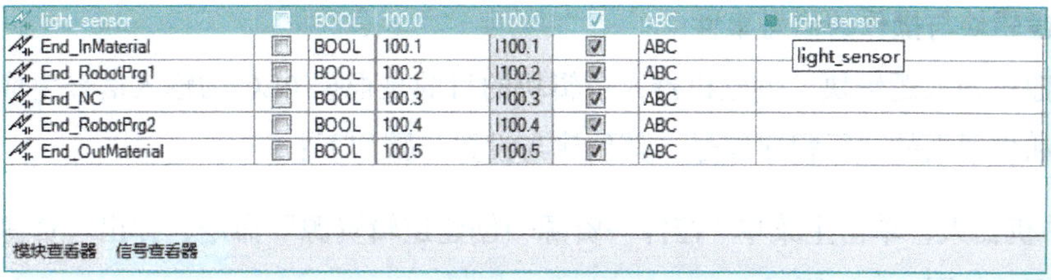

图6-130 设置信号的外部连接与输入地址

6）按照同样的操作，创建操作"NC_Op"的起始信号，并更名为"start_NC"，设置"外部连接"为"ABC"，地址设置为"Q200.3"。

7）按照同样的操作，创建操作"Out_MaterialOP"的起始信号，并更名为"start_OutMaterial"，设置"外部连接"为"ABC"，地址设置为"Q200.5"。输出信号设置完毕后的效果如图6-131所示。

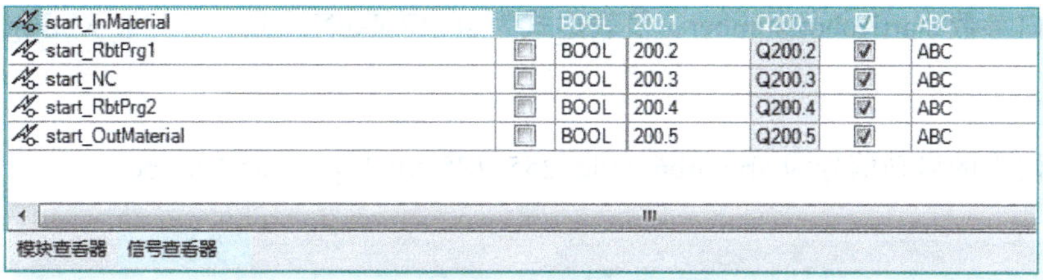

图6-131 设置输出信号的外部连接与输入地址

8）整理信号的PLC连接，所有信号"PLC连接"的勾选情况如图6-132所示。

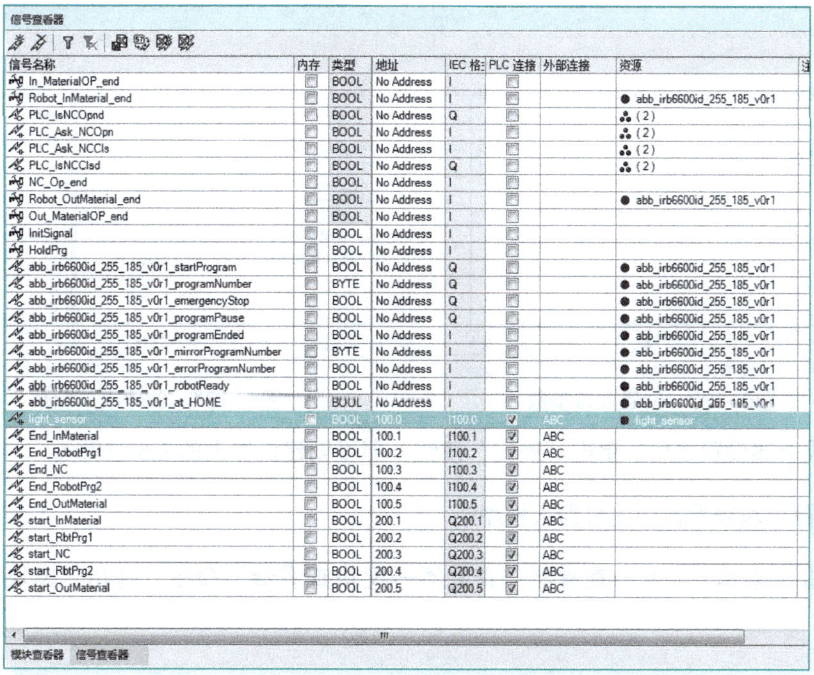

图6-132 设置信号的PLC连接

5. 建立逻辑块与操作的信号事件

（1）创建机器人逻辑块　创建机器人逻辑块的目的是根据 PLC 的输入信号生成机器人的启动信号和机器人的执行程序编号，其创建与设置步骤如下：

1）选中机器人，单击主菜单"控件→资源→创建逻辑资源"命令，弹出"资源逻辑行为编辑器"对话框，如图 6-133 所示。

2）在图 6-133 中，创建入口参数"st_RbtPrg1"连接 PLC 的输出信号"start_RbtPrg1"，参数"st_RbtPrg2"连接 PLC 的输出信号"start_RbtPrg1"。

如图 6-134 所示，创建出口参数"startRobot"，值表达式为 startRobot=st_RbtPrg1 OR st_RbtPrg2。

连接机器人的启动信号为 abb_irb6600id_255_185_v0r1_startProgram。

创建出口参数 startRobotNumber，值表达式为 startRobotNumber=（1*st_RbtPrg1）+（2* st_RbtPrg2）。

连接机器人的启动信号为 abb_irb6600id_255_185_v0r1_programNumber。

 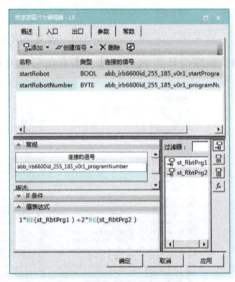

图6-133　创建入口参数　　　　图6-134　创建出口参数

3）完成上述设置之后，单击"确定"按钮，即可创建机器人的 LB 逻辑块。

（2）删除模块查看器中的机器人程序

1）单击主菜单"主页→查看器→查看器→模块查看器"命令，弹出"模块查看器"对话框。

2）如图 6-135 所示，删除主程序"Main"下的逻辑，单击"关闭"按钮，关闭"模块编辑器",然后再关闭"模块查看器"即可。

图6-135 删除程序逻辑

(3)创建操作中的事件

1)如图6-136所示,在"序列编辑器"列表框中选中序列"In_MaterialOP",单击鼠标右键,在弹出的快捷菜单中单击"信号事件"命令,弹出图6-137所示的"信号事件"对话框。

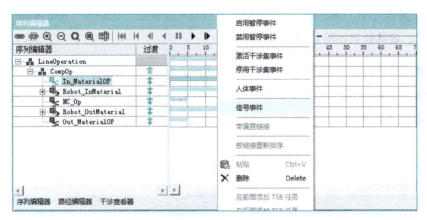

图6-136 "信号事件"命令

2)在图6-137中,"要生成/连接的对象"为"End_InMaterial",值设置为"TRUE",任务结束前0.00s,此信号标记进料传输到位。任务设置后的效果如图6-138所示。

图6-137 设置信号事件"TRUE"

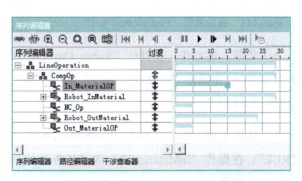

图6-138 信号事件"TRUE"效果

3）如图6-139所示，按照同样的操作，选中操作"Robot_InMaterial"，在该操作的"任务开始后"1.00s位置处，设置信号事件让"End_InMaterial"变为"FALSE"，效果如图6-140所示。这样就完成了信号"End_InMaterial"的置位与复位操作。

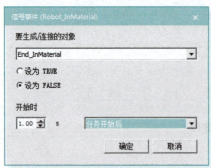 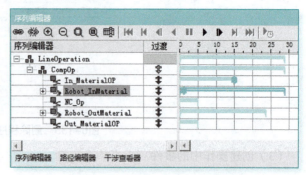

图6-139　设置信号事件FALSE　　　　图6-140　信号事件FALSE效果

4）按照上述步骤，在操作"Robot_InMaterial"结束时，让信号"End_RobotPrg1"置位为"TRUE"；在操作"NC_Op"的"任务开始后"1.00s位置处，让信号"End_RobotPrg1"复位为"FALSE"，最终效果如图6-141所示。

5）按照同样的方法，在操作"NC_Op"结束时，让信号"End_NC"置位为"TRUE"；在操作"Robot_OutMaterial"的"任务开始后"1.00s处，让信号"End_NC"复位为"FALSE"，最终效果如图6-142所示。

 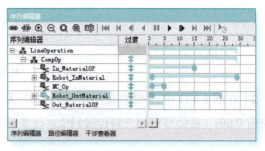

图6-141　置位复位"End_RobotPrg1"　　　　图6-142　置位复位"End_NC"

6）依照上述方法，在操作"Robot_OutMaterial"结束时，让信号"End_RobotPrg2"置位为"TRUE"；在操作"OutMaterialOP"的"任务开始后"1.00s处，让信号"End_RobotPrg2"复位为"FALSE"。

7）依照上述方法，在操作"OutMaterialOP"结束时，让信号"End_OutMaterial"置位为"TRUE"；在操作"InMaterialOP"的"任务开始后"1.00s处，让信号"End_OutMaterial"复位为"FALSE"；最终效果如图6-143所示。

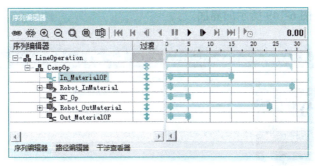

图6-143 设置事件

6. PLC控制组态与程序编辑

（1）PLC 控制组态

1）双击桌面博途 TIA 图标，运行博途软件，如图 6-144 所示。

2）在图 6-144 中，选择"创建新项目"按钮，然后输入项目名称，单击"创建"按钮，即可出现图 6-145 所示的界面。

图6-144 启动博途TIA

3）在图 6-145 中，单击"打开项目视图"，即可进入博途 TIA 的项目界面中，如图 6-146 所示。在左侧栏"项目树→设备"的最上方，用鼠标右键单击项目名称，弹出快捷菜单，单击"属性"命令，弹出"属性"对话框，如图 6-147 所示。

4）在图 6-147 中，单击"保护"选项卡，勾选"块编译时支持仿真"复选项，单击"确定"按钮。

5）如图 6-148 所示，在项目主页面中单击"添加新设备→控制器"命令，按照图示选择"SIMATIC S7-1500"下的 CPU 为"CPU 1513-1PN → 6ES7 513-1AL01-0AB0"，然后单击"确定"按钮,即可进入图 6-149 所示的界面。

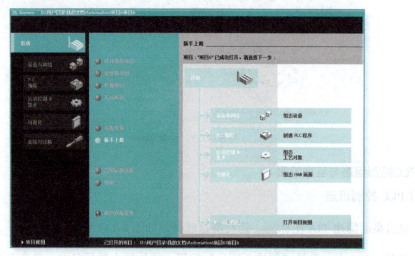

图 6-145 创建新项目

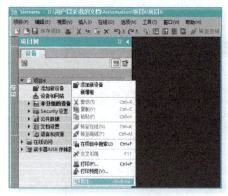

图 6-146 修改项目属性

图 6-147 块编译时支持仿真

图 6-148 添加PLC控制器

6）在图 6-149 中，设置 PLC 的 IP 地址，本例使用默认的 IP：192.168.0.1，即可完成组态。

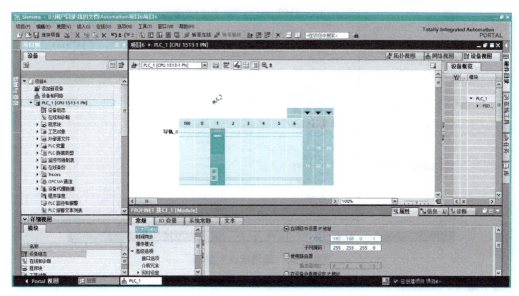

图6-149　设置PLC组态

（2）输入输出变量设置

1）参考 Process Simulate 中的输入/输出变量设置（图 6-132），设置与 PLC 控制器之间的接口变量，见表 6-1。

表 6-1　PLC 控制器与 PS 的输入/输出变量

PLC 控制器信号		Process Simulate 信号	
信号名	变量地址	信号名	作用
进料结束	I100.1	End_InMaterial	进料流程结束
RobotPrg1 结束	I100.2	End_RobotPrg1	机器人程序 1 结束
NC 结束	I100.3	End_NC	NC 加工结束
RobotPrg2 结束	I100.4	End_RobotPrg2	机器人程序 2 结束
OutMaterial 结束	I100.5	End_OutMaterial	出料流程结束
启动进料	Q200.1	Start_InMaterial	启动进料流程
启动机器人程序 1	Q200.2	Start_RbtPrg1	启动机器人程序 1
启动 NC	Q200.3	Start_NC	启动 NC 加工
启动机器人程序 2	Q200.4	Start_RbtPrg2	启动机器人程序 2
启动出料	Q200.5	Start_OutMaterial	启动出料流程

2）如图 6-150 所示，打开"默认变量表"，在表中填入上述变量，然后再添加中间寄存器变量 M200.0→M200.7，变量名称分别为停止操作、执行进料流、执行机器人程序 1、执行 NC、执行机器人程序 2、执行出料、开始脉冲＋以及开始脉冲－。

图6-150 编辑默认变量表

（3）编写 PLC 程序

PLC 程序可参考图 6-151、图 6-152，其中图 6-151 是各个操作的起始条件判断，图 6-152 用于执行各个操作。

图6-151 操作的起始条件

第一次启动操作使用了一个名为"开始脉冲"的信号,当为高电平上升沿时,启动整个流程,然后按照进料、机器人程序 1、NC 加工、机器人程序 2、出料等流程的先后顺序执行,结束后又自动从新循环执行。当"停止操作"为高电平时,就结束下一次循环。各个操作的执行程序如下:

图6-152　执行操作流程

7. 虚拟调试系统运行

（1）PLC 程序下载

1）如图 6-153 所示，单击"编译"按钮，然后再单击"下载"按钮，弹出图 6-154 所示的"下载预览"对话框。

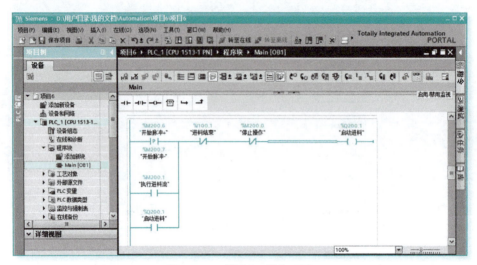

图6-153　博途TIA程序界面

2）在图 6-154 中，单击"装载"按钮，即弹出图 6-155 所示的"下载结果"对话框。在该对话框中，单击下拉列表框按钮，选择"启动模块"，然后单击"完成"按钮，返回博途 TIA 主界面。

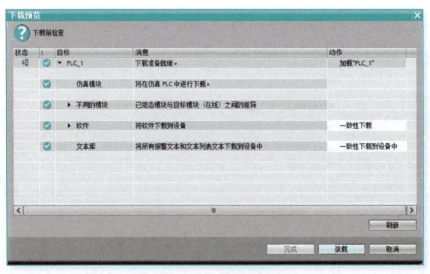

图6-154　"下载预览"对话框

3）在博途 TIA 程序界面的工具栏上单击"启用/禁用监视"按钮，或者单击主菜单"在线→监视"命令，或者按下快捷键 <Ctrl+T>，即可开启程序的"监视"模式，如图 6-156 所示。

图6-155 "下载结果"对话框

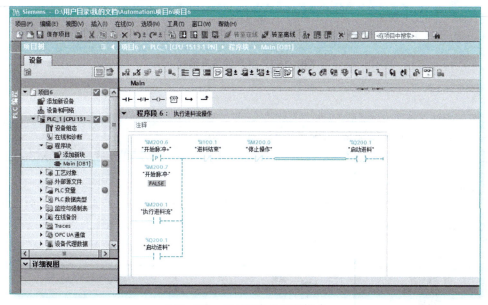

图6-156 PLC程序的监视模式

（2）启动PS仿真

1）如图6-157所示，单击主菜单"主页→研究→生产线仿真模式"命令，使项目处于"生产线仿真模式"下。

2）单击"序列编辑器"浏览器中工具栏上的"正向播放仿真"按钮▶，开始仿真。

3）在博途TIA中，如图6-158所示，单击鼠标右键，在弹出的快捷菜单中设置"开始脉冲+"为"T"，即可开启Process Simulate中物料流的仿真，其仿真效果如图6-159所示。

工业机器人应用系统建模（Tecnomatix）

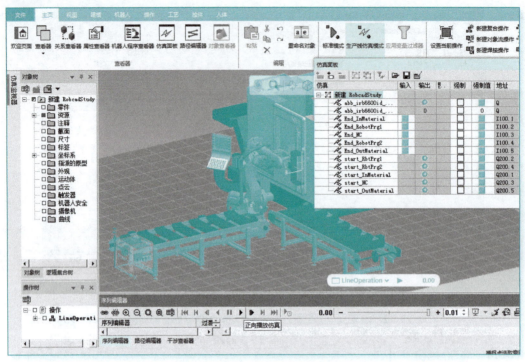

图6-157 生产线仿真模式

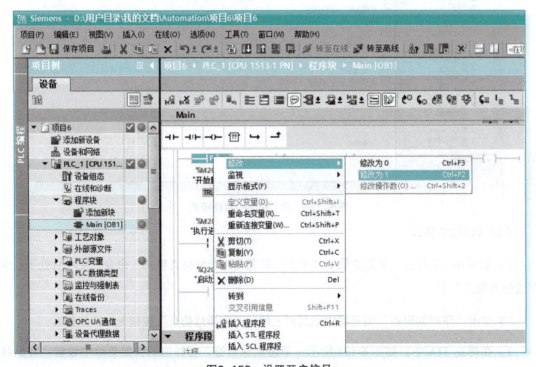

图6-158 设置开启信号

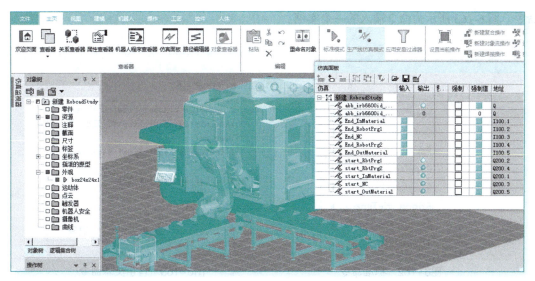

图6-159 启动仿真

6.3 知识拓展

6.3.1 机器人离线编程命令概述

在"路径编辑器"中,单击机器人程序操作的"离线编程命令"栏,即弹出"离线编程命令"对话框,如图6-160所示。单击"添加"按钮,弹出的菜单如图6-161所示。

图6-160 "离线编程命令"对话框

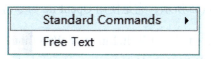

图6-161 离线编程命令

在图6-161中,指令可分为标准命令和自由文本命令两种,其中,标准命令下的菜单(图6-162)包含了一系列命令集;自由文本命令是指以文本字符的形式直接输入机器人系统的命令。图 6-163 所示为命令输入的一个实例。

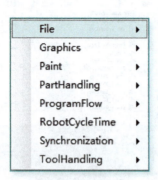

图6-162　标准命令

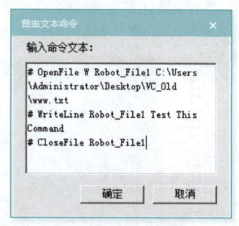

图6-163　自由文本命令

6.3.2　机器人标准命令

下面介绍一下图 6-162 所示的机器人标准命令。

1. 文件（File）

1）打开文件（OpenFile）：# OpenFile，用于打开一个文件进行编辑。如图 6-164 所示，打开模式（Mode）有追加和覆盖 2 种。文件句柄（Handle）作为一个文件指针在执行 WriteLine 和 CloseFile 命令时使用，文件名（Name）指明了要打开的文件（包含路径）。

图6-164　打开文件

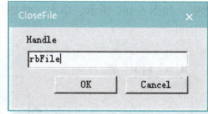

图6-165　关闭文件

2）关闭文件（CloseFile）：# CloseFile，用于关闭已打开的文件，执行该命令弹出的命令框如图 6-165 所示，它是使用 OpenFile 命令打开的文件的句柄。

3）行写入（WriteLine）：# WriteLine，允许在打开的文件中写入一行文本。如图 6-166 所示，使用的文件句柄（Handle）来自于 OpenFile 命令所打开的文件，并在表达式字段（Expression）中填入要写入的文本。使用双引号输出变量或信号的值，例如，键入"E1"写入信号 E1 的值。

2. 图形（Graphics）

1）隐藏（Blank）：# Blank，在仿真过程中隐藏对象。如图 6-167 所示，需要选择被隐藏的对象。

图6-166　行写入命令

图6-167　隐藏命令

2）显示（Display）：# Display，用于在仿真过程中显示对象。如图 6-168 所示，需要选择被显示的对象。

3）TCP 追踪器（TCP Tracker）：# TCP Tracker，允许启动、暂停、恢复或停止在模拟过程中分配给当前操作的机器人 TCP 跟踪器。如图 6-169 所示，可以选择不同的 TCP 跟踪器操作模式。

图6-168　显示对象命令

图6-169　"TCP追踪器"对话框

3. 涂漆（Paint）

1）打开喷漆枪（OpenPaintGun）：# OpenPaintGun，用于标记开始喷漆的程序位置。执行该命令，会在机器人程序中插入机器人命令代码"# OpenPaintGun"。

2）关闭喷漆枪（ClosePaintGun）：# ClosePaintGun，标记喷漆应停止的位置，执行该命令，会在机器人程序中插入机器人命令代码"# ClosePaintGun"。

3）更改漆刷（ChangeBrush）：#ChangeBrush，标记应更改绘画样式的位置（例如 Brush1、Brush2、Brush3 等），执行该命令，会弹出图 6-170 所示的对话框，输入漆刷的名称后单击"确定"按钮，即可在程序中添加一条命令"#ChangeBrush 漆刷名称"。

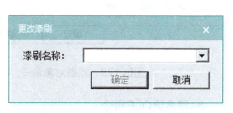

图6-170　"更改漆刷"对话框

4. 零件搬运（PartHandling）

1）附加（Attach 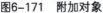）：#Attach，将选定的组件附加到另一个组件或链接上。执行该命令弹出图 6-171 所示的"附加"对话框，可以选择被附加对象和要附加到的对象，然后单击"确定"按钮，可添加 Attach 命令到程序中。

2）脱离（Detach）：#Detach，用于脱离已经附加的对象。执行该命令弹出图 6-172 所示的对话框，可以选择被脱离的对象后，单击"确定"按钮，可添加"#Detach"命令到程序中。

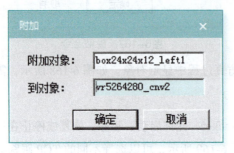
图6-171 附加对象

图6-172 脱离对象命令

3）抓握（Grip）：#Grip，将夹持器移动到指定的姿势，并将零件连接到其上。如图 6-173 所示，设置握爪、坐标系和抓握姿态后单击"确定"按钮，即可在程序中添加"#Grip"命令。在"拾取和放置"操作中，此 OLP 命令会自动添加到夹点位置；对于零件处理，此 OLP 命令优于"附着"命令。

4）释放（Release）：# Release，将夹持器移动到指定位置，并分离零件。如图 6-174 所示，设置握爪、坐标系和抓握姿态后单击"确定"按钮，即可在程序中添加"# Release"指令。在"拾取和放置操作"中，此 OLP 命令将自动添加到发布位置；对于零件处理，此 OLP 命令优于"拆离"指令。

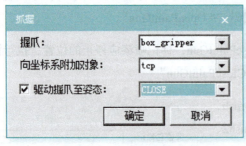
图6-173 抓握对象命令

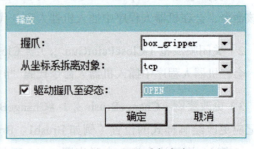
图6-174 释放对象命令

5. 程序流OLP指令

1）调用路径（CallPath）：# CallPath，在执行一个路径的过程中，可以通过调用来执行另一个路径。一旦执行完成，它将从原先路径停止的地方恢复。

2）调用程序（CallProg）：#CallProg，类似于CallPath，但调用的是程序而不是路径。

6. 工具操作（ToolHanding）

1）连接（Connect）：# Connect，在模拟过程中向机器人添加外轴，即从指定设备连接指定关节作为机器人的外轴。

2）断开（Disconnect）：#Disconnect，在模拟过程中移除机器人的外轴，即从机器人上断开指定设备的所有外部轴关节。

3）驱动设备（DriveDevice）：# DriveDevice，将所选设备移动到所选的目标姿势。

4）安装（Mount）：# Mount，在机器人上安装新工具。

5）卸载（Unmount）：# Unmount，卸载机器人上的现有工具。

6）等待设备（WaitDevice）：#WaitDevice，机器人等待选定的设备到达所选的目标姿势。

7）驱动设备关节（#Drive Device Joints）：# Drive Device Joints，将选定运动设备的选定关节移动到指定的关节值。

7. 同步OLP命令（Synchronization）

1）发送信号（SendSignal）：# SendSignal，在线模拟模式下，机器人向PLC发送机器人信号。

2）设置信号（SetSignal）：# SetSignal，允许为所选机器人设置输出信号的值。

3）等待信号（WaitSignal）：# WaitSignal，在线模拟模式下，机器人等待来自于PLC传给机器人的信号。

4）等待时间（WaitTime）：# WaitTime，机器人等待设定好的时间后再执行下一个命令。

6.3.3 机器人条件命令

条件命令支持的基本语法有：逻辑运算符（AND、OR、NOT）、括号、机器人信号（区分大小写）、十进制和整数值及算术运算符（+，-，*，/），OLP命令不区分大小写。下面简要介绍一下机器人的条件命令。

1）If-then-else。使用If命令使程序的执行取决于条件的结果：如果条件返回"true"，则执行Then和Elseif之间的行；如果条件返回"false"，则执行Elseif命令；否则执行Else命令。如果不需要，也可以省略Else和Elseif命令。

基本语法：

If <condition>

Then

 # Elsif <condition>

 Then

 # Else

Endif

示例 1：

If (a + b) > c

Then

 # callPath pa1

 # Elsif a OR b Then

 # callPath pa2

 # Else

 # callPath pa3

2）Switch。当出现多种可能性时，Switch 命令可帮助编程者做出更简单、更清晰的选择。

基本语法：

Switch

 <expression>

Case <val1>,

 <val2>

Default

Endswitch

示例 2：

Switch (a+b)

 # Case 1

 # callPath pa1

 # Case 2, 3

 # callPath pa2

 # Default

 # callPath pa3

Endswitch

3）For 循环。For 循环使用指定的步长传递起始值和结束值之间的范围。循环变量的数据类型必须为整数。

基本语法：

For <var> From <start> To <end> Step <step> Do

For <var> From <start> To <end> Do

Endfor

示例 3：

For j From 1 To 10 Step 2 Do

 # callPath pa1

 # callPath pa2

Endfor

4）While 循环。只要条件为真，就会执行 While 循环。如果条件从不变为 FALSE，程序将永远运行下去。

基本语法：

\# While <expression> Do

\# Endwhile

示例 4：

\# While a < 100 Do

\# callPath pa1

\# Endwhile

6.4 小结

本项目介绍了机器人工作站系统仿真与虚拟调试项目的制作，巩固与提高了读者对零件、资源和操作等 eMS 基本对象的应用能力，加深了对物料流、信号和操作事件的理解；详细地介绍了工业机器人信号的设置、机器人离线程序 OLP 的编辑，智能设备——NC 机床的构建、逻辑块 LB 的创建与设置等操作步骤，以及机器人与机床的信号通信，使用模块编辑器新建与编辑机器人的入口程序等相关应用；重点介绍了基于 Process Simulate 的软件在环虚拟调试技术，内容涵盖了 PLCSIM Advanced 实例的创建、PLC 程序的开发与下载、PLC 与 Process Simulate 信号的连接，以及仿真调试等实施方法与操作步骤。

本项目是一个完整的虚拟调试技术实例，呈现出软件对零件、资源和操作等基本对象的管理功能以及与外围设备之间的信号交互功能。可以看出，复杂的软件功能分解到底，都是一个个具体小功能模块的组合与叠加，都是由解决具体问题而探索出的一项项能够落地的技术方案。这反映了一种最常见的认知：不积跬步，无以至千里；不积小流，无以成江河。数字孪生技术的发展体现了这种脚踏实地的务实精神。我们需要学习的就是这种从小处着手、不好高骛远的实干精神。当这些小问题都得到解决的时候，就已经离预期目标不远了。

项目 7
CHAPTER 7

机器人连续制造特征加工工艺建模

【知识目标】

1. 熟悉连续制造特征的概念，深入理解产品制造特征、工艺资源设备及工艺操作等基本对象之间的关系，巩固与提高对这些基本对象的使用技能。

2. 了解电弧焊工艺，掌握行程角度、工作角度、旋转角度、底壁偏置、侧壁偏置和焊缝偏置等焊接专业术语。

3. 掌握连续制造特征曲线、连续制造特征、连续操作和制造特征投影的创建与应用步骤。

4. 掌握可达位置检测、自动角与位置饼图、投影、焊炬以及焊接轨迹优化等基础操作方法。

5. 掌握变位机在焊接中的使用方法。

【技能目标】

1. 会创建电弧焊项目，能完成电弧焊仿真布局，会在仿真环境中安装机器人、机器人焊枪和变位机等相关资源以及产品的三维模型。

2. 会建立焊接工件的连续制造特征曲线，能根据曲线生成待加工产品的制造特征数据，再根据制造特征生成机器人的连续特征操作。

3. 能把产品零件的制造特征投射到机器人的连续特征操作中，能编辑制造特征，生成机器人的电弧焊加工路径，以进行仿真验证。

4. 会使用变位机协助机器人完成对产品零件的连续制造特征焊接操作。

5. 能建立干涉集查看碰撞情况，会在仿真环境中优化焊接路径。

工业机器人应用系统建模（Tecnomatix）

7.1 相关知识

7.1.1 连续制造特征与电弧焊基础

1. 连续制造特征

连续制造特征可用于描述连续过程，这里的连续过程是指机器人沿着产品零件的边缘或表面连续移动的过程。在工程实践中，连续过程的应用很广，包括电弧焊、涂胶、喷漆、激光切割、激光焊接、材料去除、滚轴卷边、焊缝、抛光、打磨、去毛刺和水切割等许多工业应用，这些连续过程普遍具有与被加工对象几何结构（例如曲线或直线）相关的特征。故常见的连续制造特征类型也可以概括为电弧焊、涂胶/点胶、焊缝、激光焊接、激光切割、水切割、滚边和油漆等的连续制造特征。这些制造特征有一个共性：它们都不包含坐标的方向，且仅表示机器人工具中心点 TCP 在零件上的理论位置。因此，在作路径规划和操作工艺设计的过程中，还要充分考虑加工过程中机器人工作姿态的调整。

2. 电弧焊基础

（1）电弧焊原理简介 连续制造特征涉及了一些焊接加工的工艺，故这里需要简要介绍一下电弧焊原理与相关专业术语。图 7-1 所示为惰性气体保护金属焊示意图，图中各个部分的含义为：①焊接行程方向；②接触尖端/管和气体喷嘴保护；③电极；④保护气体（防止浮渣和焊体孔隙，保证焊接质量）；⑤工件；⑥凝固金属；⑦熔接金属。

工作原理可以概括为：①工件和自耗电极之间形成电弧；②电弧连续不断地熔化电极，并被自动地送入熔池中，进给速度取决于焊丝直径、焊丝伸出距离、焊接电流和焊枪移动速度；③焊接金属通过流动气体的混合物与大气隔离；④焊接过程引导焊枪沿焊缝的位置和方向移动。

（2）电弧焊专业术语 上述电弧焊原理中涉及的术语解释如图 7-2 所示。

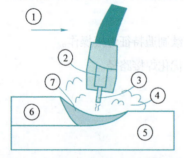

图 7-1 惰性气体保护金属焊示意图

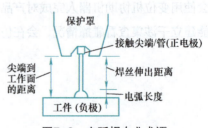

图 7-2 电弧焊专业术语

1）焊丝伸出距离：是焊丝电极的延伸距离，即接触尖端/管到焊丝负电极端点间的距离。

2）尖端到工作面的距离：包含电弧触头顶部到工件的距离和焊丝伸出距离，即尖端到工作面的距离 = 焊丝伸出距离 + 焊缝触头的高度。尖端到工作面的距离应保持一致，以避免过热和浪费保护气体。

3）焊炬方向：指控制焊枪火焰的方向。焊炬方向应平分被焊接工件之间的角度，行程角应近似垂直（与保护气体有关，例如，二氧化碳倾向于推动而不是拽动）。

4）焊缝：与焊接位置和通过点相关的电弧焊焊接路径。创建焊接位置的依据是待焊接工件的连续制造特征曲线。连续特征操作可包含一个或多个接缝。

5）焊炬偏移：指焊炬的附加距离，例如，在修改熔深、弧长、防止不同厚度工件上的烧穿等情况所设置的附加距离。TCP 通常放置在"焊丝伸出距离"处，焊弧长度约为焊接时的典型校准公差 1 mm。

7.1.2 连续制造特征的创建与查看

1. 创建连续制造特征

本项目中创建制造特征的方法是：先创建一个与零件制造特征相关的曲线，再根据这个曲线来创建零件的制造特征，具体步骤概括如下：

1）选中"对象树"浏览器中的零件，单击主菜单"建模→几何体→曲线→创建多段曲线"命令，创建出一个与零件相关的多段曲线。

2）选中"对象树"浏览器中零件的"多段曲线"，单击主菜单"工艺→连续→由曲线创建连续制造特征"命令。默认情况下，制造特征在图形查看器中显示为红色，也同时显示在制造特征查看器中。

3）在执行"投影连续制造特征"之前，需要新建一个机器人的"连续特征操作"，建立方法是单击主菜单"操作→创建操作→新建操作→新建连续特征操作"命令。

4）选中"连续制造特征操作"，单击主菜单"工艺→连续→投影连续制造特征"命令，就会创建一个连续的包含一系列位置操作的机器人连续操作；此命令为每个制造特征生成一个或多个定位操作。每个定位操作都包含机器人 TCP 在制造特征处的位置和方向。

2. 查看连续制造特征

可通过如下 3 种方法查看制造特征：

1）在图 7-3 所示的"操作树"浏览器中查看，当制造特征被投射到创建位置操作时，它们作为与仿真操作相关的子节点显现出来。

2）如图7-4所示，通过"图形查看器"查看，当制造特征被投射创建点位置的时候，这些制造特征将会在"图形查看器"中显示出来。

3）如图7-5所示，通过"制造特征查看器"查看。单击主菜单"主页→查看器→查看器→制造特征查看器"命令，即可弹出"制造特征查看器"列表，制造特征始终显示在此处。

图7-3 "操作树"浏览器查看制造特征

在图7-5的工具条中，自定义按钮 允许选择用户自定义"制造特征查看器"中的显示内容；类型过滤按钮 可用来通过选择"制造特征类型"来过滤掉其他信息，只显示需要查看的内容。

图7-4 "图形查看器"查看制造特征

图7-5 "制造特征查看器"查看制造特征

7.2 项目实施

7.2.1 创建机器人电弧焊工艺

1. 任务描述

1）建立项目研究，载入对象模型。

2）完成仿真布局：安装机器人、机器人焊枪和变位机等三维模型对象。

3）建立焊接工件的连续制造特征曲线，根据曲线生成制造特征，再根据制造特征生成机器人的连续特征操作。

4）把零件的制造特征投射到机器人连续特征操作中，然后编辑制造特征，生成机器人的电弧焊加工路径，最后进行仿真验证与优化。

2. 准备工作

（1）准备文件　创建一个项目文件夹"Arc_Weld_Simple"，然后把包含项目相关的模型文件的子文件夹拷贝到"Arc_Weld_Simple"中。本例中用到的子文件如图7-6所示。其中"Part_Lib"中包含了工件组件"Part.cojt"，环境布局组件"2Dlayout.cojt"；"Resource_Lib"中包含了焊接机器人的模型组件"irb1600id_4_150__01.cojt"、变位机的模型组件"IRBP_A750_D1000-H700.cojt"，以及焊枪模型组件"Robacta5000_36_S_type.cojt"。

图7-6　文件模型子文件夹

（2）创建研究　新建的研究命名为"RobocadStudy"，设置系统根目录为"Arc_Weld_Simple"。

（3）导入组件

1）如图7-7所示，单击主菜单"建模→组件→插入组件"命令，弹出图7-8所示对话框。

图7-7　选择插入组件

2）在图7-8中，框选子文件夹"Part_Lib"下的所有组件，然后单击"打开（O）"按钮，即可把组件加入到PS环境中，结果如图7-9所示。

3）如图7-10所示，打开"Resource_Lib"文件夹，选中该文件夹下的全部组件，然后单击"打开（O）"按钮，即可把组件同时加入到PS环境中。

组件全部插入完毕后，调整视图，效果如图7-11所示。在左边的"对象树"浏览器中可以看到被插入的全部组件。

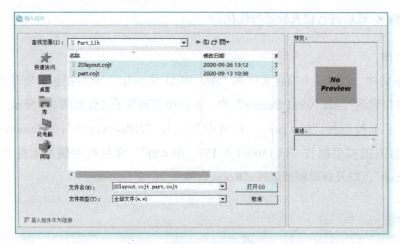

图7-8 添加组件（1）

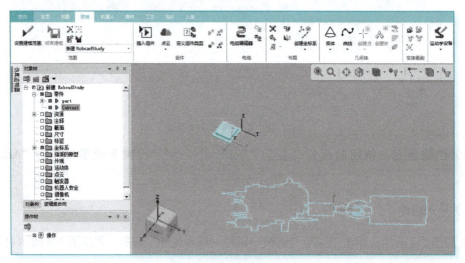

图7-9 添加组件（2）

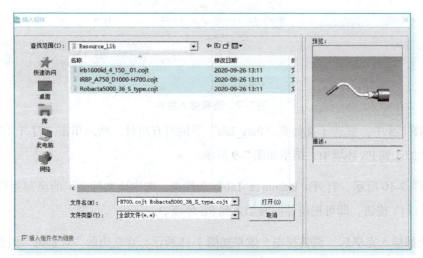

图7-10 添加组件（3）

机器人连续制造特征加工工艺建模 项目7

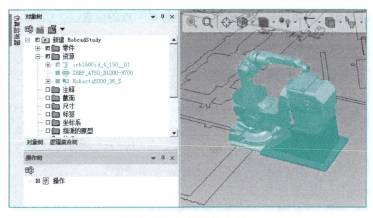

图7-11 添加组件（4）

3. 环境模型的布局与定位

（1）变位机定位

1）如图7-12所示，把变位机和2D安装图设为"显示"状态，"隐藏"掉其他组件。选中变位机，单击"重定位"按钮，在"重定位"对话框中设置"从坐标"的定位方式为"2点定坐标系"，弹出如图7-13所示的对话框。

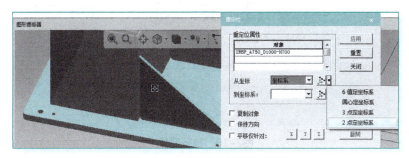

图7-12 "重定位属性"设置

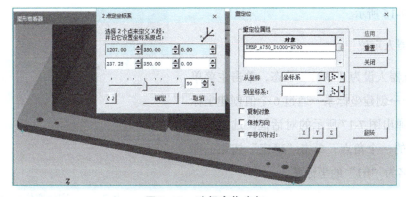

图7-13 选择定位坐标

2）在图7-13中，放大变位机底部的一个边，选择第一个点为该边线直线段的端点（与角圆弧的连接点）；第二个点为该边另一个端点，单击"确定"按钮，完成"从坐标"位置的确定。

3）如图7-14所示，采用同样方法确定"到坐标系"点的位置。

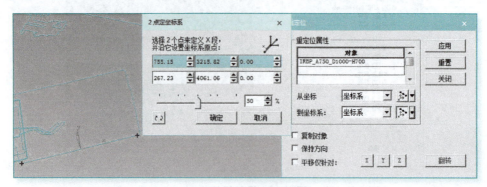

图7-14　定位变位机

4）单击"2点定坐标系"对话框中的"确定"按钮，就会在"从坐标"与"到坐标系"之间出现一个带有移动箭头的示意图，如图7-15所示。

图7-15　执行定位

5）在图7-15中，单击"应用"按钮，再单击"关闭"按钮，就完成了变位机的定位，最终效果如图7-16所示。

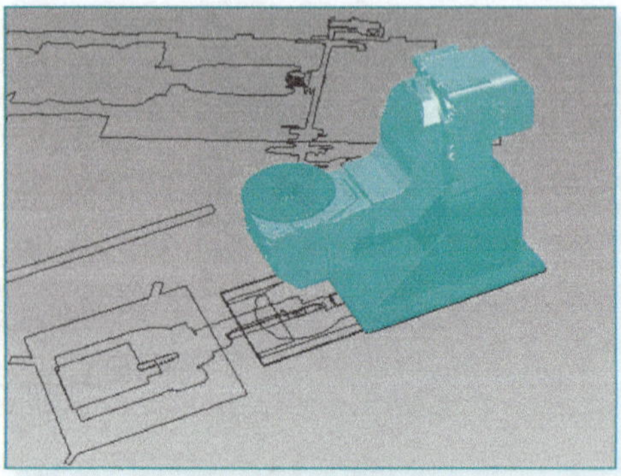

（2）机器人定位

1）把机器人设为"显示"状态，单击主菜单"建模→布局→创建坐标系→通过6个值创建坐标系"命令，弹出图7-17所示的对话框，选择机器人底座侧面的一个角点，单击"确定"按钮，即可创建一个名为"fr1"的坐标系。

2）选中坐标系"fr1"，然后单击"重定位"

图7-16　定位变位机效果

命令，如图7-18所示，设置"到坐标系："为"工作坐标系"，勾选"平移仅针对："复选项，单击"应用"按钮，让其坐标轴方向与工作坐标系的方向保持一致。

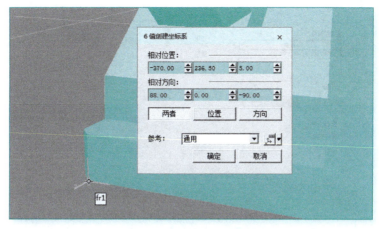

图7-17 选择边线的两个端点

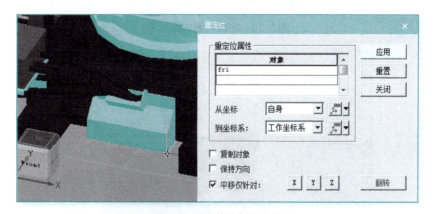

图7-18 调整坐标轴方向

3）按照同样的操作，如图7-19所示，建立"fr2"坐标系，设置Z轴旋转角度为120°。

4）取消机器人的"隐藏"状态，显示并选中机器人，单击"重定位"按钮，弹出图7-20所示"重定位"对话框。分别设置"从坐标"为"fr1"，"到坐标系："为"fr2"，就会在两个点之间出现一个移动指向的箭头。

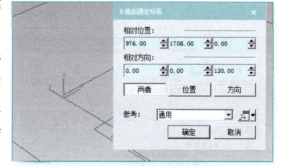

图7-19 调整坐标轴方向

5）在图7-20中，单击"应用"按钮后再单击"关闭"按钮，机器人会移动到2D布局图上的设定位置处，效果如图7-21所示。至此就完成了机器人的定位。

（3）工件定位

1）如图7-22所示，单击主菜单"建模→布局→在圆心创建坐标系"命令，弹出图7-23所示的"在圆心创建坐标系"对话框。

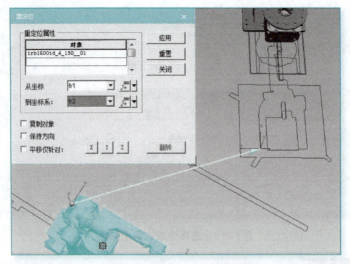

图7-20 定位机器人坐标系

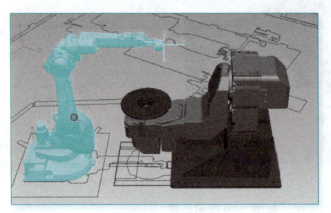

图7-21 定位机器人

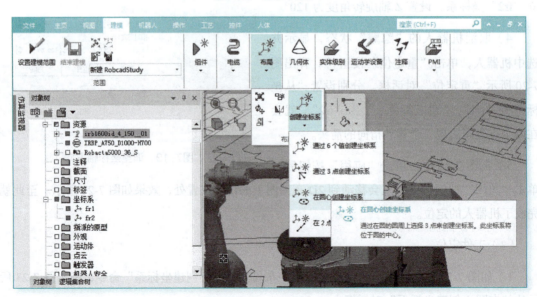

图7-22 "在圆心创建坐标系"命令

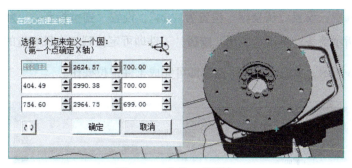

图7-23　定位工件圆心

2）如图7-23所示，选取变位机转盘上表面圆周上的三个点后单击"确定"按钮，即可创建一个名为"fr3"的坐标点。

3）单击主菜单"建模→布局→创建坐标系→通过6个值创建坐标系"命令，弹出图7-24所示的对话框，选择工件的中心点，单击"确定"按钮，即可创建一个名为"fr4"的坐标系。

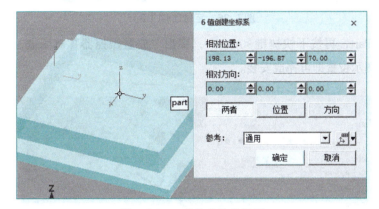

图7-24　工件的定位坐标系

4）如图7-25所示，在"对象树"浏览器中选中工件"Part"，然后单击"重定位"按钮。

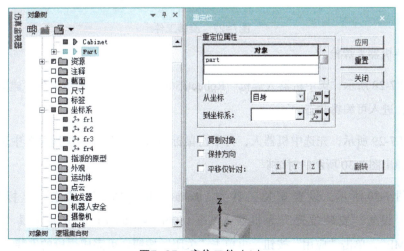

图7-25　定位工件（1）

5）在图 7-26 中，设置"从坐标"位置为"fr4"，设置"到坐标系："为"fr3"，就会出现一个工件移动的指示箭头。单击"应用"按钮，工件即可定位到变位机圆盘的中心。

6）如图 7-26 所示，单击"关闭"按钮即可完成工件定位操作。

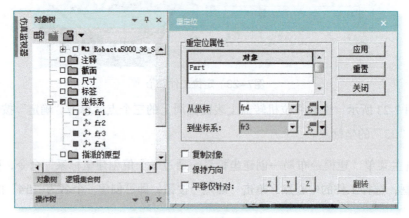

图7-26　定位工件（2）

7）先选中 Part，再按下快捷键 <Alt+P>，弹出"放置操控器"对话框，如图 7-27 所示，调整"Part"到图示位置即可完成安装。

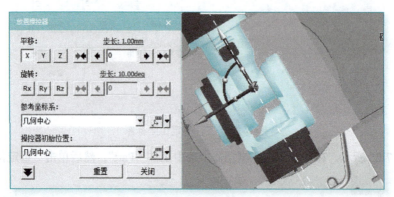

图7-27　旋转工件

（4）安装机器人焊枪

1）如图 7-28 所示，选中机器人焊枪"Robacta5000_36_S"，单击主菜单"建模→设置建模范围"命令，进入可编辑状态。

2）如图 7-29 所示，先选中机器人，再单击鼠标右键，在弹出的快捷菜单中选择"安装工具"命令，弹出图 7-30 所示的对话框。

3）如图 7-30 所示，设置安装工具为"Robacta5000_36_S"，设置"坐标系"为"基准坐标系"，设置"安装位置"为机器人"rb1600id_4_150_01"，安装工具"坐标系"为"TOOLFRAME"，单击"应用"按钮，再单击"关闭"按钮，可完成焊枪的安装。

机器人连续制造特征加工工艺建模　项目7

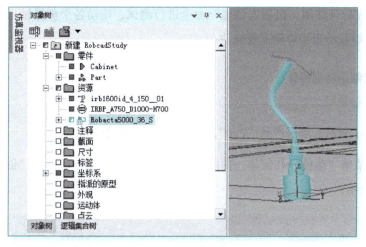

图7-28　设置建模范围

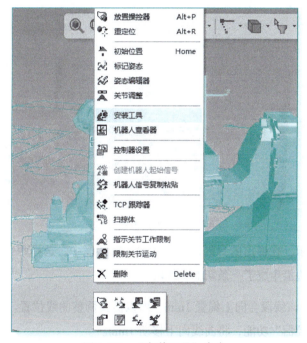

图7-29　"安装工具"命令

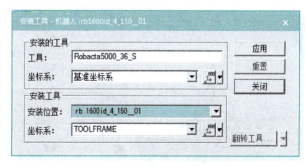

图7-30　"安装工具"对话框

4）安装完成后可使用"机器人调整"命令进行测试，拖动各个坐标轴运动看焊枪与机器人是否联动，能够联动表明焊枪安装成功。

4. 创建连续制造特征操作

（1）创建焊接路径

1）如图 7-31 所示，单击产品"Part"，将产品设置为可编辑状态。

2）单击主菜单"建模→几何体→曲线→创建多段曲线"命令，弹出"创建多段线"对话框，如图 7-31 所示。

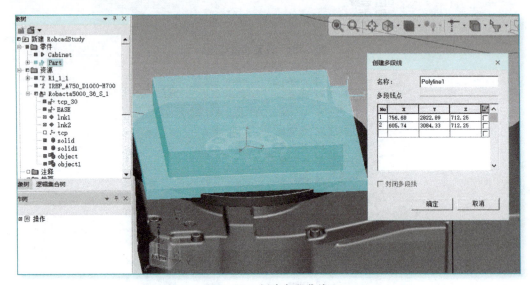

图7-31　创建多段曲线

3）如图 7-31 所示，在弹出的"创建多段曲线"对话框中，选择两个工件边线段上的两个端点，就在工件的下边沿生成了一条新的直线段。

4）默认状态下，该线段会向上偏置 1mm，所以需要调整曲线位置。如图 7-32 所示，选中线段，使用"放置操控器"功能，将曲线向下移动 1mm。

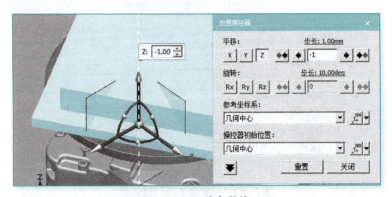

图7-32　下移多段线

(2)将绘制的曲线转变为连续制造特征

1)在"操作树"中新建一个复合操作。如图 7-33 所示,单击主菜单"操作→新建操作→新建复合操作"命令,弹出图 7-34 所示的"新建复合操作"对话框。在图 7-34 中,设置"名称:"为"Weld",设置"范围:"为"操作根目录",单击"确定"按钮,即可生成复合操作"Weld",如图 7-35 所示。

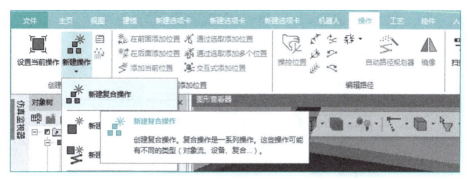

图7-33 "新建复合操作"命令

图7-34 "新建复合操作"对话框

图7-35 新建复合操作

2)如图 7-36 所示,选中"对象树"浏览器中的 Polyline1 曲线,单击主菜单"工艺→连续→由曲线创建连续制造特征"命令,弹出"曲线创建连续制造特征"对话框。

图7-36 生成连续工艺

3）按照图示设置"指派给零件："为"Part"，单击"确定"按钮，在"制造特征查看器"列表框中就能看到对应的焊接程序，查看方法如图 7-37 所示（勾选全部显示）。

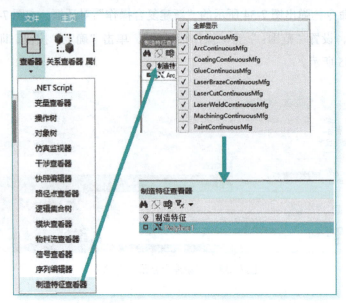

图7-37　看制造特征查看器

4）如图 7-38 所示，选中"Polyline1"，单击主菜单"主页→操作→新建连续特征操作"命令，即可弹出"新建连续操作"对话框。

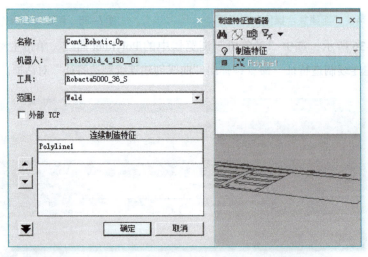

图7-38　新建连续特征操作（1）

5）在图 7-38 中，按照图示设置"新建连续操作"的名称、机器人、工具和范围，单击"确定"按钮即可，结果如图 7-39 所示。

6）如图 7-40 所示，在"操作树"浏览器中选中操作

图7-39　新建连续特征操作（2）

程序"Cont_Robotic_Op",单击主菜单"工艺→弧焊→投影弧焊焊缝"命令,弹出"投影弧焊焊缝"对话框。

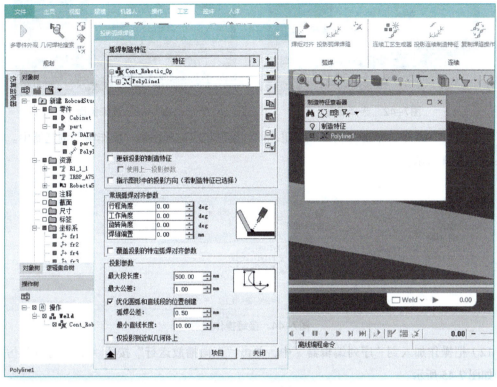

图7-40 影焊接缝

7)在"弧焊制造特征"选项组中,选中制造特征"Polyline1",单击"编辑制造特征数据"按钮,即可弹出图7-41所示的"编辑制造特征数据"对话框。

8)在图7-41中,选择"投影到:"为"面",编辑底面,单击按钮,即可弹出"面选择"对话框,如图7-42所示。按照图示选择底面后单击"确定"按钮。

9)在图7-41中,编辑侧面,弹出图7-43所示对话框,按照图示选择侧面后单击"确定"按钮。

10)在图7-41中单击"确定"按钮,完成"编辑制造特征数据"操作返回到图7-40所示的"投影弧焊焊缝"对话框中。

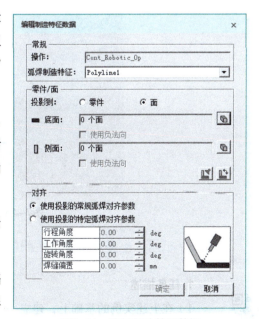

图7-41 编辑制造特征数据

图7-42 选择底面
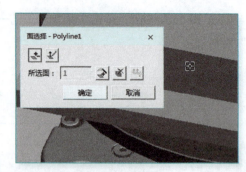
图7-43 选择侧面

11)在图7-40中,单击"项目"按钮,即可投射相应的程序到"操作树"浏览器中。投射结果如图7-44所示。

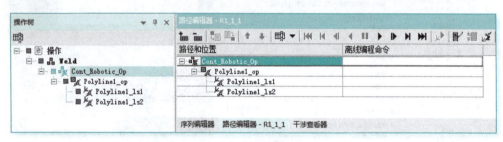

图7-44 接缝操作投射

12)把操作加入到"序列编辑器"中,单击"正向播放运行"按钮 ▶,即可查看仿真效果,如图7-45所示。

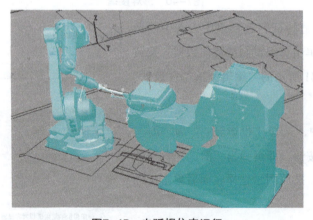

图7-45 电弧焊仿真运行

7.2.2 机器人电弧焊中变位机的使用

1. 任务描述

1)在上述实例的基础上,建立一个由4条线段组成的闭合制造特征曲线。

2)使用变位机完成机器人对工件连续制造特征的焊接操作。

3)建立干涉集查看碰撞,优化焊接路径并仿真。

2. 项目准备

(1)打开项目模型　该项目的模型文件存放在根目录"Arc_Weld_1"下。打开 Process Simulate,设置系统根目录为"Arc_Weld_1",以"标准模式"打开该文件夹下已经创建好的研究"RobcadStudy",打开后的界面如图 7-46 所示。

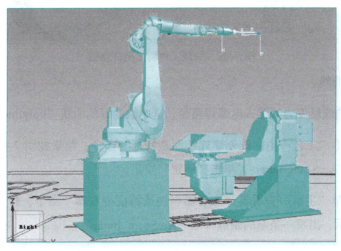

图 7-46　打开研究

(2)创建工件的制造特征曲线

1)本例的焊接曲线为工件边框边线轨迹。选中产品"Part",将它设置为可编辑状态。

2)单击主菜单"建模→几何体→曲线→创建多段曲线"命令,选取工件四周上的 4 条边线创建多段曲线,创建的过程如图 7-47 所示。创建的曲线名称为"Polyline2",如图 7-48 中的"对象树"浏览器所示。

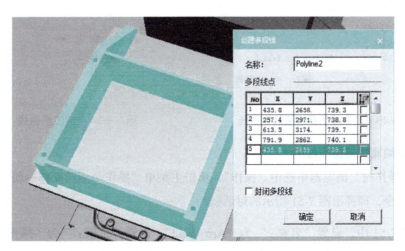

图 7-47　创建工件制造特征曲线

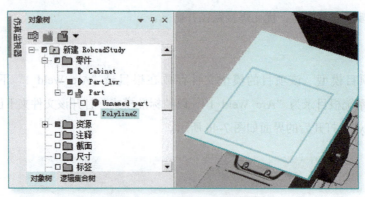

图7-48 生成工件制造特征曲线

3）生成工艺曲线。

① 将绘制的曲线转变为机器人电弧焊路径，选中绘制好的曲线"Polyline2"。

② 单击主菜单"工艺→由曲线创建连续制造特征"命令，结果如图7-49所示，修改"制造特征名称"为"ArcSeam_Inner"，单击"确定"按钮。

③ 单击主菜单"主页→查看器→查看器→制造特征查看器"命令，打开"制造特征查看器"如图7-50所示，出现一条新的制造特征"ArcSeam_Inner"。

图7-49 由曲线创建连续制造特征

图7-50 生成工艺曲线

3. 生成与编辑焊接操作程序

1）在"操作树"浏览器中选中"操作"，单击主菜单"操作→创建操作→新建操作→新建复合操作"命令，即弹出图7-51所示的对话框。

2）在图7-51中，设置"名称："为"Arc_Weld"，设置"范围："为"操作根目录"，单击"确定"按钮，则在操作根目录处创建了一个名为"Arc_Weld"的操作，如图7-52所示。

图7-51 "新建复合操作"对话框

图7-52 建立复合操作

3）选中图 7-52 中的"Arc_Weld"，单击主菜单"操作→创建操作→新建操作→新建连续特征操作"命令，弹出图 7-53 所示的对话框。

图7-53 新建连续特征操作

4）在图 7-53 中，设置"名称："为"Cont_Robotic_Op"，其他设置参看图示，然后单击"确定"按钮，即可在"操作树"浏览器中生成名为"Cont_Robotic_Op"的操作程序。

5）在操作树浏览器中，选择"Cont_Robotic_Op"操作程序，单击主菜单"工艺→弧焊→投射弧焊焊缝"命令，即可弹出图 7-54 所示的对话框。

6）在图 7-54 中，选中制造特征"ArcSeam_Inner"，然后单击右侧有铅笔图标的"编辑"按钮，即可弹出图 7-55 所示的"编辑制造特征数据"对话框。

7）在图 7-55 中，先设置"投影到："为"面"。再选择"底面"和"侧面"，具体操作为：单击按钮，弹出"面选择"对话框，如图 7-56 所示，单击选择工件的底面即可。然后类似操作设置"侧面"为工件的 4 个内侧表面。最终结果如图 7-57 所示。

8）在图 7-57 中，单击"确定"按钮，返回到图 7-54 所示的界面，再单击"项目"按钮，完成制造特征投射。投射结果如图 7-58 所示，在"操作树"浏览器中生成了相应的操作程序。

9）如图 7-58 所示，将操作程序放入"路径编辑器"中仿真运行，效果如图 7-59 所示。

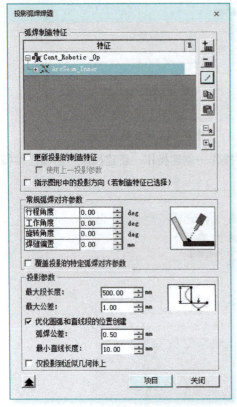

图7-54 "投射弧焊焊缝"对话框

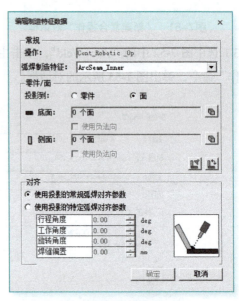

图7-55 编辑制造特征数据(1)

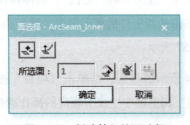

图7-56 制造特征的面选择

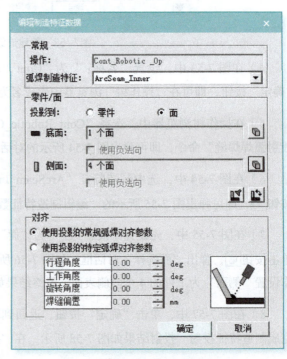

图7-57 编辑制造特征数据(2)

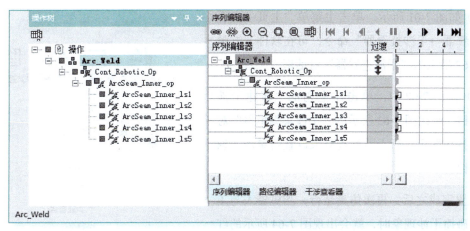

图7-58　查看电弧焊焊缝投射结果

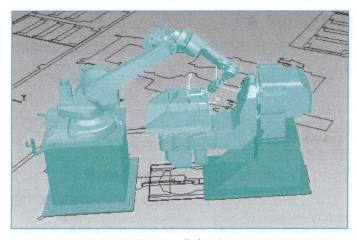

图7-59　仿真运行

4. 碰撞检测

在图7-59所示的仿真中,机器人运行过程中发生了多次干涉,需要调整机器人姿态。因为焊枪需要在产品内部移动,需要留意焊枪与产品发生碰撞。故需要提前做好避让动作。其设置过程如下:

1)开启碰撞检测功能。如图7-60所示,单击主菜单"主页→工具→干涉模式开/关"命令。

图7-60　开启碰撞检测功能

工业机器人应用系统建模（Tecnomatix）

2）如图 7-61 所示，单击主菜单"主页→查看器→查看器→干涉查看器"命令，可在软件下方弹出图 7-62 所示的"干涉查看器"对话框。

3）在图 7-62 中，单击左上角的"新建干涉集"按钮，弹出图 7-63 所示的"干涉集编辑器"对话框。按照图示进行干涉检查对象设置后单击"确定"按钮。

设置完成之后，再次仿真运行，当机器人与工件发生碰撞干涉现象时，就会出现图 7-64 所示的红色高亮显示（注意：若无高亮显示，就再次确认是否已经执行了"干涉模式开/关"命令）。

图7-61 "干涉查看器"命令

图7-62 打开"干涉查看器"对话框

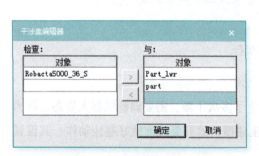

图7-63 新建干涉集

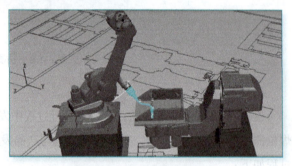

图7-64 仿真碰撞高亮显示

5. 建立变位机运动学

1）让变位机处于可编辑状态。

2）如图 7-65 所示，隐藏变位机的部分部件，同时隐藏掉所有零件、机器人和操作；将图 7-65 所示的三维模型显示为特征线 □ 模式。

3）如图 7-66 所示，执行"通过 3 点创建坐标系"的命令，在图示圆周选取 3 个点，在圆心建立一个坐标系"fr1"。

4）如图 7-67 所示，执行复制、粘贴操作，复制"fr1"的另一个坐标"fr1_1"。

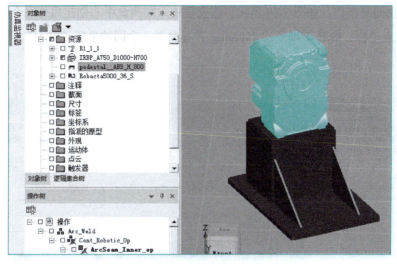

图7-65 编辑变位机

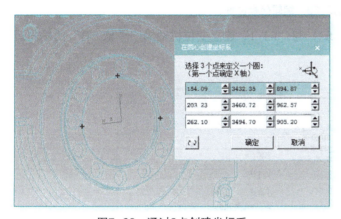

图7-66 通过3点创建坐标系

图7-67 创建坐标系

5）在"对象树"浏览器中选中点"fr1_1",然后按下快捷键<Alt+P>,在弹出的"放置操控器"对话框中改变点"fr1_1"的位置,如图7-68所示,沿着Z轴平移-600mm,使该点与"fr1"位于同一轴心。

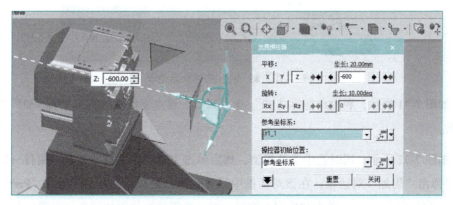

图7-68 "放置操控器"对话框

6）按照相同的操作，如图 7-69 所示，在变位机末端圆盘中心创建另外一个坐标系"fr2"，并复制移动该点坐标，沿着 Z 轴平移 250mm，产生另外一个同轴坐标"fr2_1"。

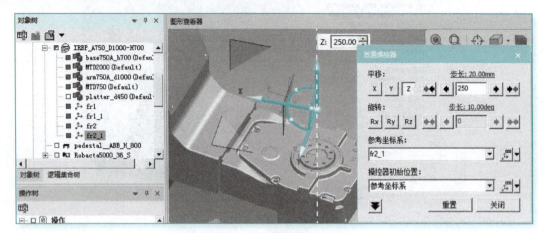

图7-69　编辑坐标位置

7）如图 7-70 所示，利用点坐标"fr1"与"fr1_1"建立变位机的第一个轴"j1"的轴向运动学关系。

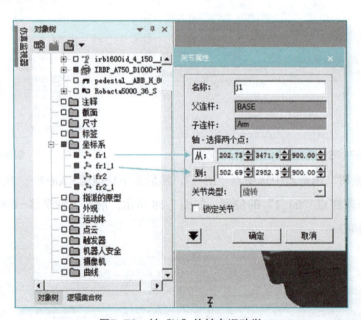

图7-70　轴"j1"的轴向运动学

8）如图 7-71 所示，利用点坐标"fr2"与"fr2_1"建立变位机的第二个轴"j2"的轴向运动学关系。

9）如图 7-72 所示，同时选中工件模型，然后单击主菜单"主页→工具→附件→附加"命令，即可弹出"附加"对话框。在该对话框中设置"附加对象："为零件组件"Part"，"到对象："为变位机圆盘 Plane，单击"确定"按钮，即可把零件组件附加到变位机圆盘上。

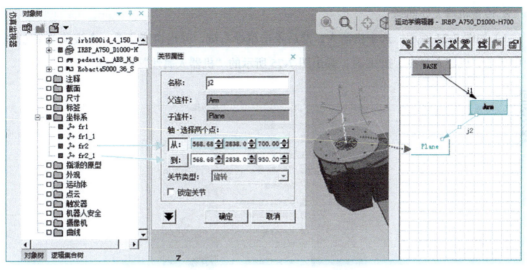

图7-71 轴"j2"的轴向运动学

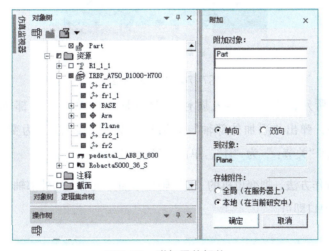

图7-72 附加零件组件

10)如图 7-73 所示,使用变位机"关节调整"命令查看 j1-j2 轴的运动情况,单击"重置(R)"按钮后退出。

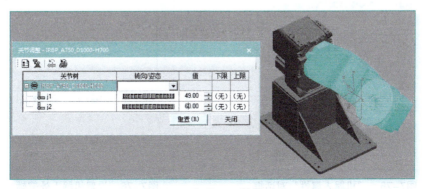

图7-73 查看j1-j2轴的运动

6. 设置机器人外部轴

1）如图7-74所示，选中机器人，然后单击鼠标右键，弹出快捷菜单，在该菜单下方的按钮中单击"机器人属性"按钮，弹出图7-75所示的"机器人属性"对话框。

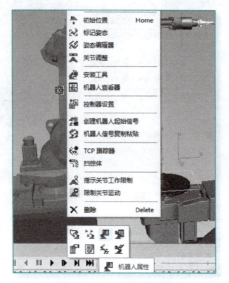

图7-74 机器人属性

2）如图7-75所示，在"机器人属性"对话框中，单击"外部轴"选项卡，再单击"添加..."按钮，弹出"添加外部轴"对话框，设置"设备："为变位机"IRBP_A750_D1000-H700"，设置"关节："为"j1"，单击"确定"按钮。

3）按照同样操作方法，把变位机的"j2"轴也添加为机器人的外部轴，最终结果如图7-76所示，最后关闭该窗口即可。

图7-75 "机器人属性"对话框

图7-76 设置机器人外部轴

4）先选中"操作树"浏览器中的操作"Cont_Robotic_Op",然后单击主菜单"机器人→离线编程→设置外部轴值"命令（图7-77），即可弹出图7-78所示的"设置外部轴值"对话框。

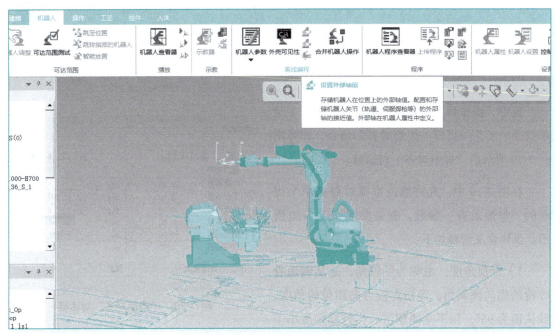

图7-77 "设置外部轴值"命令

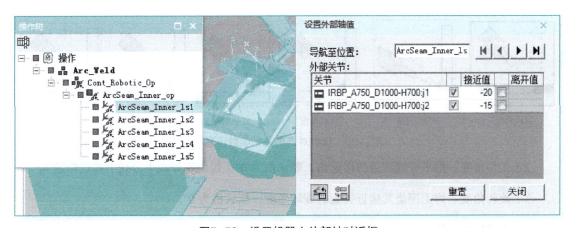

图7-78 设置机器人外部轴对话框

5）设置联动动作。勾选"接近值"复选项，然后再输入转动装置摆动的角度。可以观察焊枪与机器人的姿态是否正确。完成后，单击▶按钮，进入下一个动作，直至完成全部设置。

6）播放仿真，观察运行情况（注意：每播放完一次都要单击◄◄按钮，回到物体初始状态）。若有不合适的轨迹，继续进行调整，直到全部适合为止，最后单击左上角🖫按钮保存项目。

7.3 知识拓展

7.3.1 焊炬设置

选中"操作树"浏览器中的焊点,单击主菜单指令"工艺→弧焊→焊炬对齐"命令,即弹出图7-79所示的"焊炬对齐"对话框。

在图7-79中,允许修改电弧焊焊缝单个焊点的"焊炬对齐"参数,有关参数如图7-80所示,具体含义解释如下:

1)行程角度:也称为导程角,是从侧面看焊枪的侧向倾斜角,即沿焊接方向测量的角度,默认值为90°,但不是典型值。当行程角度小于90°时,称为拖拽行程;当大于90°时,称为推动行程。

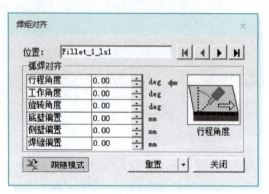

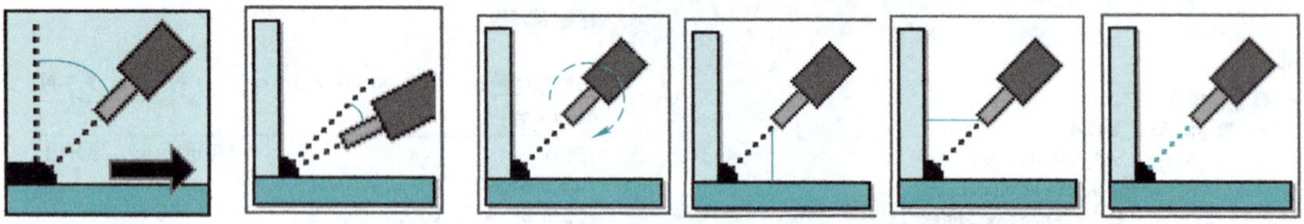

图7-79 "焊炬对齐"对话框

    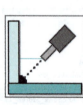 

行程角度　　工作角度　　旋转角度　　底壁偏置　　侧壁偏置　　焊缝偏置

图7-80 焊炬对齐相关的参数示意图

2)工作角度:沿平分线测量的接近角。默认值为0°(焊炬正好在平分线上接近焊缝)。

3)旋转角度:焊炬围绕其接近矢量的旋转角度,默认值为0°。

4)底壁偏置:从焊接位置到基础底壁的距离。

5)侧壁偏置:从焊接位置到侧壁的距离。

6)焊缝偏置:从焊接位置到侧壁与基础底壁交点的距离。

7.3.2 投影连续制造特征

在 Process Simulate 中,位置坐标包含了 TCP 坐标在某一点的位置和方向,它是根据相关曲线的投影与投射到的曲面或实体相交的位置而生成的。在机器人加工过程中,依照被焊点处的机器人"接近矢量"和"垂直于工件矢量"二者相一致的原则,这些位置坐标引导机器人的 TCP 运动,以完成正确的加工操作。连续制造特征位置的坐标方向是非常重要的:通常有一条轴线垂直于被加工表面,此法线轴默认设置为 Z;另一根轴表示连续制造特征的运动矢量方向,该轴默认设置为 X。

单击主菜单"文件→选项"命令,弹出"选项"对话框,如图 7-81 所示。在该对话框中选择"连续"选项卡,即可查看默认的接近轴和垂直轴,并可以在此修改默认设置。

单击主菜单"焊接→连续→投影连续制造特征"命令,即弹出图 7-82 所示的"投影弧焊焊缝"对话框。在该对话框中,可以将一组连续制造特征投射到指派的零件上,投影制造特征(Manufacturing Feature)生成机器人焊缝操作和各个制造特征的焊缝位置,并根据最大段长度和最大公差参数以近似于零件形状的规则投影焊缝轨迹。

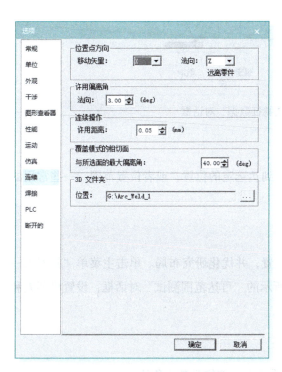

图 7-81 连续制造特征设置

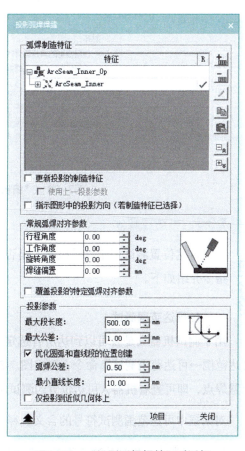

图 7-82 "投影弧焊焊缝"对话框

在图 7-82 中,若勾选"指示图形中的投影方向(若制造特征已选择)"复选项,在创建接缝时,系统会在图形查看器(从所有视角均可看到)中的第一个位置添加一个圆锥体图标,圆锥体指向投影的方向;勾选"仅投影到近似几何体上"复选项,当零件精确几何图形在 JT 文件中不可用时,系统会询问用户使用基于近似值投影还是跳过投影。

在图 7-82 中，右侧工具条按钮 为"添加制造特征"； 为"移除制造特征"； 为"编辑制造特征"。单击"编辑制造特征" 按钮，即弹出图 7-83 所示的"编辑制造特征数据"对话框，在该对话框中可根据"零件"或者"面"的选项进行制造特征的编辑。

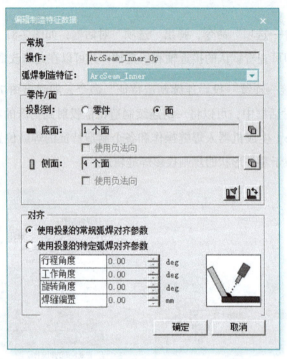

图 7-83　"编辑制造特征数据"对话框

7.3.3　可达位置测试

可达位置测试用于查看机器人是否能够到达选定的位置，或者位置范围，一些常用的指令介绍如下。

1. 可达范围测试

用于测试机器人是否可以到达所有选定的位置，并优化研究布局。单击主菜单"机器人→可达范围→可达范围测试"命令，弹出图 7-84 所示的"可达范围测试"对话框，设置机器人和位置焊点，即可查看机器人可达位置的测试结果。

对话框中可达范围测试符号的含义解释如下：

1）✓机器人可以到达这个位置。在图形查看器中，该位置是蓝色的。

2）机器人对该位置具有部分可达性，即机器人可以到达该位置，但必须旋转其 TCPF，以匹配该位置的 TCPF。

机器人连续制造特征加工工艺建模 项目7

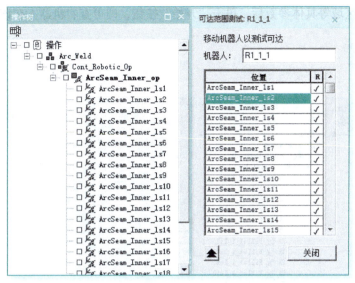

图7-84 可达范围测试

3) ![] 机器人可以到达超出其工作极限（但在其物理极限内）的位置。

4) ![] 机器人对超出其工作极限（但在其物理极限内）的位置具有部分可达性。机器人可以到达该位置，但必须旋转其TCPF，以匹配该位置的TCPF。

5) ![] 机器人对其物理极限之外的位置具有完全可达性。

6) ![] 机器人对其物理极限之外的位置具有部分可达性。机器人可以到达该位置，但必须旋转其TCPF，以匹配该位置的TCPF。

7) ✗ 机器人根本无法到达该位置。该位置在图形查看器中显示为红色。

2. 跳至位置

该功能用于让机器人跳转至指定的位置。先选中机器人，再单击主菜单"机器人→可达范围→跳至位置"按钮，即进入到"跳至位置"测试模式。如图7-85所示，单击操作树上对应的焊点，在图形查看器中，机器人就会跳至对应的焊点位置处。

3. 跳转至指派的机器人

该功能用于将位置操作指派的机器人跳转到所选位置处。如图7-86所示，先选中操作树上的焊点，再单击主菜单"机器人→可达范围→跳转至指派的机器人"命令，或者执行快捷指令<ALT+J>，机器人即可跳转至选定的焊点位置。

4. 智能放置

该功能用于确定机器人可达位置点的范围，执行主菜单指令"机器人→可达范围→智能放置"命令，即弹出图7-87所示"智能放置"对话框。在图7-87中，设置要搜索的机器人、焊

— 363 —

点位置以及搜索区域等具体参数后,单击"开始"按钮,即可查看机器人在该焊点位置附近的可达范围。

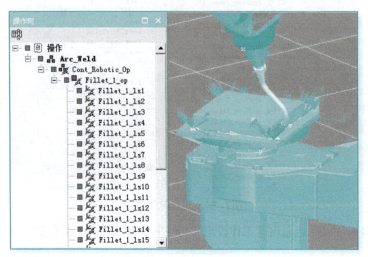

图7-85 跳至位置

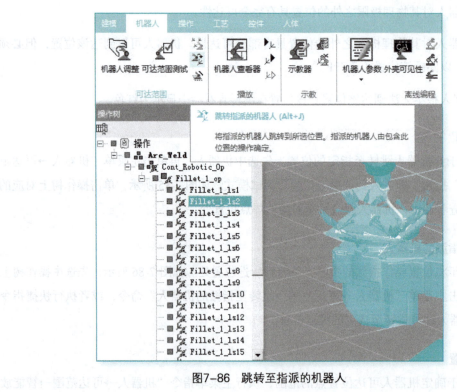

图7-86 跳转至指派的机器人

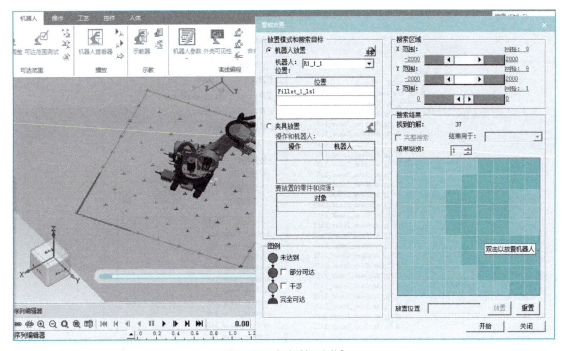

图7-87 智能放置测试

7.3.4 自动接近角与位置饼图

1)命令"自动接近角"能够自动为所选焊接位置配置接近矢量,考虑可达性和干涉,它可用于将多个焊接位置旋转到无碰撞接近角(如果该接近角存在)。其常用的功能有:①用于选择机器人,同时也可用于选择机器人的焊枪;②用于碰撞姿态分析;③在位置列表中添加和删除焊接位置;④将所有位置旋转至最佳接近角;⑤使用饼图查看位置状态;⑥将位置垂直翻转180°。

2)命令"位置饼图"可用于确定"焊枪"接近"选定焊接位置"时的接近矢量。它提供了一个简单的方法来确定一个带焊枪的机器人应该如何接近焊接位置并执行焊接任务,系统为机器人及安装的焊枪计算出它们靠近焊点的路径。如果未指定机器人,则饼图选项允许确定焊枪的碰撞状态,即可以使用饼图创建冲突集。

3)命令"自动接近角"与"位置饼图"的操作过程。

① 选中"操作树"浏览器中的焊点操作,再单击主菜单"工艺→离散→自动接近角"命令,弹出图7-88所示的"自动接近角"对话框。

在图7-88中,可以看到所选"操作树"浏览器中的焊点操作已经被写入到"自动接近角"对话框中的"位置"列表中。

② 如图7-89所示,任选一焊点,即可激活对话框工具条的"翻转位置"按钮 与"位置饼图"按钮 。单击"翻转位置"按钮看到所选焊点的Z轴翻转180°。

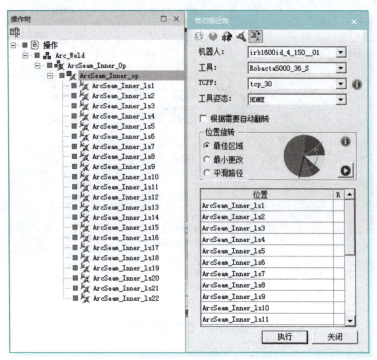

图7-88 "自动接近角"对话框

③ 在图 7-89 中，单击"位置饼图"按钮，弹出图 7-90 所示的"位置饼图"对话框。"位置饼图"对话框工具条命令按钮的功能分别为：用于设置采样步长（deg），用于翻转焊点 Z 轴方向，用于更新位置图饼，用于自动创建位置干涉集。

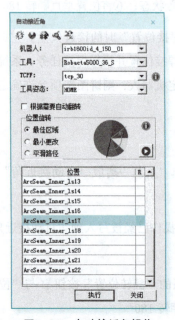

图7-89 自动接近角操作

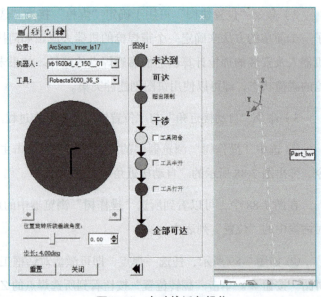

图7-90 自动接近角操作

④ 如图 7-91 所示，输入"位置旋转所绕垂线角度："的数值，即可观察到焊点位置坐标的改变和饼图中坐标位置的指向，若恢复原坐标值，单击"重置"按钮即可。

⑤ 在图 7-91 中，完成焊点坐标设置之后，单击"关闭"按钮，即回到图 7-88 所示的"自动接近角"对话框中。

⑥ 在图 7-92 中，单击按钮 ，即可检查当前焊点位置的可达性和干涉状态，检查结果显示在"位置"列表框中，其中 ✓ 代表无干涉可达的状态。

⑦ 在图 7-92 中，单击按钮 ，建立"干涉集"，即可在"干涉查看器"中生成干涉集以及相互干涉的零件与设备，如图 7-93 所示。

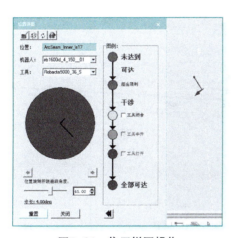

图7-91　位置饼图操作

图7-92　可达性和干涉性检查

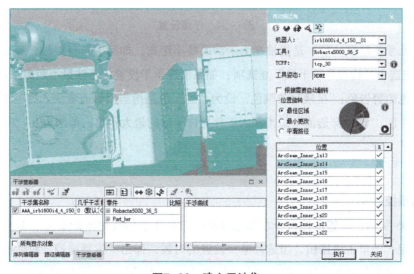

图7-93　建立干涉集

⑧ 在图 7-93 中的"自动接近角"对话框中,单击按钮设置"跟随模式",即可看到机器人焊枪移动到所选中的焊点位置处。

⑨ 当机器人在焊点位置处与零件发生干涉时,就能听到碰撞的响声,并且碰撞的物体呈现出"红色",而这种显示结果需要在"选项"对话框(按下快捷键 <F6> 打开该对话框)中预先设置,如图 7-94 所示。

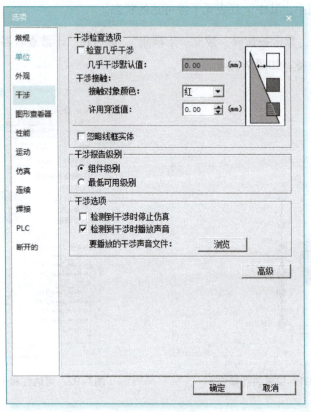

图7-94 干涉设置

图中"几乎干涉默认值"是指被视为干涉的最小距离,如果工具有接触,那么这里就设置为 0,且须先选中"检查几乎干涉"复选项;如果出现小于设置的干涉最小距离,在 3D 视图中就会出现黄色的警告色;"接触对象颜色"设为"红"色是指当接触或者深入另一个工件时就会出现红色警告色;"许用穿透值"是指深入工件允许干涉的最大距离,范围为 0~2mm。

7.3.5 修改连续制造特征

1. 位置操控命令

如图 7-95 所示,位置操控命令在图形浏览器工具条上的按钮图标是 ,其界面由所选位置的数量而定,即单击该按钮,当选择单一位置的时候,弹出"位置操控"对话框,如图 7-96 所示;当选择多个位置的时候,弹出"多个位置操控",对话框,如图 7-97 所示。

图7-95 位置操控命令

图7-96 单个位置操控

图7-97 多个位置操控

（1）在"位置操控"对话框的工具条中，与位置操作相关的命令如下：

1）重置绝对位置：将所选位置的绝对位置重置为投影时的旋转和平移值。

2）捕捉至最大许用值：如果位置已超过其最大值，此功能会将超出的值设置为其允许的最大值。

3）翻转位置：允许在表面上围绕其接近轴翻转焊接位置180°，接近轴在"选项"对话框的"焊接"选项卡中定义；或者翻转实体上的焊接位置，并指定翻转中包含的零件。

4）在图形查看器中显示位置限制：单击该按钮，就会在图形查看器中靠近焊枪TCP位置处显示一个锥形范围，表示该焊点位置的允许偏差限制。

（2）在图7-97中的"位置"列表框中显示的每个位置的状态有如下几种：

1）系统已根据命令移动了位置。

2)![X] 系统尚未移动位置，保持原来的位置。仅当勾选"根据选项限制位置操控"复选项时，才会发生这种情况。

3)![✓] 系统已尽可能地移动了位置，但由于系统限制，无法完全执行命令。

2. 在焊缝内插入位置

单击主菜单"工艺→连续→在焊缝内插入位置"命令，即弹出图7-98所示的"在焊缝内插入位置"对话框。

该命令能够将焊缝位置添加到焊缝操作中。当所选内容为某一连续焊接位置时它将启用。此命令对于微调路径和调试非常有用，可以在序列中的选定位置之前或之后添加新位置。也可以通过到某一位置的距离、两个位置之间的百分比或拾取来确定位置。

3. 焊缝拆分操作

单击主菜单"工艺→连续→焊缝拆分操作"命令，即弹出图7-99所示的"焊缝拆分操作"对话框。焊缝拆分操作能够将一个焊缝操作拆分为两个焊缝操作。例如，如果某个操作的指定机器人存在可达性或可访问性问题，则可以将有问题的操作拆分为两个单独的操作，并将每个操作分配给不同的机器人。只能拆分包含三个以上位置的操作。

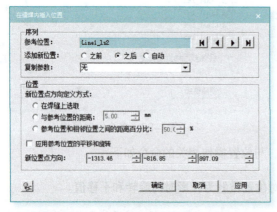 

图7-98 "在焊缝内插入位置"对话框　　图7-99 "焊缝拆分操作"对话框

7.3.6 工具中心点TCP跟踪

TCP跟踪器命令将机器人TCP的运动轨迹记录为曲线，并将其存储为TCP跟踪对象。单击主菜单"机器人→分析→TCP跟踪器"命令，即弹出图7-100所示的"TCP跟踪器"。在图7-100所示的"TCP跟踪器中"，![按钮]按钮是暂停跟踪，![按钮]按钮是停止跟踪，![按钮]按钮是设置跟踪轨迹的显示颜色。

按照图示设置跟踪器的颜色，选中机器人，使用"机器人调整"命令（快捷键<Alt+G>），拖动机器人工具中心点TCP坐标移动，则会出现机器人TCP的红色轨迹，同时在"对象树"

— 370 —

浏览器中也会出现跟踪曲线。

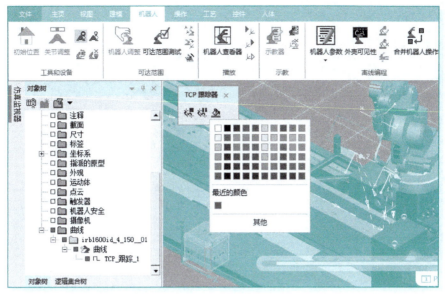

图7-100 TCP跟踪器

7.4 小结

本项目以简单的弧焊为例,介绍了产品制造特征、资源与操作的创建,及电弧焊工艺的设计方法,其过程可总结为:从焊接零件出发,绘制出零件焊接的路径曲线,将曲线转变为工件的连续制造特征;然后创建系统的连续特征操作,把零件的制造特征投射到机器人的连续特征操作中,再经过焊接路径的优化,最终生成机器人的电弧焊路径轨迹。

弧焊工艺的数字化是一个系统性工程,犹如冰峰之下巨大的冰山,其背后的软件系统是支持焊接工艺数字化的强大环境。这需要扎扎实实、一丝不苟的基础工作,需要有足够的耐心和足够多的时间沉淀才能形成。技术、软件与数据一脉相承,都是围绕人的知识传承而展开的,数字化过程包括了术语与数据的规范化、工艺的数字化、数据的软件化等步骤,最终形成一系列支撑这些方法的软件模块。看到数字化焊接最终生成的离线程序与仿真效果时,更应该想象到构建应用环境时的艰辛。

制造特征NC表达与机器人加工工艺建模

【知识目标】

1. 掌握基于产品制造特征 NC 刀路文件的生成方法。
2. 掌握 NC 程序的导入、机器人控制器设置、机器人程序示教与下载等操作方法。
3. 掌握机器人内、外部 TCP 坐标系的创建与操作，以及机器人路径位置参数的设置方法。
4. 掌握基于制造特征 NC 加工程序的机器人外部工具中心点 ETCP 坐标系的加工设计方法。
5. 掌握基于制造特征 NC 加工程序的机器人内部工具中心点 TCP 坐标系的加工设计方法。

【技能目标】

1. 会根据产品三维模型的特征曲线，使用 NX CAM 创建数控机床 NC 加工刀路程序文件。
2. 会使用数控机床 NC 代码文件生成机器人操作，会设置机器人的控制器属性。
3. 会根据加工资源和产品工艺要求，定义机器人的外部与内部工具中心点 TCP 坐标系，创建相应的机器人加工轨迹。
4. 会进行机器人干涉检测，会示教机器人位置坐标、优化机器人操作路径等。
5. 会根据产品制造特征的 NC 程序文件，使用软件 Process Simulate 创建机器人的抛光、打磨和去毛刺等工艺操作。

8.1 相关知识

这里的"制造特征 NC 表达"是指用机床 NC 加工代码来描述产品制造特征的一种方法，具体过程为：先通过计算机辅助制造 CAM 软件，通过产品制造特征生成数控机床 NC 代码，然后再通过软件转换为工业机器人加工轨迹，即使用软件处理成不同厂家的工业机器人加工程序。本书将这种可表达产品制造特征的 NC 代码描述方法称为该产品的"制造特征 NC 表达"。

数控技术经过几十年的发展，在制造业中占据了举足轻重的地位。目前 NC 代码作为数控机床的工作语言已经在各大数控系统制造商中形成共识。近些年，随着工业机器人技术的发展，NC 代码的使用范围不再限于数控机床，也延伸到了工业机器人设备的制造工艺中，这为工业机器人在机器加工领域的大规模应用开辟了新的空间。目前，国内外主流的工业机器人品牌有瑞士 ABB、德国 KUKA、日本 FANUC、安川和川崎，以及我国的新松工业机器人等。工业机器人的品种繁多，并且各品牌工业机器人又都有各自的工作语言而不能通用，故掌握起来比较困难，这给工业机器人的应用带来诸多麻烦。因此，若能以通用的 NC 代码直接或者间接地转换为工业机器人的程序代码，将会大大地克服工业机器人工作语言的复杂性，使诸如连续路径编程，特别是曲面编程等的工业机器人操作不再局限于示教编程，并能够与产品模型的制造特征相关联。随着仿真技术的发展和各种应用软件的完善，这种方案已经逐步在工程实践中得以完善，已在机器人磨抛、去毛刺、焊接、喷涂、激光加工及切割等操作工艺中得到了广泛应用，这对在各个行业中广泛地产业化应用工业机器人起到了积极的推动作用。

本项目中"基于 NC 制造特征工艺设计"侧重于机器人路径轨迹的生成，其过程可概括如下：

1）在计算机辅助制造 CAM 软件中，根据被加工产品的制造特征由软件自动生成或者手工编写产品加工的 NC 代码，并通过后置处理以 cls 格式文件保存。

2）转换为机器人的操作轨迹：在 Process Simulate 中载入 NC 代码文件，把它转换成机器人的路径轨迹，并经过优化替代数控机床完成工件的加工动作。

8.2 项目实施

8.2.1 创建制造特征NC代码文件

1. 任务描述

如图 8-1 所示，以抛光工艺为例介绍基于 NC 产品制造特征的机床刀路文件的创建步骤，其要求是：给出工件的三维模型及模型曲面的特征曲线，要求先利用 NX CAM 软件建立加工路径，再进行刀具设置，最后生成刀路轨迹并输出 cls 文件。完成任务：①利用 NX CAM 功能模块创建并设置工序参

图8-1 加工工件模型

数；②使用产品对象三维模型的特征曲线创建基于 NC 加工的刀具路径；③生成 NC 刀路文件。

2. 操作步骤

1）双击 NX12.0 软件图标 启动程序。选择并打开工件三维模型文件"3D-model.jt"，打开效果如图 8-2 所示。

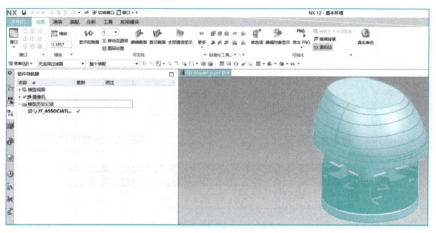

图8-2　工件的三维模型

2）如图 8-3 所示，单击主菜单"应用模块→加工"命令，弹出图 8-4 所示的"加工环境"对话框。

图8-3　选择加工模块

3）在图 8-4 中，选择"CAM 会话配置"列表框中的"cam_general"，选择"要创建的 CAM 组装"列表框中的"mill_contour"，然后单击"确定"按钮，即可生成名为"WORKPIECE"的工件，如图 8-5 所示。

4）在图 8-5 中，选中"WORKPIECE"，再单击主菜单"主页→插入→创建工序"命令，弹出图 8-6 所示的"创建工序"对话框，选择"工序子类型"为"CURVE_DRIVE"。

5）如图 8-7 所示，设置创建工序的参数：设置"程序"为"PROGRAM"，"刀具"为"NONE"，"几何体"为"WORKPLECE"，"方法"为"MILL_FINISH"，然后单击"确定"按钮，弹出图 8-8 所示的"曲线驱动"对话框。

在图 8-8 中单击"新建刀具"按钮 ，弹出图 8-9 所示的"新建刀具"对话框。

工业机器人应用系统建模（Tecnomatix）

图8-4 建立加工环境

图8-5 选择创建工序

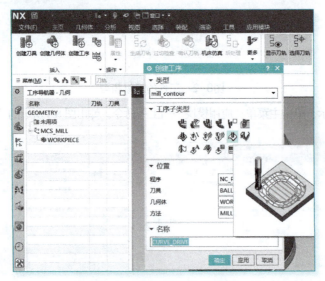

图8-6 "创建工序"对话框

图8-7 设置工序

图8-8 "曲线驱动"对话框

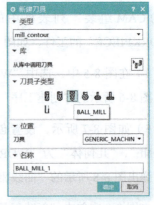

图8-9 选择刀具子类型

6)在图 8-9 中,选择 BALL_MILL 刀具按钮,单击该按钮,然后单击"确定"按钮,即弹出"铣刀 - 球头铣"对话框,如图 8-10 所示。按照图示设置刀具参数:"(D)球直径"为"6.0000"、"(B)锥角"为"0.0000"、"(L)长度"为"75.0000"、"(FL)刀刃长度"为"50.0000",然后单击"确定"按钮,即跳转到"曲线驱动"对话框,如图 8-11 所示。

图8-10 新建刀具　　　　　图8-11 选择驱动方法

7)在图 8-11 中,选择"驱动方法"为"曲线/点",即弹出图 8-12 所示"曲线/点驱动方法"对话框。在该对话框中,设置"选择曲线"为图示工件表面的包络曲线,单击"确定"按钮,返回到"曲线驱动"对话框。

图8-12 选择驱动方法

8）如图8-13所示，单击"几何体"旁边的"编辑"按钮，即弹出图8-14所示的"工件"对话框。在图中单击"选择或编辑部件几何体按钮"，即弹出图8-15所示的"部件几何体"对话框。

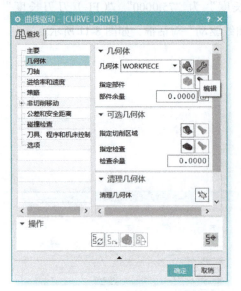

图8-13 "曲线驱动"对话框

图8-14 设置工件与毛坯

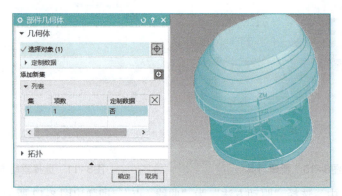

图8-15 "部件几何体"对话框

9）在图8-15中，设定"选择对象"为工件的三维模型，然后单击"确定"按钮，返回到图8-14中；按照相似操作，把工件的三维模型也设置为"指定毛坯"，最后单击"确定"按钮返回；继续返回到图8-16所示的"驱动曲线"对话框。

10）在图8-16中，单击按钮"选择或编辑切削区域几何体"，即弹出"切削区域"对话框，如图8-17所示。

11）在图8-17中，先设置"选择对象"为工件上面的2个片体，然后单击"添加新集"按钮，再选中工件下面的8个片体；单击"确定"按钮，返回到图8-18所示的"曲线驱动"对话框。

12）在图8-18中，先选中对话框左侧的"刀轴"，然后在右侧设置"投影矢量"为下拉列表中的"朝向直线"，即弹出图8-19所示的"朝向直线"对话框。

图8-16 驱动曲线对话框

图8-17 选择切削区域

图8-18 选择投影矢量

图8-19 朝向直线对话框

13)在图 8-19 中,先单击选中"指定矢量",再单击工件模型的上平面,如图 8-19 示,完成"指定矢量"设置,单击"确定"按钮返回到图 8-20 中。

14）在图 8-20 中，单击生成刀轨按钮，即可生成图示的刀轨。

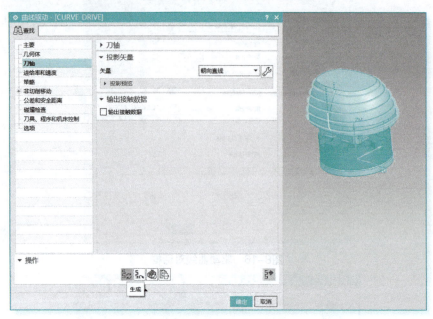

图8-20 曲线驱动对话框

15）在图 8-20 中，单击"确认刀轨"按钮，再单击"刀路可视化"按钮，即弹出图 8-21 的所示对话框。可以播放观察刀轨路径：速度可以调至 5~6 倍速，单击播放按钮。如图 8-22 所示，可观察行走过的刀轨路径。

图8-21 查看刀轨及仿真运行

图8-22 播放观察刀轨路径

制造特征NC表达与机器人加工工艺建模 项目8

16）如图 8-23 所示，单击主菜单"主页→工序→更多→输出 CLSF"命令，即弹出图 8-24 所示的"CLSF 输出"对话框。

图8-23　文件输出命令

在图 8-24 中，选择要保存的文件夹，单击"确定"按钮，即可生成 CLS 文件，内容如图 8-25 所示。

图8-24　文件输出对话框

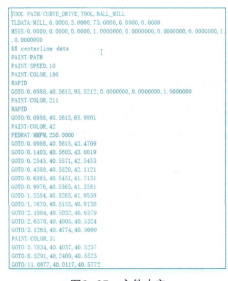

图8-25　文件内容

8.2.2　机器人外部TCP抛光工艺操作

1. 功能描述

如图 8-26 所示，建立一个用于工件抛光的机器人工作站，建立砂轮机工作坐标、设定程序外部工具中心点 ETCP，并能够根据工件的 NC 制造特征代码文件，生成机器人的移动轨迹，从而完成机器人与砂轮机打磨抛光作业。与常规的机器人操作不同，机器人外部 TCP 是指工件被安装在机器人所持的夹具上，而工具被安装在基座上的一种机器人操作。需要

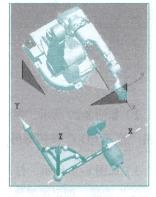

图8-26　机器人抛光工作站

— 381 —

完成的任务有：①在 Process Simulate 中创建项目，加载并布局三维模型；②定义砂轮机工具并创建外部 ETCP 坐标系；③上传导入 NC 文件，生成机器人操作，并设置机器人操作的外部 ETCP 坐标系；④机器人加工工具路径优化并仿真。

2. 准备文件

如图 8-27 所示，创建一个文件夹"Robot_NC_Polish"，把项目模型文件拷贝到该文件夹内。

图8-27　项目的模型文件

项目组件分别存放在文件夹"Robot_NC_Polish"下的子文件夹"Part_Lib"和"Resource_Lib"下。其中"Part_Lib"包含了组件"3D_Model.cojt"，"Resource_Lib"包含了三个组件文件：TOOL.cojt、Table.cojt 和 irb1600id_4_150_01.cojt。

3. 创建研究

打开软件 PS on eMS Standalone，设置系统根目录为"Robot_NC_Polish"；新建研究，命名为"RobocadStudy"；保存新建的研究为"RobcadStudy.psz"。

4. 导入组件

组件的导入操作如下：

1）如图 8-28 所示，单击主菜单"建模→组件→插入组件"命令。

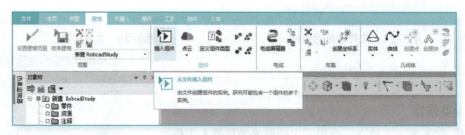

图8-28　选择插入组件

2）如图 8-29 所示，在弹出的对话框中选择"Part_Lib"下的组件"3D_Model.cojt"，然后单击"打开（O）"按钮即可。

3）如图 8-30 所示，打开"Resource_Lib"文件夹，选中该文件夹下的全部组件，单击"打开（O）"按钮，即可把组件"irb1600id_4_150_01.cojt"和"TOOL.cojt"同时加入到 PS 环境中。

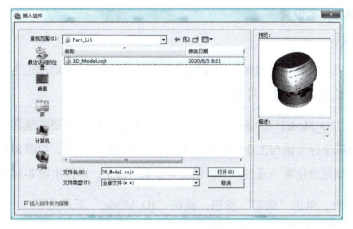

图8-29 添加组件（1）

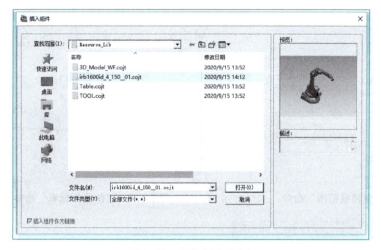

图8-30 添加组件（2）

全部插入完毕后，调整视图，其效果如图8-31所示。在左边的"对象树"浏览器中可以看到被插入的三个组件分别是3D_Model、irb1600id_4_150_01和TOOL。

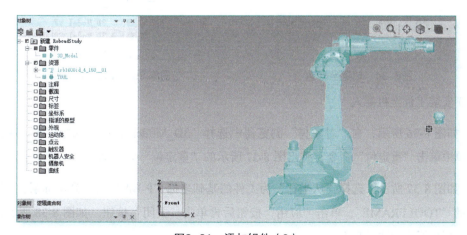

图8-31 添加组件（3）

5. 模型工件坐标系的设置

（1）建立坐标系

1）如图 8-32 所示，在"对象树"浏览器中选中"Spindle"，然后单击主菜单"建模→设置建模范围"命令，让 Spindle 进入可编辑状态。

2）设定工件"3D_Model"的基础坐标 P-BASE。由于工件最终要安装在工业机器人的法兰盘上，故工件的基础坐标应该与工业机器人法兰盘中心位置坐标重合。如图 8-33 所示，单击主菜单"建模→布局→创建坐标系→通过 6 个值创建坐标系"命令，即弹出图 8-34 所示的对话框。

3）在图 8-34 中，单击"确定"按钮，就在"3D_Model"下产生了一个坐标系"fr1"，如图 8-35 所示，把该坐标更名为"P-BASE"。

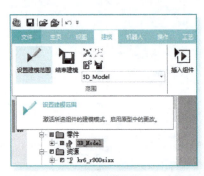

图8-32 "设置建模范围"命令

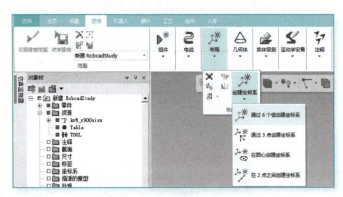

图8-33 "创建坐标系"命令

图8-34 创建坐标系

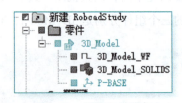

图8-35 设置工件坐标

（2）安装工件至机器人

1）如图 8-36 所示，在"对象树"浏览器中选择"3D_Model"，单击鼠标右键，在弹出的快捷菜单中单击"重定位"命令，弹出图 8-37 所示的"重定位"对话框。

2）如图 8-37 所示，选择"从坐标"为工件的基础坐标"P-BASE"，"到坐标系："为工业机器人的"TOOLFRAME"，单击"应用"按钮后再单击"关闭"按钮。如图 8-38 所示，工件已经定位到机器人的法兰盘上。

制造特征NC表达与机器人加工工艺建模 项目8

图8-36 "重定位"命令

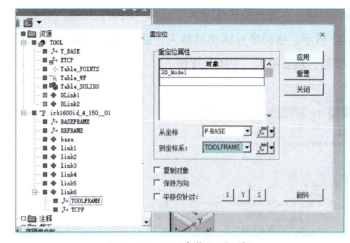

图8-37 "重定位"对话框

3）如图8-39所示，选中"3D_Model"，单击主菜单"主页→工具→附件→附加"命令，即可弹出图8-40所示的对话框。

图8-38 移动工件到法兰盘

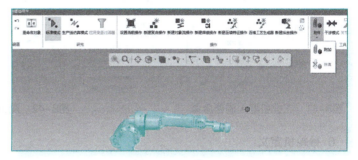

图8-39 附加命令

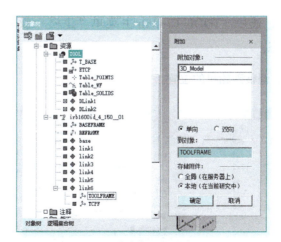

图8-40 工件附加到工业机器人上

4）在图8-40中，选择"附加对象："为"3D_Model"，选择"到对象："为"TOOLFRAME"，然后单击"确定"按钮，将"3D_Model"连接至机器人。

— 385 —

5）检查是否连接联动。如图 8-41 所示，在"对象树"浏览器中单击选中机器人，然后单击鼠标右键，在弹出的快捷菜单中选择"机器人调整"命令，弹出"机器人调整"对话框，如图 8-42 所示。拖动坐标移动机器人，就可以看到机器人与工件的联动，测试完毕后单击"重置"按钮，最后单击"关闭"按钮。

图 8-41　工业机器人调整命令

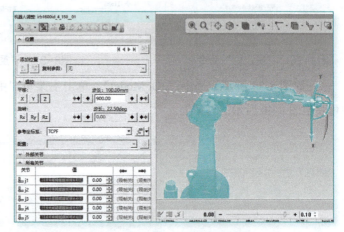

图 8-42　测试工件附着效果

6. 砂轮机定义

（1）建立砂轮机的坐标系

1）如图 8-43 所示，选中"TOOL"，单击主菜单"建模→设置建模范围"命令，使"TOOL"处于可编辑状态。

2）如图 8-44 所示，调整砂轮机的位置。

图 8-43　"设定建模范围"命令

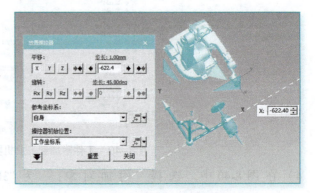

图 8-44　调整砂轮机位置

3)为"TOOL"添加坐标。如图 8-45 所示,单击主菜单"建模→创建坐标系→通过 6 个值创建坐标系"命令,在砂轮顶端的打磨位置处创建一个坐标,坐标数值如图 8-46 所示,并把此坐标更名为"T_BASE",最终效果如图 8-47 所示。

4)按照上述操作,如图 8-48 所示,再建立一个坐标系"EFCP",作为机器人的外部 TCP 坐标(External TCP),二者坐标数值相同,最后把"EFCP"更名为"ETCP"。

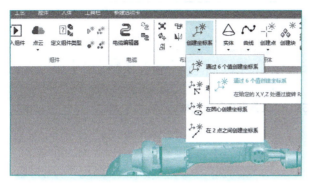
图8-45 执行设定坐标指令

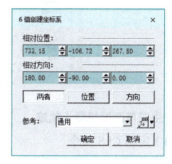
图8-46 通过6个值创建坐标系

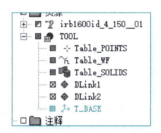
图8-47 创建工具基础坐标

图8-48 创建外部TCP坐标

(2)砂轮机工具定义

1)在图 8-48 中,选中"对象树"浏览器中的工具"TOOL",再单击主菜单"建模→运动学设备→工具定义"命令(图 8-49),弹出图 8-50 所示的信息框,单击"确定"按钮,弹出图 8-51 所示的"工具定义"对话框。

图8-49 "工具定义"命令

图8-50 "工具定义"信息框

2)在图 8-51 所示的"工具定义"对话框中,设置"TCP 坐标"为"ETCP",设置"基准坐标"为"T_BASE",然后单击"确定"按钮。TOOL ETCP 坐标变为带绿色钥匙显示状态，则工具定义成功。

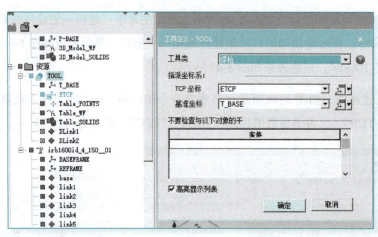

图8-51 "工具定义"对话框

7. 生成与测试机器人轨迹

（1）定制 CLS 指令

1）如图 8-52 所示，在主菜单栏的空白处单击鼠标右键，在弹出的快捷菜单中单击"定制功能区..."命令，即弹出图 8-53 所示的"定制"对话框。

图8-52 "定制功能区"命令...

2）如图 8-53 所示，选取并添加"上传 CLS"命令功能卡。操作完成之后，就在主菜单上生成了"新建选项卡"项，以及该项下的"上传 CLS"命令按钮，如图 8-54 所示。

图8-53 "定制"对话框

（2）导入 CLS 文件

1）选中"对象树"浏览器中的机器人，然后单击主菜单中的"新建选项卡"菜单，单击

"上传 CLS",即弹出图 8-55 所示的对话框。

图8-54　定制功能区

图8-55　上传CLS文件

2）在图 8-55 中,依照图示设置参数。

3）设置完毕后,单击"上传"按钮,弹出图 8-56 所示的对话框。选中文件"3d_model_jt.cls",单击"打开"按钮,即可以把该 CLS 文件加载进来。

4）最后在图 8-55 中单击"关闭"按钮退出。此时就可以在操作树浏览器中看到由加载文件生成的相关操作,如图 8-57 所示。

图8-56　选择CLS文件

图8-57　生成操作

(3) 设定外部 TCP

1) 设定程序外部 TCP (ETCP, External TCP)。如图 8-58 所示，在"操作树"浏览器下选择"FIXED_CONTOUR"，单击鼠标右键，在弹出的菜单中单击"操作属性"命令。

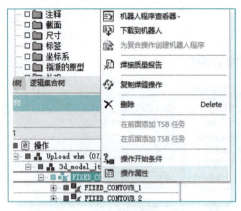

图8-58 "操作属性"命令　　　　　图8-59 设定外部TCP

2) 如图 8-59 所示，在弹出的"属性"对话框中，单击"工艺"选项卡，设置"工具:"为"TOOL"，即砂轮机，勾选"外部 TCP"复选项，最后单击"确定"按钮。

(4) 模拟仿真

1) 如图 8-60 所示，选择操作"FIXED_CONTOUR"程序，拖放到"序列编辑器"中。

图8-60 "序列编辑器"中的操作

2) 在图 8-60 中，单击"正向播放仿真"按钮 ▶，查看砂轮机的转动与机器人打磨工件的仿真，如图 8-61 所示。

(5) 路径优化

1) 选择"FIXED_CONTOUR"程序，添加到"路径编辑器"，如图 8-62 所示。

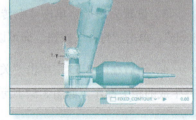

图8-61 仿真运行

2) 确定进刀位置：选中"FIXED_CONTOUR"，单击主菜单"操作→在前面添加位置"命令，即弹出"机器人调整"对话框，如图 8-63 所示。按照图 8-64 所示设置机器人的进刀位置。

3) 设置退刀位置：选择"FIXED_CONTOUR"，单击主菜单"操作→在后面添加位置"命令，设置机器人的退刀位置。最终结果如图 8-65 所示。

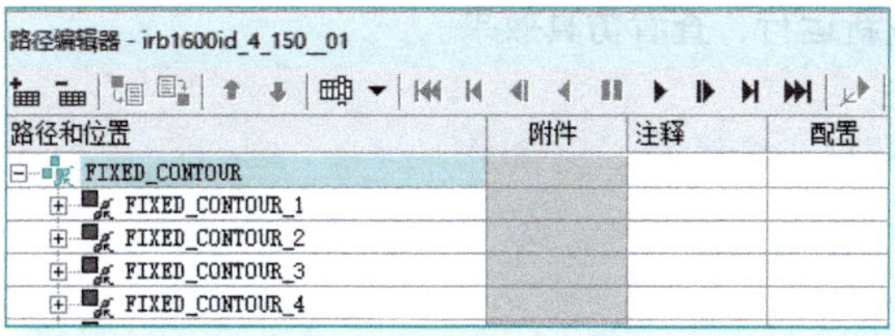

图8-62 添加程序到"路径编辑器"

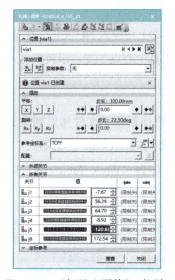

图8-63 "机器人调整"对话框

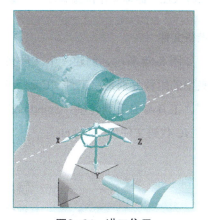

图8-64 进刀位置

4)添加机器人回 Home 点位置，如图 8-66 所示，用鼠标右键单击机器人，单击"初始位置"命令，让机器人回到初始状态，然后把当前点添加到路径 Via1 的后面即可。

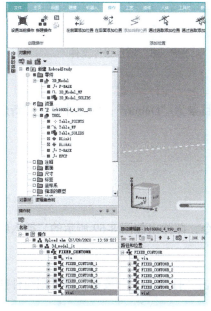

图8-65 进刀与退刀位置

图8-66 回初始位置

5)路径优化之后重新运行,查看仿真效果。

8.2.3 机器人内部TCP去毛刺工艺操作

1. 功能描述

如图 8-67 所示,建立一个机器人去毛刺工艺操作,利用工件 NC 制造特征的机床刀路文件生成机器人的移动轨迹,从而完成机器人的去毛刺作业。

完成任务:①创建 PS 项目,加载并布局三维模型;②上传导入 NC 文件,生成机器人操作,并设置机器人控制器即操作位置属性;设置机器人内部工具中心点 TCP,示教机器人程序。

2. 准备文件

如图 8-68 所示,创建一个文件夹"Deburr",把项目模型文件拷贝到该文件夹内。文件夹中的组件分别是:工件"Case.cojt"、工件夹具"Fixture.cojt"、机器人"kr6_r900sixx.cojt"、工具与去毛刺转轴"Spindle&Tool.cojt"、工作台"Work_Table.cojt"以及所用到的制造特征 NC 代码文件为"tool.cls"。

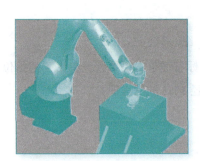
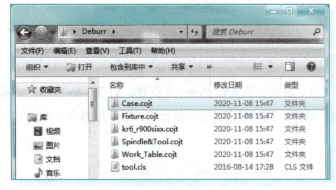

图8-67 机器人去毛刺工作站　　　　图8-68 项目组件文件

3. 创建研究

打开软件 PS on eMS Standalone,设置系统根目录为"Deburr";创建并保存"新建研究",命名为"RobocadStudy"。

4. 导入组件

组件的导入操作如下:

1)单击主菜单"建模→组件→插入组件"命令,即弹出如图 8-69 所示的"插入组件"对话框。

2)在图 8-69 中,选中全部组件模型,然后单击"打开(O)"按钮,即可把组件插入到图形显示器中,经过布局后如图 8-70 所示。

制造特征NC表达与机器人加工工艺建模 项目8

图8-69 添加组件

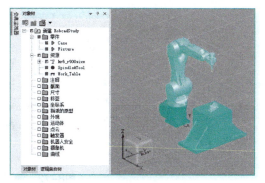

图8-70 项目3D模型及布局

5. 建立工具坐标系

（1）建立基准坐标

1）在"对象树"浏览器中选中工具"Spindle&Tool"，然后单击主菜单"建模→设置建模范围"命令。

2）单击主菜单"建模→布局→创建坐标系→通过6个值创建坐标系"，弹出"6值创建坐标系"对话框，如图8-71所示。

3）在图8-71中，单击"对象树"浏览器中机器人kr6_r900sixx的K7轴下的"TCPF"，把"TCPF"的坐标值赋值给工具的基准坐标，单击"确定"按钮，即可在"对象树"浏览器"Spindle&Tool"下生成一个坐标系"fr1"。

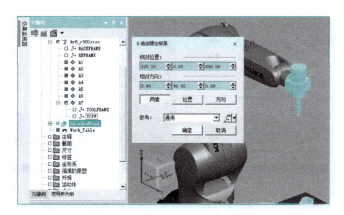

图8-71 建立工具的基准坐标系

4）把坐标系"fr1"更名为"S-BASE"：先选中"fr1"，然后按<F2>键，再更改名称为"S_BASE"。

（2）建立工具中心点TCP坐标系

1）单击主菜单"建模→布局→创建坐标系→通过6个值创建坐标系"命令，弹出"6值创建坐标系"对话框，如图8-72所示。

— 393 —

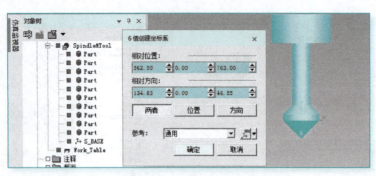

图8-72 通过6个值创建坐标系

2）在图 8-72 中，单击工具下端的锥形部件，把锥底圆心坐标值设置到对话框中，单击"确定"按钮，即可在"对象树"浏览器"Spindle&Tool"下生成另外一个坐标系"fr1"，更改该坐标名称为"TCP"。

3）选中该 TCP 坐标，单击图形浏览器中工具条"重定位"按钮，即可弹出"重定位"对话框，如图 8-73 所示。

4）在图 8-73 中，设置"到坐标系："为"工作坐标系"，勾选"平移仅针对："复选项，单击"应用"按钮，即可使 TCP 坐标方向与工作坐标系方向保持一致，然后关闭该对话框。

5）如图 8-74 所示，单击"放置操控器"按钮，设置 TCP 坐标 Z 轴的变化量为"-6" mm，让 Z 轴向下移动。

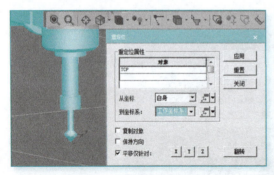

图8-73 重定位TCP坐标

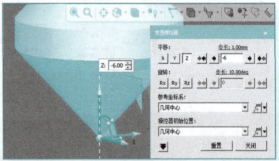

图8-74 单击"放置操控器"命令

（3）定义工具

1）在"对象树"浏览器中选中工具"Spindle&Tool"，单击主菜单"建模→运动学设备→工具定义"命令，即弹出图 8-75 所示的信息提示，单击"确定"按钮，即弹出图 8-76 所示的"工具定义"对话框。

2）在图 8-76 所示"工具定义"对话框中，设置"TCP 坐标"为"对象树"浏览器"Spindle&Tool"工具下的"TCP"，设置"基准坐标"为工具下的"S-BASE"。设置完毕单击"确定"按钮，即可生成工具的基准坐标与 TCP 坐标（出现钥匙形状图标）。

制造特征NC表达与机器人加工工艺建模 项目8

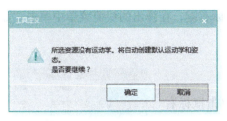

图8-75 "工具定义"提示

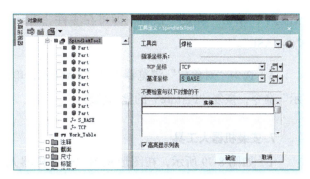

图8-76 "工具定义"对话框

6. 设置工件坐标

1）在"操作树"浏览器中选中零件"Case"，然后单击主菜单"建模→设置建模范围"命令，让零件处于可编辑状态。

2）如图8-77所示，在"操作树"浏览器中选中夹具"Fixture"，单击鼠标右键，在弹出的快捷菜单中单击"隐藏"命令，即可隐藏夹具。

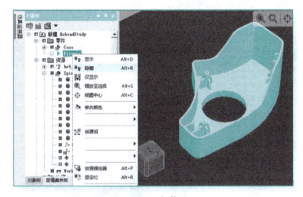

图8-77 隐藏夹具

3）单击主菜单"建模→布局→创建坐标系→通过6个值创建坐标系"命令，弹出"6值创建坐标系"对话框，如图8-78所示。

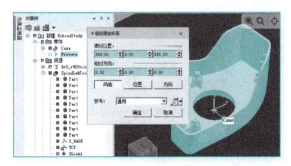

图8-78 设置工件坐标系

4）在图8-78中，用鼠标单击工件中心的圆孔部位，即可把圆孔底面圆心坐标值写入对话框中，单击"确定"按钮，即可在零件"Case"中生成坐标系"fr1"，更改坐标系名称为"C-BASE"。

5）选中"对象树"浏览器中的"Fixture"，单击鼠标右键，在弹出的快捷菜单中单击"显示"命令，恢复"Fixture"的显示状态。

7. 安装机器人工具

1）如图 8-79 所示，在图形视图中选中机器人，单击鼠标右键，在弹出的快捷菜单中单击"安装工具"，即弹出图 8-80 所示的"安装工具"对话框。

2）在图 8-80 所示的"安装工具"对话框中，设置"工具："为"对象树"浏览器中的"Spindle&Tool"，坐标系设置参看图示，单击"应用"按钮即可，最后关闭该窗口。

3）在图形视图中单击选中机器人，单击机器人调整命令（或按快捷键 <Alt+G>），即可进入机器人调整状态，如图 8-81 所示。

图8-79　安装工具命令

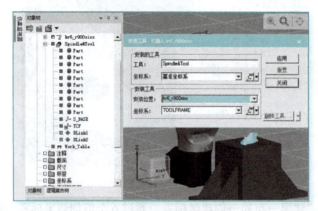

图8-80　"安装工具"设置

图8-81　机器人调整命令

4）在图 8-81 中，拖动坐标的各个轴移动，观察机器人是否联动，若能够联动，说明工具 TCP 安装正确。退出之前单击"重置"按钮，让机器人恢复到原来的位置。

8. 导入NC程序

1）如图 8-82 所示，在功能选项的空白处单击鼠标右键，在弹出的快捷菜单中单击"定制功能区..."按钮，即弹出图 8-83 所示的"定制"对话框。

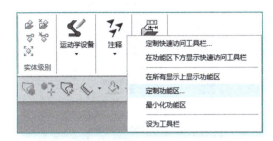

图8-82 定制功能区命令

2）在图 8-83 中，单击右下方的"新建选项..."按钮，然后在左边指令列表中选择"上传 CLS"，单击中间的"添加（A）>>"按钮，把该指令添加到右边"主选项卡"的列表中，然后选中该列表中新添加的选项，再单击右下方的"重命名"按钮，弹出"重命名"对话框，按照图示更改新添加选项的名称后，单击"确定"按钮。

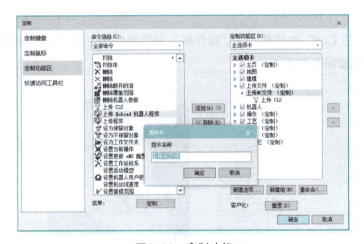

图8-83 定制功能

3）单击"定制"对话框中的"确定"按钮退出，如图 8-84 所示，在主菜单上出现了"上传文件"功能选项。

4）先选中机器人，再单击主菜单"上传文件→上传 NC 文件→上传 CLS"命令，弹出图 8-85 所示的"上传 CLS"对话框。

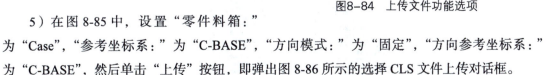

图8-84 上传文件功能选项

5）在图 8-85 中，设置"零件料箱："为"Case"，"参考坐标系："为"C-BASE"，"方向模式："为"固定"，"方向参考坐标系："为"C-BASE"，然后单击"上传"按钮，即弹出图 8-86 所示的选择 CLS 文件上传对话框。

6）在图 8-86 中，选择需要上传的文件"tool.cls"，单击"打开（O）"按钮，即可完成文件的上传,回到图 8-85"上传 CLS"对话框中。

图8-85 上传CLS文件

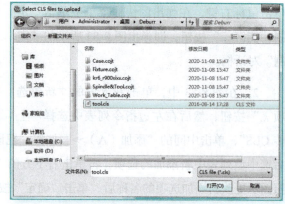

图8-86 选择上传文件对话框

7)关闭"上传 CLS"对话框,在"操作树"浏览器中就生成了对应的机器人操作,全部显示该操作,效果如图 8-87 所示。

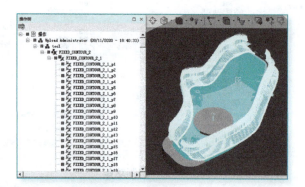

图8-87 机器人操作

8)如图 8-88 所示,把操作添加到"路径编辑器"中。

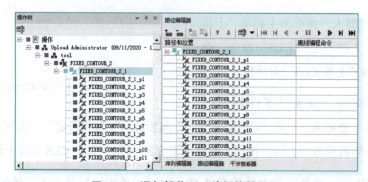

图8-88 添加操作到"路径编辑器"

制造特征NC表达与机器人加工工艺建模　项目8

9. 优化程序路径

（1）添加进刀与退刀位置

1）如图8-89所示，选中"路径编辑器"中的第一个位置，单击鼠标右键，在弹出的快捷菜单中单击"移至位置"命令，则机器人TCP点即可移动到第一个位置处。

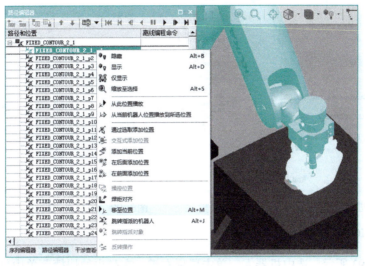

图8-89　移至第一个位置

2）如图8-90所示，先在"路径编辑器"中选中复合操作"FIXED_CONTOUR_2_1"，然后单击主菜单"操作→添加位置→在前面添加位置"命令，即可弹出图中的"机器人调整"对话框。

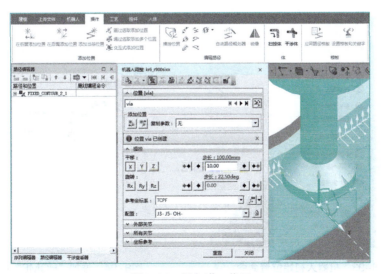

图8-90　添加进刀位置

3）在图8-90中，设置X的平移量为"10.00"mm，然后关闭该对话框，即可在"操作树"浏览器中看到添加的位置"via"如图8-91所示。

4）选中"FIXED_CONTOUR_2_1"，单击主菜单"操作→添加位置→在后面添加位置"命令，设置 X 的平移量为"10.00"mm，Z 的平移量为"50.00"mm，追加退刀位置"via1"，如图 8-92 所示。

图 8-91　进刀位置 via

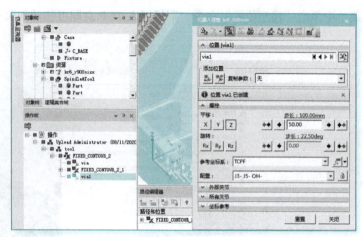

图 8-92　添加退刀位置

（2）添加 HOME 位置

1）如图 8-93 所示，选中机器人，单击鼠标右键，在弹出的快捷菜单中单击"初始位置"命令，让机器人回到其初始位置。

2）单击主菜单"操作→添加位置→添加当前位置"按钮，即可再添加一个名为"via2"的位置，然后把该位置更名为"HOME"，如图 8-94 所示。

图 8-93　机器人初始位置命令

图 8-94　添加"HOME"位置

（3）仿真运行　如图 8-95 所示，把操作"FIXED_CONTOUR_2"添加到"路径编辑器"中，然后单击"正向播放仿真"按钮 ▶，即可启动机器人的仿真运行。

制造特征NC表达与机器人加工工艺建模　项目8

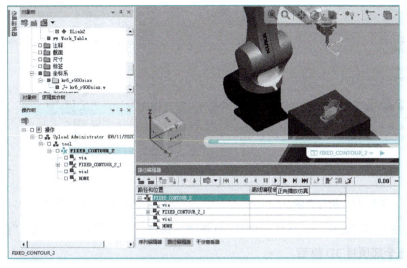

图8-95　查看仿真运行

8.3　知识拓展

8.3.1　生成三维布局图

如图 8-96 所示，生成该项目的三维布局图，操作步骤如下：

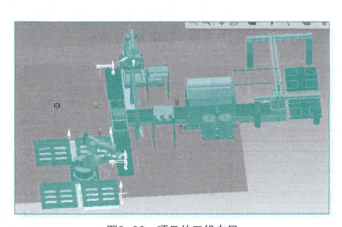

图8-96　项目的三维布局

1）单击主菜单"建模→组件→新建资源"命令，即弹出图 8-97 所示的"新建资源"对话框。在该对话框中选择"Device"，单击"确定"按钮，即在"对象树"浏览器中生成一个名为"Device"的资源，如图 8-98 所示。

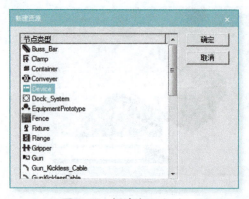

图8-97 新建资源（1）

图8-98 新建资源（2）

2）单击主菜单"建模→几何体→创建2D轮廓"命令，弹出图8-99所示的"创建2D轮廓"对话框，框选全部项目3D模型。

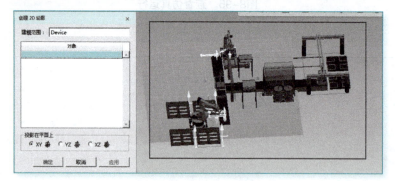

图8-99 框选项目模型

3）框选模型之后，如图8-100所示，即可把所有项目组件的三维模型对象选入到"对象"列表中，然后设置"投影在平面上"为"XY"平面，单击"确定"按钮，即可在"对象树"浏览器中"Device"下生成各个组件的2D曲线，如图8-101所示。

图8-100 选择XY投影平面

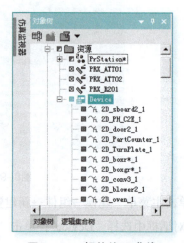

图8-101 组件的2D曲线

4)单击主菜单"建模→范围→结束建模"命令,弹出保存文件对话框,如图8-102所示。选择存放文件为系统根目录后,单击"保存(S)"按钮,即可生成2D模型文件,如图8-103所示。

图8-102　保存文件　　　　　　　　图8-103　生成的2D布局图文件

5)如图8-104所示,只保留资源"Device",隐藏"对象树"浏览器中的所有"资源"和"零件",隐藏"操作树"浏览器中的所有操作,在图形浏览器中可查看到2D布局,如图8-105所示。

图8-104　隐藏操作和"Device"外所有资源

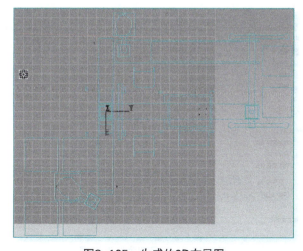

图8-105　生成的2D布局图

8.3.2 生成动画图

生成项目动画图的操作步骤如下：

1）如图 8-106 所示，单击主菜单"文件→导入/导出→导出至web"命令，弹出图 8-107 所示的"导出至web"对话框。

2）在图 8-107 中，单击打开文件按钮"..."，弹出图 8-108 所示的"另存为"对话框。在该对话框中，设置文件保存目录和保存文件名，单击"保存（S）"按钮，即回到"导出至web"对话框中。

图8-106　"导出至Web"命令　　　　图8-107　"导出至Web"对话框

3）在"导出至web"对话框中，单击"确定"按钮，即可生成并打开动画文件，如图 8-109 所示。

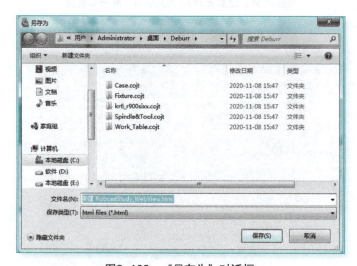

图8-108　"另存为"对话框

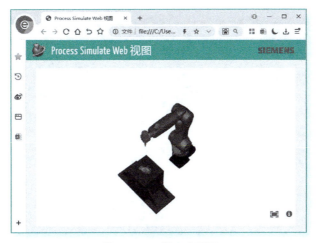

图8-109 项目动画图

8.4 小结

本项目以工业机器人抛光、去毛刺工艺为例，介绍了基于制造特征 NC 代码 CLS 文件的生成方法，以及利用 CLS 文件生成工业机器人加工工艺的操作步骤。在项目实施的过程中，介绍了工业机器人外部 TCP 法与内部 TCP 法产品加工工艺生成的操作方法，以及工业机器人加工位置的添加、调整等操控方法。

把人植于时间之中，就意味着人作为个体最终会在现实世界中消亡。幸运的是，人具有社会属性：由于人的技术、经验和智慧等可以以不同知识载体的形式代代相传，这就使人在历史的长河中变得有价值、不再虚无。这种价值体现在他能够为后人留下些什么，能够帮助后人在生产、生活等过程中不再重新走过。作为工程技术人员，生产工艺倘若能够以数字化知识的形式流传，使后来人能够以可视化的方式继承下来，将会为社会留下宝贵的参考样本。这或许就是工程技术人员避免个体走进虚空，融入社会发展进程之中，体现社会价值的一条路径吧。

项目 9
CHAPTER 9

工业机器人点焊工艺建模

【知识目标】

1. 掌握 Process Designer 中工程库与工艺资源的创建与配置,以及资源、产品零件模型和焊点文件等的加载与分配方法。

2. 熟悉工艺双胞胎的创建与设置方法,掌握使用 PERT 图完成工艺资源与操作的分配方法。

3. 掌握在 Process Designer 中生成与启动 Process Simulate 项目研究的方法。

4. 掌握干涉集检测、焊点截面、焊接分布中心、焊枪云及焊接质量报告等工具的操作方法。

5. 巩固与提高对软件 Process Designer 与 Process Simulate 的基本操作技能。

【技能目标】

1. 会在 Process Designer 中清理既往项目数据,创建与保存项目,加载资源、产品零件等三维模型和焊点文件等。

2. 会创建产品库、资源库、制造特征库和工艺库等项目工程库,能创建与分配产品、资源和操作等数据,并加载到相应的浏览器视图中。

3. 会创建工艺双胞胎,完成工作区、工作站及工作岗位的设置。

4. 会创建工作流,完成产品、资源、制造特征、制造时间和操作顺序等的配置,并能设置它们之间的链接关系。

5. 会创建 Process Simulate 研究,并能通过 Process Designer 启动研究。

6. 会在 Process Simulate 中投影焊点,能创建、编辑与优化焊点轨迹。

工业机器人应用系统建模（Tecnomatix）

9.1 相关知识

9.1.1 点焊简介

点焊的基本原理是：将高压电流加在两金属片的接触点处使金属熔化，熔化区域冷却硬化后就会熔合在一起。将点焊作为连接金属板件的方法是汽车工业中最常用的方法。机器人点焊使用通用的或专门制造的机器人，它携带由各种机械、电气和液压元件构成的焊枪，根据产品模型的制造特征，利用相关工具软件生成各个焊点。

Process Simulate在软件环境中能够充分利用产品模型的数字信息进行仿真验证与修改调试，从而提高产品的制造柔性和企业快速适应市场的能力。在汽车行业的实践中，点焊的焊点直径通常为6～8mm，焊点之间的间距为10～400mm，位于距离金属板边缘几毫米或更多的地方。焊枪通常有三种姿势：全开、半开和闭合。一只手臂通常是可移动的，另一只手臂是固定的，或者活动范围非常有限。由焊接控制器控制焊枪，通常提供5～16组不同的焊接电流和电流时间的配送，由机器人的输出信号激活进行焊接操作。一般而言，机器人点焊生产线的设计过程可概括如下：

1）负责机器人线路规划的工程部门从设计部门接收各个分段的图样。然后由工程师确定工件焊接点的数量和位置，并设计固定夹具将其布置在固定支架上。该过程被指定为焊接研究，由它产生焊接点，并标记在图样上。

2）一般由同一部门负责机器人生产线的设计，内容包括为每个机器人分配焊接点，为每个机器人分配焊枪焊柄，指定焊接点的焊接顺序和机器人的操作顺序，以及恰当地放置机器人和工件位置。

上述步骤连同编写机器人程序都可以借助Process Simulate软件进行。通常在设计过程中，每个焊接点的设计平均时间可能需要几个小时。尽管如此，但结果仍有可能出错，在实现阶段仍需要做很多工作。为了尽量地减少问题的出现，从一开始，设计工作就需要有如下几个明确的目标：

1）确定正确的焊枪几何形状，尤其是枪柄，以便在不产生干涉的情况下到达所有焊接点，同时尽量减少循环时间和焊枪重量。

2）确保可到达所有焊接点和中间（通孔）点不产生干涉，并具有最佳（最少）循环时间，确保最大限度地使用库存设备（如机器人、焊枪、刀柄和刀尖等）。

3）设计阶段尽可能地完成错误检测。

9.1.2 PS中的点焊操作

1. 创建零件点焊路径的流程

在 Process Simulate 中，创建零件点焊路径的流程大致可概括为：①定义焊枪，主要是机构几何体的选择和运动学定义；②使用 Process Simulate 创建并加载研究；③项目研究中的模型布局与零件放置；④定义或者导入工作焊点数据；⑤投射目标位置到工件上，以创建焊点的位置；⑥使用首次靠近焊枪，以检查目标位置的方向；⑦创建焊接路径的首次靠近操作序列；⑧分割区域，寻找有效的焊枪进行焊接；⑨沿着路径进行首次仿真运行；⑩添加机器人，测试机器人的可达性；⑪干涉检查并调整路径；⑫优化路径周期时间；⑬对研究中的其他机器人重复此过程。

2. 焊点获取方法

在 Process Simulate 中，获取焊点主要有两个环节：焊点的定义、导入和制造特征点坐标方向的定义。下面简要介绍这两个环节的操作过程。

（1）定义和导入焊点的操作

1）从外部文件导入到数据库：主要有来自 Teamcenter（在诸如 NX 等 CAD 系统中创建）和 XML 文件（在 CAD 系统或外部其他系统中创建）两种方法。

2）在 Process Designer 或者 Process Simulate 中创建，其创建操作过程如下：

① 在 Process Simulate 中创建：

a）单击主菜单"工艺→离散→通过坐标创建焊点"命令，单击该命令可以在选定的点坐标系的位置处创建一个焊点。

b）单击主菜单"工艺→离散→通过选取创建焊点"命令，单击该命令可以在选定的零件上的某一位置处创建一个焊点。

c）单击主菜单"工艺→离散→在 TCPF 上创建焊点"命令，单击该命令可以在所选机器人或者焊枪的工具中心点 TCP 坐标系处创建一个焊点。

② 在"导航树"中，右键单击某一"制造特征库（Mfg Feature Library）"，在弹出的快捷菜单中单击"新建"命令，即弹出"新建"对话框，在该对话框中选择焊点。

（2）从焊点获取制造特征点的坐标方向

1）对于焊点的操作。从 Process Simulate 中获取焊点方向的命令为"工艺→离散→投影焊点"。单击该命令可以将焊点投射在一个或多个零件的表面，每个投影的焊点都需要预先指派并附加到零件上，投影焊点会给焊接位置添加方向。

2)从 CAD（如 NX 或 CATIA）中获取焊点方向："工艺→离散→获取焊点方向"。使用该命令能够保存从外部 CAD 应用程序导入的焊点所关联的 Rx、Ry、Rz 的角度值。焊点必须预先与零件关联。

使用这两个命令中的任何一个，都会为每个制造特征的焊点生成一个定位操作。定位操作包含机器人 TCP 在制造特征处的位置和方向。定位操作的方向可以使用 Process Simulate 中的各种工具进一步细化，这些工具的使用方法将在项目实例中介绍。

9.2 项目实施

9.2.1 Process Designer 数据操作

1. 任务描述

如图 9-1 所示，以机器人铆焊为例，使用制造特征数据创建并仿真机器人点焊工艺。要完成的任务如下：①创建项目，加载资源、产品零件模型和焊点文件等；②完成工业机器人、焊枪、工件及焊点等三维模型的布局；③创建产品库、资源库、制造特征库和工艺库等项目工程库；④创建产品、资源和操作等数据，加载到相应的浏览器视图中；⑤创建"工艺双胞胎"，完成工作区、工作站以及工作岗位的操作设置；⑥创建工作流，完成产品、资源、制造特征、制造时间、操作顺序等的配置，以及它们之间的链接关系；⑦创建研究，并通过 Process Designer 启动 Process Simulate。

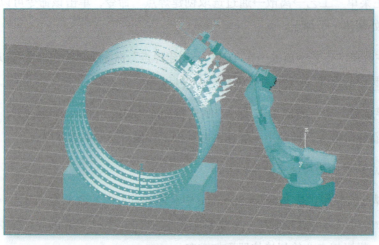

图 9-1 项目模型

本项目使用 Process Designer 和 Process Simulate 软件,综合其相关功能,全面地介绍 eMS 基本对象——零件、资源、操作、制造特征等工艺要素的创建与配置过程。

2. 准备文件

如图 9-2 所示,项目用到的模型文件被放置在文件夹"Weld_Spot"中。该文件夹下有两个子文件夹,分别为"Product"和"Resource"。

其中子文件夹"Product"为产品文件夹,内容如图 9-3 所示,存放了被焊接的产品零部件组件的三维模型和焊点文件"handian.csv";子文件夹"Resource"为资源文件夹,内容如图 9-4 所示,存放了用到的各种设备资源的三维模型。

图9-2 模型文件介绍

图9-3 产品模型文件

项目的系统根目录为 Weld_Spot,系统产品 Product 与资源 Resource 模型文件的整体组织如图 9-5 所示。其中,各个扩展名为 cojt 子文件夹下的文件代表了不同产品与资源组件的三维模型,原始数据内包含了扩展名为 jt 的与文件夹同名的三维模型文件。

图9-4 资源模型文件

图9-5 模型数据组织结构

3. 创建Process Designer项目

(1)创建项目 新建一个项目,操作步骤如下:

1)双击桌面上的 Process Designer(简称 PD)软件快捷图标,即出现软件 Tecnomatix 软件启动界面。输入用户名和密码,再单击"确定"按钮,即出现图 9-6 所示的界面。

2)在图 9-6 中,单击选择系统根目录按钮"...",弹出"浏览文件夹"对话框。选择"Weld_Spot"作为根目录,单击"确定"按钮,关闭该对话框。然后再单击图 9-6 下方的"新建"按钮,即弹出图 9-7 所示的"新建项目"对话框。

工业机器人应用系统建模（Tecnomatix）

图9-6　选择系统根目录

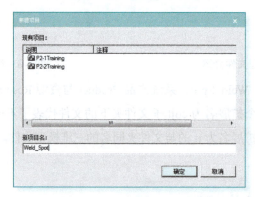

图9-7　"新建项目"对话框

3）在该对话框内，输入新项目名称"Weld_Spot"后单击"确定"按钮，关闭该对话框，就进入图9-8所示的Process Designer程序界面。

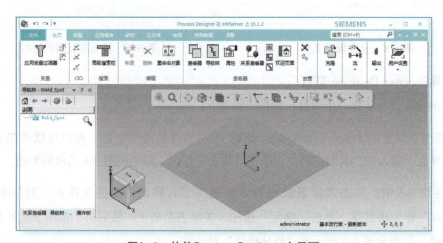

图9-8　软件Process Designer主界面

如图 9-8 所示，可以在左侧的"导航树"浏览器内看到所创建的项目"Weld_Spot"。

（2）创建工程库与焊点库　创建工程库，操作过程如下：

1）如图 9-9 所示，在"导航树"中选中"Weld_Spot"，单击鼠标右键，在弹出的快捷菜单中单击"新建"按钮，即弹出图 9-10 所示的"新建"对话框。

2）在该对话框内，勾选"Collection"复选项，数量为"5"，然后单击"确定"按钮，创建 5 个文件夹。

3）如图 9-11、图 9-12 所示，分别更改这 5 个文件夹名为"产品库""资源库""工艺库""焊点库"和"工作文件夹"。

图9-9　"新建"命令　　　　　图9-10　新建文件夹

图9-11　导航树中的文件夹　　图9-12　文件夹更名

4）如图 9-13 所示，先选中左侧"导航树"中的工程"Weld_Spot"，单击主菜单"准备→库→创建工程库"命令，弹出"目录浏览器"对话框。

工业机器人应用系统建模（Tecnomatix）

图9-13 创建工程库

5）在图 9-13 中，选择库目录"Weld_Spot"，然后单击"下一步"按钮，即弹出图 9-14 所示的"类型指派"界面，展开各个文件目录。

6）通过不同目录对应的"类型"栏的下拉列表，为该目录下的组件指派不同的"类型"，各个文件夹下组件类型的指派结果如图 9-14 所示。

图9-14 模型的类型指派

7）单击该对话框中的"下一步"按钮，弹出图 9-15 所示的"工程库创建成功"消息框，单击"确定"按钮，返回到主界面中。

8）如图 9-16 所示，在主界面"导航树"中可以看到创建的两个工程库，分别是零件工程库"EngineeringPartLibrary"和资源工程库"EngineeringResourceLibrary"，并把这两个工程库拖到"资源库"文件夹下。

图9-15　创建成功消息框

图9-16　导航器中的工程库

导入焊点文件创建焊点库。焊点文件为"handian.csv",导入的过程如下:

1)如图9-17所示,选中并右键单击"Weld_Spot",在弹出的快捷菜单中单击"导入对象"命令,弹出图9-18所示的"导入"对话框。在该对话框中,先更改文件类型为"eM-Planner数据(*.csv)",再选择焊点文件"handian.csv",然后单击"导入"按钮。

图9-17　导入对象

图9-18　选择导入焊点文件

2)如图9-19所示,弹出"数据导入成功"消息框,单击"确定"按钮后,在"导航树"浏览器中就会看到新加入的焊点库,如图9-20所示。

图9-19　导入信息

3)选中焊点库"MfgLibrary",将它拖入到"焊点库"文件夹中;然后删除所生成的MfgLibrary上级目录"administrator's Folder"(通过在administrator's Folder文件夹上单击鼠标右键,在弹出的快捷菜单中单击"删除"的操作实现删除),最终效果如图9-21所示。

图9-20 导入的焊点库

图9-21 焊点库

4. 零件与焊点的分配

在 Process Designer 中,需要把焊点指派给零件板件。这包含复合零件的创建与焊点指派两个环节,具体的操作步骤如下。

(1) 创建与配置复合零件

1) 如图 9-22 所示,选中并右键单击"产品库"文件夹,在弹出的快捷菜单中单击"新建"命令,弹出"新建"对话框,如图 9-23 所示。

图9-22 "新建"命令

图9-23 新建复合零件

2) 如图 9-23 所示,在"新建"对话框中勾选"节点类型"中的复合零件"CompoundPart",设置数量为"1",单击"确定"按钮,如图 9-24 所示,即可在"导航树"浏览器"产品库"下生成一复合零件"CompoundPart"。

3) 在图 9-24 中,选中复合零件"CompoundPart",按下 <F2> 键,把复合零件名称更改为"FJ",如图 9-25 所示。

4）如图 9-26 所示，选中复合零件"FJ"，鼠标右键单击，在弹出的菜单中单击"添加根节点"命令。

图9-24　复合零件

图9-25　更名复合零件

图9-26　添加到根节点

5）如图 9-27 所示，单击主菜单"主页→查看器→查看器→产品树"命令，即出现"产品树"浏览器，如图 9-28 所示，可以看到已经被添加进来的复合零件"FJ"。

图9-27　打开"产品树"浏览器

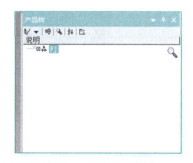

图9-28　"产品树"浏览器

6）如图 9-29 所示，双击"资源库"中的库"EngineeringPartLibrary"，即弹出图 9-30 所示的库文件"导航树"浏览器，将文件夹逐一打开。

7）如图 9-31 所示，按住 <Shift> 键，选中"导航树"浏览器中"Product"下的两个零件，拖到"产品树"浏览器中的"FJ"下。

8）在图 9-31 中，在"产品树"浏览器中选中"FJ"，单击鼠标右键，在弹出的快捷菜单中单击"缩放至选择"命令，即可看到加入的复合零件，如图 9-32 所示。

图9-29 选中零件库

图9-30 打开零件库

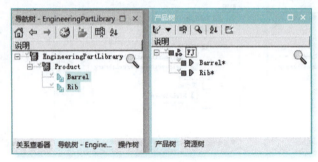
图9-31 拖放零件到产品树

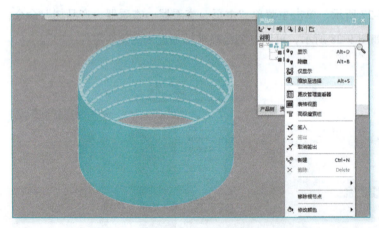
图9-32 查看零件

9)如图9-33所示,在"导航器"浏览器的左上角单击"主页"按钮 ，返回到导航树的主界面。

(2)焊点的分配 焊点的分配主要是指把焊点指派给或者附加到对应的板件上,具体的操作分为添加与显示焊点、板件连接焊点两个步骤,具体操作如下:

1)添加与显示焊点。

① 如图9-34所示,选中文件夹"焊点库"里的焊点

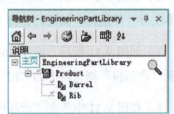
图9-33 返回主页面

库文件，如图 9-35 所示，单击鼠标右键，在弹出的快捷菜单中单击"导航树"命令，即可在"导航树"中展开全部焊点，如图 9-36 所示。

图9-34 选中"焊点库"

图9-35 打开焊点"导航树"

图9-36 焊点"导航树"

② 如图 9-37 所示，使用＜Shift＞+鼠标左键选中所有焊点，单击鼠标右键，在弹出的快捷菜单中单击"添加根节点"命令。

③ 如图 9-38 所示，单击主菜单"主页→查看器→查看器→制造特征树"命令，打开"制造特征树"浏览器，如图 9-39 所示。浏览器中显示了加入的全部焊点。

④ 在图 9-39 中，选中全部焊点，然后单击鼠标右键，即弹出图 9-40 所示的快捷菜单，单击"显示"命令，此时焊点就在板件上显示出来，如图 9-41 所示。

图9-37 焊点"添加根节点"

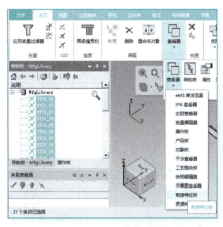
图9-38 打开制造特征树

2）连接焊点与板件。焊点连接的操作步骤如下：

① 如图 9-42 所示，在"制造特征树"浏览器中选择全部焊点，如图 9-43 所示，单击主菜单"应用模块→焊接→自动零件指派"命令，即弹出图 9-44 所示的"自动零件指派"列表框。

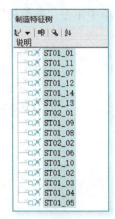
图9-39 "制造特征树"浏览器

图9-40 焊点显示命令

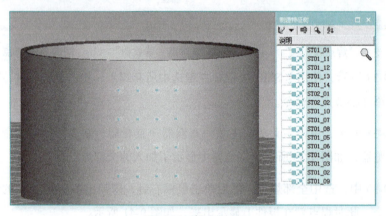
图9-41 焊点显示

图9-42 选中焊点

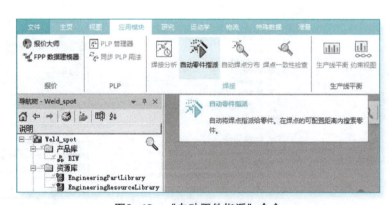
图9-43 "自动零件指派"命令

② 单击图9-44左上角的搜索按钮，系统会按照预定的默认规则搜索焊点临近的板件，搜索结果将会显示在图中的列表中。

③ 如图9-45所示，使用<Shift>+鼠标左键，选中全部焊点，然后单击图中工具栏中的"指派"按钮，即可把焊点全部指派到零件的各个部件上。

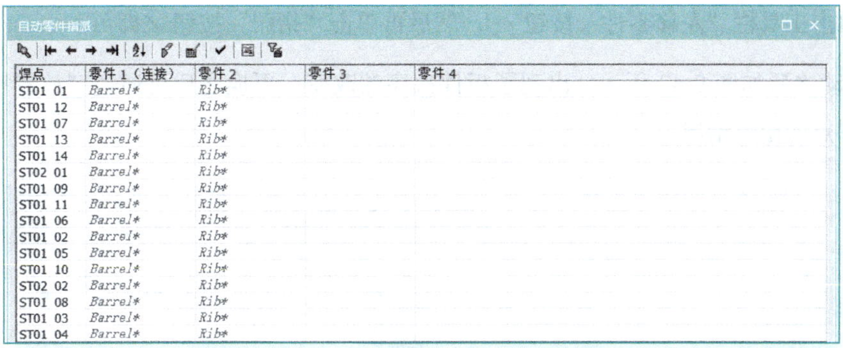

焊点	零件 1（连接）	零件 2	零件 3	零件 4
ST01 01	Barrel*	Rib*		
ST01 12	Barrel*	Rib*		
ST01 07	Barrel*	Rib*		
ST01 13	Barrel*	Rib*		
ST01 14	Barrel*	Rib*		
ST02 01	Barrel*	Rib*		
ST01 09	Barrel*	Rib*		
ST01 11	Barrel*	Rib*		
ST01 06	Barrel*	Rib*		
ST01 02	Barrel*	Rib*		
ST01 05	Barrel*	Rib*		
ST01 10	Barrel*	Rib*		
ST02 02	Barrel*	Rib*		
ST01 08	Barrel*	Rib*		
ST01 03	Barrel*	Rib*		
ST01 04	Barrel*	Rib*		

图9–44　“自动零件指派”列表框

焊点	零件 1（连接）	零件 2	零件 3	零件 4
ST01 01	Barrel*	Rib*		
ST01 12	Barrel*	Rib*		
ST01 07	Barrel*	Rib*		
ST01 13	Barrel*	Rib*		
ST01 14	Barrel*	Rib*		
ST02 01	Barrel*	Rib*		
ST01 09	Barrel*	Rib*		
ST01 11	Barrel*	Rib*		
ST01 06	Barrel*	Rib*		
ST01 02	Barrel*	Rib*		
ST01 05	Barrel*	Rib*		
ST01 10	Barrel*	Rib*		
ST02 02	Barrel*	Rib*		
ST01 08	Barrel*	Rib*		
ST01 03	Barrel*	Rib*		
ST01 04	Barrel*	Rib*		

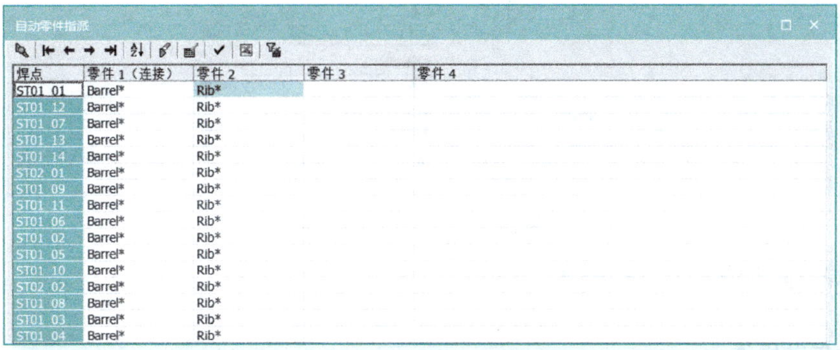

图9–45　指派焊点到零件

④ 找任意焊点进行测试。以第一个焊点“ST01_01”为例，如图 9-46 所示，单击“放置操控器”命令，拖动其连接的板件“Barrel*”移动时，可以观察到焊点“ST01_01”随着板件一起移动（全部焊点都会移动），这说明焊点已经被指派到板件上了。

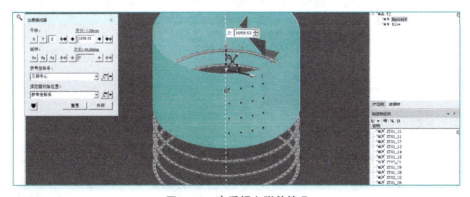

图9–46　查看焊点附着情况

退出查看前单击“重置”命令，重置焊点位置，即可恢复到移动之前的位置。

⑤ 若需要更改焊点的附着板件，可进行如下操作：

a）以“ST01_01”为例，如图 9-45 所示，焊点“ST01_01”的附着板件为“Barrel*”，如果要改变附着板件为“Rib*”，只需在图 9-45 所示的列表中选中该行“零件 2”列的板件名称

"Rib*",单击工具栏"左移零件"按钮![左移],然后再单击"指派"按钮![指派]即可。

b)移动之后如图9-47所示,出现了板件次序的改变。更换之后可通过"放置操控器"对话框查看焊点的附着情况。

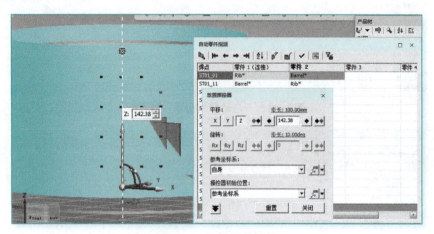

图9-47 更换附着板件

c)把焊点附着恢复为"Barrel*"状态。

5. 建立工艺操作

(1)创建操作库 创建操作库的目的是向工艺中分配预设的不同操作,以实现工艺流程中机器人的各种加工任务,这里的操作库主要是针对机器人的操作。创建步骤如下:

1)如图9-48所示,在主页面的"导航树"浏览器中,选中并右键单击"资源库"文件夹,在弹出快捷菜单中单击"新建"命令,弹出"新建"对话框,如图9-49所示。

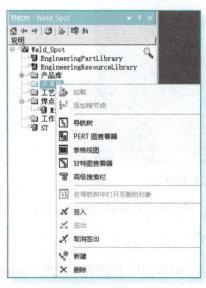

图9-48 "新建"命令

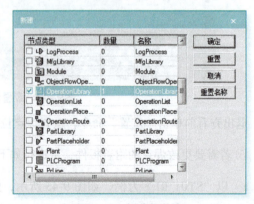

图9-49 新建操作库

2）勾选"节点类型"中的"OperationLibrary"复选项,"数量"设为"1",然后单击"确定"按钮,创建一个新的操作库,如图9-50所示。

3）在图9-50中,选中"OperationLibrary",单击鼠标右键,在弹出的快捷菜单中单击"导航树"命令,把该操作库展开到导航树中,如图9-51所示。

图9-50 导航树展开操作库　　　　　　图9-51 新建操作

4）在图9-51中,选中操作库,单击鼠标右键,在弹出的快捷菜单中单击"新建"命令,即弹出"新建"对话框,如图9-52所示。

5）勾选机器人焊接操作"WeldOperation"复选项,单击"确定"按钮,即可在"OperationLibrary"创建一个焊接操作,如图9-53所示。

6）如图9-54所示,把焊接操作"WeldOperation"更名为"机器人焊接"。

图9-52 新建焊接操作　　　图9-53 焊接操作　　　图9-54 更名焊接操作

7）如图9-55所示,选中"机器人焊接"操作,单击鼠标右键,在弹出的快捷菜单中单击"属性"按钮,弹出"属性-机器人焊接"对话框,如图9-56所示。

8）在图9-56中单击"时间"选项卡,修改"分配时间:"为"0","经验证的时间:"类型为"MTM"。

图9-55 打开属性框

图9-56 设置属性

以上操作就建立了"操作库",关闭与"操作库"相关的窗口,回到软件的主界面。

(2)建立工艺库 工艺主要包括资源与操作,即使用哪些资源(工具)完成哪些操作任务。在建立工艺库时,资源与操作是同时出现的,故也被称作工艺双胞胎。在Process Designer中,建立工艺双胞胎的步骤如下:

1)如图9-57所示,在"导航树"中选中"工艺库"文件夹,单击鼠标右键,弹出快捷菜单。

2)在图9-57所示的快捷菜单中,单击"新建"命令,弹出图9-58所示的"新建"对话框,勾选"PrLine"复选项,数量设为"1",单击"确定"按钮。如图9-59所示,在"工艺库"文件夹内出现操作"PrLineProcess"和资源"PrLine"的一对工艺双胞胎。

图9-57 "新建"命令

图9-58 新建工艺双胞胎

图9-59 工艺双胞胎

图9-60 添加工艺到根节点　　　　　图9-61 工艺根节点

3）如图9-60所示，把工艺"PrLineProcess"添加到根节点上，可查看添加效果，如图9-61所示；如图9-62所示，把资源"PrLine"添加到根节点上，再单击主菜单"主页→查看器→查看器→资源树"命令，即可查看添加资源的效果，如图9-63所示。

图9-62 添加资源到根节点　　　　　图9-63 资源根节点

4）如图9-64所示，用鼠标右键单击"资源树"中的"PrLine"，在弹出的快捷菜单中单击"新建"命令，即弹出"新建"对话框，如图9-65所示。

5）在图9-65中，勾选"节点类型"中的"PrZone"复选项，数量为"1"，单击"确定"按钮，即可看到分别处于"操作树"和"资源树"浏览器中的双胞胎，如图9-66、图9-67所示。

6）如图9-68所示，选中"PrZone"，单击鼠标右键，在弹出的快捷菜单中单击"新建"命令，弹出图9-69所示的"新建"对话框。

图9-64 "新建"命令

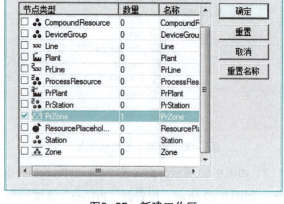

图9-65 新建工作区

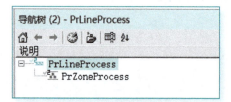

图9-66 双胞胎的操作

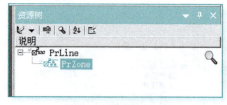

图9-67 双胞胎的资源

图9-68 "新建"命令

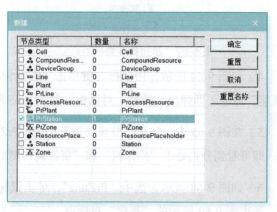

图9-69 新建工作站

7）在图 9-69 中，勾选"节点类型"中的"PrStation"复选项，数量设置为"1"，然后单击"确定"按钮，即为工作区"PrZone"创建了 1 个工作站"PrStation"，如图 9-70 所示。此时，"操作"双胞胎也同时随着"资源"双胞胎发生变化，出现了 1 个岗位的操作，如图 9-71 所示。

8）如图 9-72 所示，把这个工作站更名为"OP1"。

图9-70　新建资源工作站　　　图9-71　双胞胎中的操作　　　图9-72　更名工作站

9）同步工艺对象：在图 9-72 中，先选中"PrLine"，如图 9-73 所示，单击主菜单"特殊数据→杂项→同步工艺对象"命令，即弹出图 9-74 所示的"同步工艺对象"对话框。

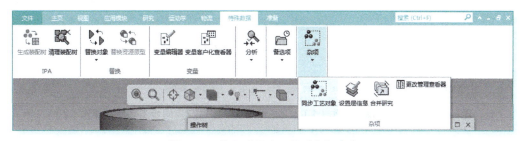

图9-73　执行"同步工艺对象"命令

在图 9-74 中，勾选"具有子树"复选项，单击"确定"按钮。如图 9-75 所示，在导航树中可观察到双胞胎的"操作"名称已经与"资源"的相同，均为"PrLine/PrZone/OP1"，实现了工艺双胞胎对象的同步操作。

10）可以尝试反向操作，如图 9-76 所示，修改"PrLine"名称为"Weld_Spot"，然后再做"同步工艺对象"操作，即可看到资源树中的名称也发生了同步变化，如图 9-77 所示，也变为"Weld_Spot"。

（3）向工艺的工位中分配板件焊点与操作

1）板件与焊点的分配。

① 如图 9-78 所示，在"导航树"浏览器中选中"Weld_Spot"，再单击鼠标右键，在弹出

的快捷菜单中单击"PERT图查看器"命令，即弹出图9-79所示的"PERT图"对话框。

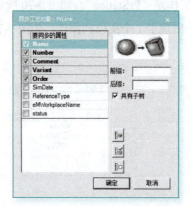

图9-74 "同步工艺对象"对话框

图9-75 同步工艺操作树

图9-76 同步工艺反向操作（1）

图9-77 同步工艺反向操作（2）

图9-78 打开PERT图查看器

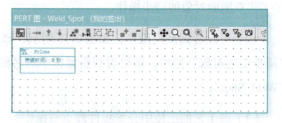

图9-79 PERT图查看器

② 在图9-79中选中"PrZone"，单击"钻取到"按钮，进入"PrZone"的子页面，如图9-80所示。

③ 如图 9-81 所示，选中"产品树"浏览器中的"Barrel*"与"Rib*"两个板件，将它们拖到"OP1"里；单击"预定义布局"按钮 ▦，使其自动排布，此时已经将板件导入到工位里去了。最后关闭 PERT 图，完成对该图的编辑。

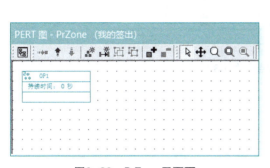
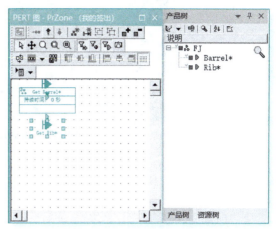

图9-80　PrZone子页面　　　　　　　　图9-81　向PrZone中添加板件

④ 如图 9-82 所示，先选中"导航树"浏览器中的"PrZone"，然后单击主菜单"应用模块→自动焊点分布"命令，即弹出图 9-83 所示的列表框。

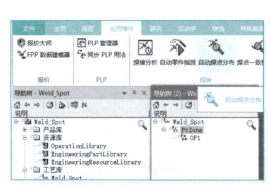

图9-82　自动焊点分布（1）　　　　　　图9-83　自动焊点分布（2）

⑤ 在图 9-83 中，单击"全部应用"按钮，即可完成焊点投影分布，如图 9-84 所示，在"状态"栏显示的是"已连接"标志，然后单击"关闭"按钮。

2）分配操作。分配操作是把操作库中预先定义的机器人动作分配到工艺岗位的操作上去，其步骤如下：

① 如图 9-85 所示，双击打开资源库中的"OperationLibrary"，如图 9-86 所示。

② 如图 9-86 所示，选中底部"导航树"标签，单击鼠标右键，在弹出的快捷菜单中单击"浮动"命令，让"操作树"浏览器单独分列出来，如图 9-87 所示。

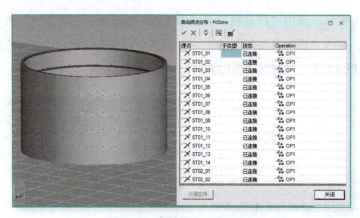

图9-84 自动焊点分布（3）

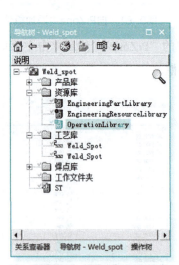

图9-85 打开操作库

图9-86 取消停靠

在图9-87中，将导航树中的"操作"拖入到"操作树"中的"OP1"下。

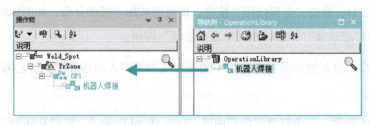

图9-87 加入操作

（4）向工艺工位中添加资源

1）建立工作文件夹，查看工艺工位板件，步骤如下：

① 如图 9-88 所示，单击"主页"按钮，回到"导航树"的主页面。单击选中"工作文件夹"，然后单击主菜单"主页→用户设置→设为工作文件夹"命令。

图9-88　设置工作文件夹

② 如图 9-89 所示，选择"工艺库"中的操作"Weld_Spot"，单击主菜单"特殊数据→生成装配树"命令，弹出图 9-90 所示的"生成装配树"对话框。

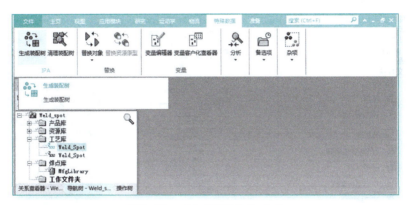

图9-89　"生成装配树"命令

③ 在图 9-90 中，单击"…"按钮，打开"目标文件夹"对话框如图 9-91 所示。在图 9-91 中，按照图示选择"工作文件夹"，单击"确定"按钮，即可返回"生成装配树"对话框，如图 9-92 所示。

图9-90　打开"目标文件夹"

图9-91　选择"目标文件夹"

单击"确定"按钮,弹出提示信息,如图 9-93 所示。单击"确定"按钮返回,此时在"工作文件夹"下即可看到加入的工艺操作,如图 9-94 所示。

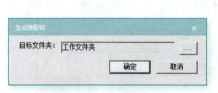

图9-92 生成装配树

图9-93 生成装配树信息

④ 在图 9-94 中,全部选中"工作文件夹"中的操作,单击鼠标右键,在弹出的快捷菜单中单击"添加根节点"命令,即可将操作添加到进程内装配器 IPA 中。

图9-94 "添加根节点"命令

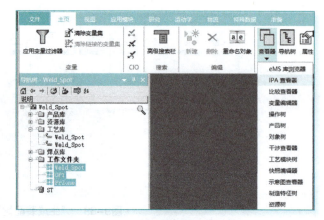

图9-95 添加根节点

⑤ 通过"IPA 查看器"来查看工艺工位操作和相应的板件。如图 9-95 所示,单击主菜单"主页→查看器→查看器→ IPA 查看器"命令,弹出图 9-96 所示的"IPA 查看器"的内容。

2)加载资源。

① 如图 9-97 所示,在"导航树"浏览器中选中"资源库"中的"EngineeringResource-Library",双击进入资源库,如图 9-98 所示。

② 如图 9-99 所示,在"资源树"浏览器中选中"OP1",单击鼠标右键,在弹出的快捷菜单中单击"新建"命令,弹出图 9-100 所示的"新建"对话框。

③ 在图 9-100 中,勾选复合资源"CompoundResource"复选项,"数量"设为"3",单击"确定"按钮。

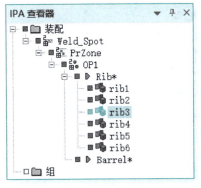
图9-96 打开"IPA查看器"

图9-97 选中资源库

图9-98 打开资源库

图9-99 "新建"命令

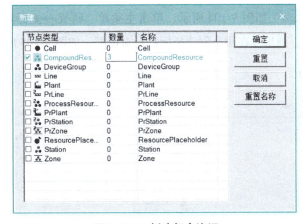
图9-100 新建复合资源

④ 如图9-101所示,将"OP1"中的资源重命名为"机器人""焊枪"和"夹具",结果如图9-102所示。

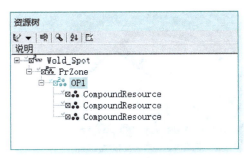
图9-101 复合资源

图9-102 重命名复合资源

⑤ 如图9-103所示,对复合资源进行编辑:把左边资源库里的资源按照图示拖到右边的复合资源中。

工业机器人应用系统建模（Tecnomatix）

图9-103　编辑复合资源

6. 仿真环境布局与调整

工件位置的调整步骤如下：

1）如图9-104所示，单击主菜单"研究→坐标系→创建坐标系→在圆心创建坐标系"命令，弹出"在圆心创建坐标系"对话框，如图9-105所示。

图9-104　在圆心创建坐标系

2）在图9-105中，选取工件边缘圆周上的任意三个点，单击"确定"按钮，即可创建坐标系"fr1"。

图9-105　创建坐标系fr1

3）如图9-106所示，选中该坐标系，单击鼠标右键，在弹出的快捷菜单中单击"重定位"命令，弹出图9-107所示的"重定位"对话框。设置"从坐标"为"自身"，"到坐标系："为

"工作坐标系",勾选"平移仅针对"复选项,单击"应用"按钮,即可使"fr1"坐标点的方向与工作坐标系的方向保持一致。

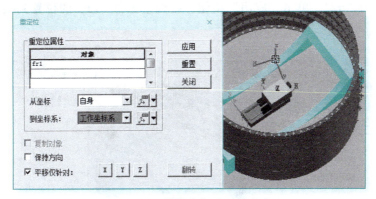

图9-106　调整坐标系fr1的方向

4)按照同样的操作,选取夹具周边的三个点建立另外一个坐标系"fr2",调整方向与工作坐标系保持一致,效果如图9-107所示。

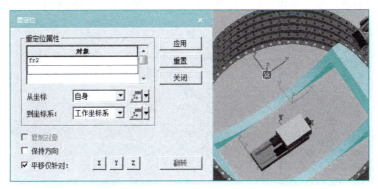

图9-107　建立夹具上的"fr2"坐标系

5)选中坐标系"fr2",单击"放置操控器"按钮，在弹出的"放置操控器"对话框中调整"fr2"的Z轴方向,使其围绕X轴旋转90°,效果如图9-108所示。

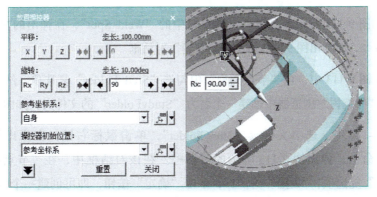

图9-108　调整"fr2"的Z轴方向

6）如图 9-109 所示，在"产品树"浏览器中选中"FJ"，然后单击鼠标右键，在弹出的快捷菜单中单击"重定位"命令，弹出"重定位"对话框，按照图示设置"从坐标"为"fr1"，"到坐标系："为"fr2"，单击"应用"按钮，可调整工件"FJ"的位置到夹具上，效果如图 9-110 所示。

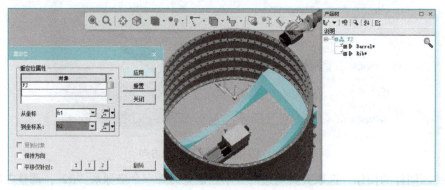

图9-109　重定位工件到夹具上

7）单击"放置操控器"按钮，如图 9-111 所示，仅做平移和旋转操作完成仿真环境的布置。

 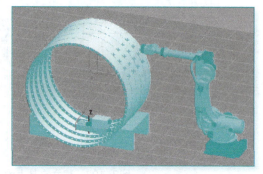

图9-110　工件位置　　　　　　　图9-111　仿真环境位置

7. 创建示教文件夹与Process Simulate启动

（1）创建示教文件夹

1）如图 9-112 所示，右键单击导航树中的"Weld_Spot"，在弹出的快捷菜单中单击"新建"命令，即弹出图 9-113 所示的"新建"对话框。

2）在图 9-113 中，在"节点类型"中勾选"StudyFolder"复选项，然后单击"确定"按钮，即可在"导航树"浏览器中创建一个名为"StudyFolder"的文件夹，如图 9-114 所示。

3）在图 9-114 中，选中文件夹"StudyFolder"，单击鼠标右键，在弹出的快捷菜单中单击"新建"命令，弹出图 9-115 所示的对话框。在该对话框中，在"节点类型"中勾选"RobocadStudy"复选项，"数量"为"1"，单击"确定"按钮，即可创建一个机器人研究，如图 9-116 所示。

图9-112 "新建"命令

图9-113 创建示教文件夹

图9-114 "新建"命令

图9-115 "新建"对话框

4）如图9-117所示，将操作树"Weld_Spot"中的PrZone工作站拖到"RobcadStudy"文件夹中。

图9-116 新建研究

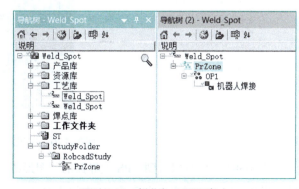

图9-117 操作加入到研究中

5）如图 9-118 所示，在主菜单"文件"菜单中单击"保存场景"命令，如图 9-119 所示，在弹出的提示信息对话框中单击"是（Y）"按钮，即可完成场景的保存。

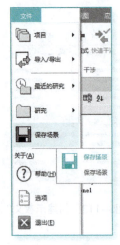

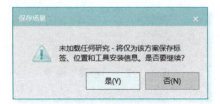

图9-118　保存场景　　　　　　　　图9-119　提示信息

至此，完成了在 PD 中创建与设置示教文件夹的任务。

（2）在 PD 中启动 PS　如图 9-120 所示，在"导航树"浏览器下选中"RobcadStudy"，单击鼠标右键，在弹出的快捷菜单中单击"在标准模式下用 Process Simulate 打开"命令，即可启动 Process Simulate，如图 9-121 所示。

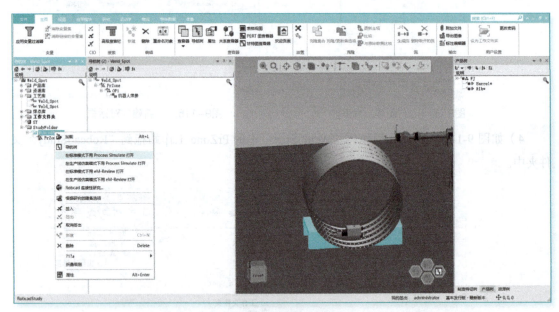

图9-120　在PD中启动PS

在图 9-121 中可以看到，PS 主界面的"图形浏览器"与 PD 中的对应内容完全一致，在 PS 的"操作树"浏览器中也出现了 PD 中创建的 PrZone 工作站。

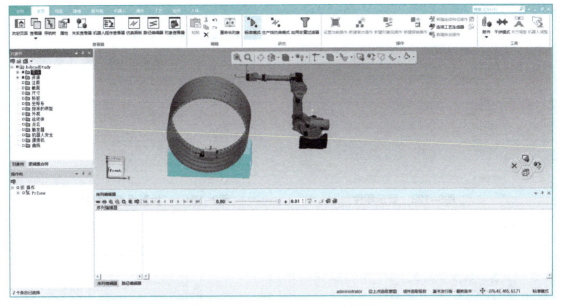

图9-121　Process Simulate主界面

9.2.2　Process Simulate仿真操作

1. 任务描述

本节要完成如下任务：①完成三维模型的环境布局；②完成焊点的投影，创建和编辑，优化机器人焊接的焊点轨迹；③进行干涉区检查与仿真运行。

2. 机器人示教

（1）焊点的投影　如图9-122所示，打开"操作树"浏览器"PrZone"中的"OP1"，查看其中的内容。可以看到，除了PD内的对应操作之外，PD内设置的相关焊点也被添加在这里。但焊点前面的图标不呈现高亮显示状态，故需要做投影焊点操作。操作步骤如下：

图9-122　查看焊点

1）如图9-123所示，单击左侧浏览器下方的"对象树"标签，然后在"对象树"浏览器中隐藏掉"资源"，只显示"零件"。

2）在图9-124中选中"OP1"，单击主菜单"工艺→离散→投影焊点"命令，弹出图9-125所示的"投影焊点"对话框。

3）在图9-125中，单击"将焊点投影在自定义零件列表上："单选按钮，再单击"获取零件"按钮，即可把左侧"对象树"浏览器中的零件"Barrel*"列入列表中。单击"项目"按钮，进行焊点投射，完成投射后的对话框界面如图9-126所示，焊点列表中每一行均有一个✔出现。

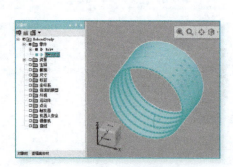
图9-123 显示零件

图9-124 "投影焊点"命令

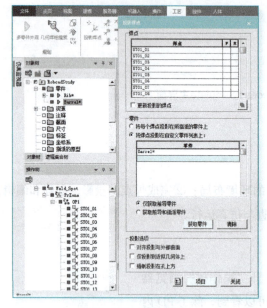
图9-125 获取零件

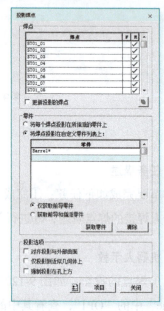
图9-126 投影"OP1"焊点

如图9-127所示,可看到"OP1"中的焊点图标呈现高亮显示,同时在图形显示器中的焊点处可看到焊点坐标系方向指示。

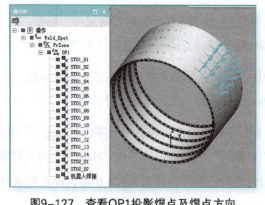
图9-127 查看OP1投影焊点及焊点方向

（2）创建复合零件与安装焊枪

1）如图 9-128 所示，选中"对象树"浏览器中的"零件"，单击主菜单"建模→组件→创建复合零件"命令，即在"零件"下出现一复合零件，名为"复合零件1"，更改其名称为"FJ"，创建结果如图 9-129 所示。

图9-128 创建复合零件

如图 9-130 所示，将板件拖入到复合零件"FJ"中。

2）安装机器人焊枪。如图 9-131 所示，选中机器人"fanuc_r2000ia165f_if"，单击鼠标右键，在弹出的快捷菜单中单击"安装工具"命令，弹出图 9-132 所示的"安装工具"对话框。依照图示选择安装工具，单击"应用"按钮后再单击"关闭"按钮，即可完成焊枪的安装。

图9-129 更名复合零件

图9-130 编辑复合零件

图9-131 "安装工具"命令

图9-132 安装工具

（3）建立焊点轨迹

1）处理焊点。

① 焊点分配。如图 9-133 所示，把各个焊点拖放到"机器人焊接"操作中，完成焊点分配。

② 设置操作属性。图 9-134 所示，用鼠标右键单击"机器人焊接"操作，在弹出的快捷菜单中单击"操作属性"命令，弹出图 9-135 所示的"属性"对话框。在该对话框中单击"工艺"选项卡，依照图示完成"仿真资源："与"位置："列表的设置，然后单击"确定"按钮。

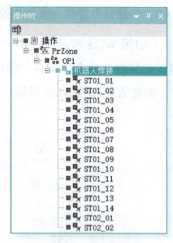

图9-133　分配焊点操作

图9-134　"操作属性"命令

图9-135　设置操作属性

2）编辑焊接路径。先单击"从编辑器中移除条目"按钮 ，清空"路径编辑器"，再设置机器人的焊接路径，操作步骤可概括为：①清空"路径编辑器"；②把机器人的焊接路径添加到"路径编辑器"中，调整各个焊点的坐标方向，使其与机器人的姿态相适应；③增加焊接轨迹每一个点的焊枪进入点和退出点；④设置机器人焊接前的"HOME"点添加到焊接路径的最前方和最后方，更名为"home_rb"。详细的操作步骤如下：

① 如图 9-136 所示，单击"向编辑器添加操作"按钮 ，把"机器人焊接"添加到"路径编辑器"中。

② 如图 9-137 所示，先选中焊点"ST01_01"，再单击图形浏览器工具条上"单个或多个位置操控"按钮 ，即弹出"位置操控"对话框，如图 9-138 所示。

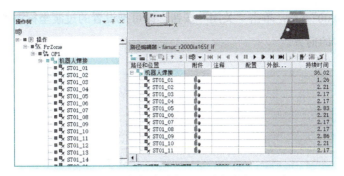

图9-136 添加焊接路径到"路径编辑器"中

图9-137 "单个或多个位置操控"按钮

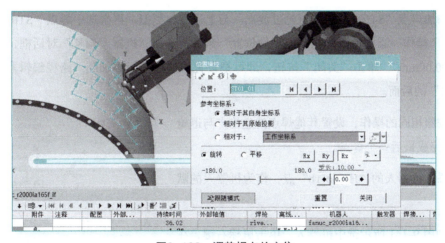

图9-138 调整焊点的方位

③ 在"位置操控"对话框中,单击"跟随模式"按钮,手动调整焊枪的姿态至图示状态,待完成该点位置的调整之后,单击"下一位置"按钮 ▶,再按照如上操作调整第二个点的姿态,如此继续,直到所有点全部调整完毕后,单击"关闭"按钮。

④ 焊点方位调整完毕,选中第一个焊点"ST01_01",单击鼠标右键,在弹出的快捷菜单中单击"跳转指派的机器人"命令,即可把机器人移动到"ST01_01"。

⑤ 添加焊点"ST01_01"的进枪过渡点。如图9-139所示,单击主菜单"操作→添加位置→在前面添加位置"命令,弹出"机器人调整"对话框,如图9-140所示。依照图示调整Z

轴位置，平移"100.00"mm，单击"关闭"按钮，即可把设置的过渡坐标添加到"路径编辑器"中焊点"ST01_01"的前方。

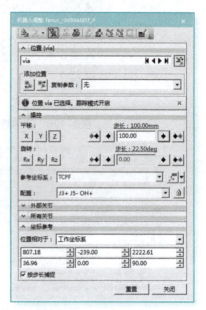

图9-139 添加当前点　　　　　　图9-140 设置焊点过渡坐标

⑥ 添加焊点"ST01_01"的退枪过渡点。与上述操作类似，再次选中焊点"ST01_01"，单击主菜单"操作→添加位置→在后面添加位置"命令，弹出"机器人调整"对话框，调整Z轴平移"100.00mm"，单击"关闭"按钮，即可把设置的过渡坐标添加到"路径编辑器"中焊点"ST01_01"的后面。

⑦ 按照相同的操作，设置其他焊点的进枪点与退枪点，直到完成最后一个焊点。

⑧ 添加机器人的"Home_rb"点，作为机器人的默认位置。

a）如图 9-141 所示选中机器人，单击鼠标右键，在弹出的快捷菜单中单击"机器人调整"命令，调整机器人的位置，如图 9-142 所示。

b）在"路径编辑器"的前面插入当前点，更名为"home_rb"，然后复制该点，放在该路径所有点的最后方，最终结果如图 9-143 所示。

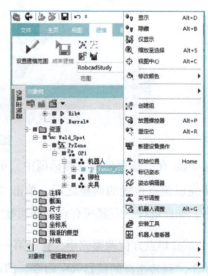

⑨ 当所有点设置完毕之后，单击"正向播放仿真"　　图9-141 机器人调整
按钮 ▶ ，查看机器人在这一段焊接路径的运动情况，不合适就继续调整，直到合适为止。

图9-142　设置机器人初始位置（1）

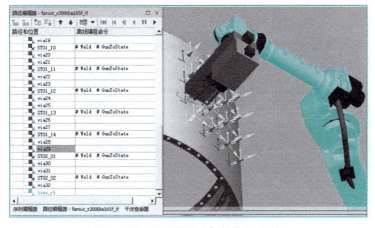

图9-143　设置机器人初始位置（2）

3. 干涉区的设置

1）如图 9-144 所示，单击"干涉查看器"标签，在该界面中单击左上角的"干涉集编辑器"按钮 ，即弹出图 9-145 所示的"干涉集编辑器"对话框。

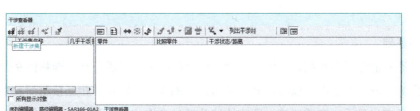

图9-144　干涉查看器

2）在图 9-145 中的"检查：对象"列表中选择机器人及其焊枪，在"与：对象"列表中选择"FJ"下的 2 个板件，然后单击"确定"按钮。

3）如图 9-146 所示，单击"干涉模式开/关"按钮，然后再单击"正向播放仿真"按钮。

4）如图 9-147 所示，如果在机器人焊接的过程中发生了干涉，就会呈现出红色高亮显示，需要修改机器人焊接轨迹中的相关点，调整焊枪姿态或者进枪、退枪的路径，直到不发生干涉为止。

图9-145　编辑干涉集

图9-146　开启干涉模式

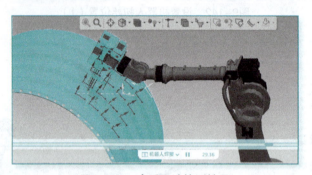

图9-147　查看干涉检测结果

9.3　知识拓展

9.3.1　干涉检测

1. 干涉基础

对于动态和静态干涉检测，系统有三种干涉检测级别：未遂干涉，即物体在预定的间距范围内将要但尚未发生的碰撞，以黄色突出显示；接触碰撞，即物体相互接触而发生的碰撞，可以选择用红色突出显示；穿透碰撞，即物体彼此超过允许的穿透深度而发生的碰撞，以深红色突出显示。干涉检测类型有两种：动态碰撞，即在仿真过程中或在放置物体时发生的碰撞；静态碰撞，即在不移动物体的情况下发生的碰撞。当发生碰撞时，在图形查看器和碰撞查看器中对象的颜色将变为红色。通常情况下，当检测到碰撞时，就会播放碰撞声音，可选择停止仿真进程。

2. 干涉查看器

干涉查看器可显示当前发生的未遂碰撞、接触碰撞和穿透碰撞。它能够定义、检测和查看图形查看器中当前显示数据中的干涉，并能查看碰撞报告。

单击主菜单"主页→查看器→查看器→干涉查看器"命令，即弹出图 9-148 所示的"干涉查看器"窗口。干涉查看器由两个窗格组成。通过单击"显示/隐藏碰撞集"按钮 ，可以关闭或打开左窗格。

图9-148　干涉查看器

1）在图 9-148 中，干涉查看器中左窗格的一些工具条按钮作用如下：

① 新建干涉集：用于创建一个干涉集。单击该按钮，即弹出图 9-149 所示的"干涉集编辑器"对话框，依照图示通过设置干涉对象建立干涉集。

② 移除干涉集：用于删除干涉集。在干涉查看器中，先选中一个干涉集，再单击"移除干涉集"按钮，即可移除该干涉集。

图9-149　干涉集编辑器

③ 编辑干涉集：用于编辑干涉集。选中一个干涉集，单击该按钮即可弹出干涉集编辑器，可对选中的干涉集进行编辑。

④ 快速干涉集：用于快速建立干涉集。同时选中图形查看器中会发生干涉的不同对象，然后单击该按钮，即可建立一个快速干涉集。

⑤ 突出干涉集：用于突出显示所选干涉集中的对象。

2）在图 9-148 中，干涉查看器中右窗格的一些工具条按钮作用如下：

① 显示/隐藏干涉集：用于显示与隐藏干涉集之间的切换。单击该按钮时，干涉查看器中的"干涉集"就会处于隐藏状态，效果如图 9-150 所示；再次单击该按钮，就会恢复到干涉集的显示状态。

② 干涉选项：单击该按钮即可弹出"选项"设置对话框，可在该对话框"干涉"选项卡下可设置与干涉相关的参数。

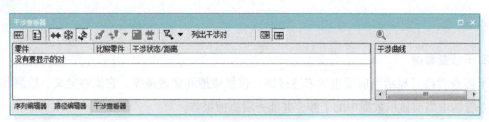

图9-150　隐藏"干涉集"

③ ✚干涉模式开/关：用于干涉模式的开、关切换，当关闭时，系统将不进行干涉检测。

④ ❄冻结查看器：单击该按钮，将会冻结查看器中的内容，新的干涉将不在干涉查看器中显示。

⑤ 颜色突出显示干涉对象：该按钮用于是否切换"突出显示干涉对象"。干涉对象是用"选项"对话框中设定的颜色来显示的，当不突出显示时，即便发生了干涉，对象也不会变色。

9.3.2　焊点的切面

如图9-151所示，当焊点被初步分配之后，需要进行干涉检查、调整与修改焊点姿态等操作。可通过创建机器人焊枪在焊点处截面图的方式来获取焊枪与焊点的信息，再使用这些信息帮助分析与矫正焊枪的姿态。获取截面图可借助"多截面"工具来实现，操作步骤如下：

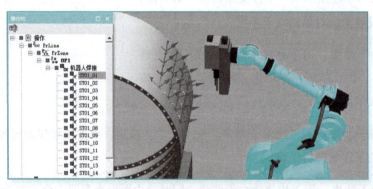

图9-151　创建焊点的截面图

1）单击主菜单"工艺→离散→多截面"命令，弹出图9-152所示的"多截面"对话框。

2）在图9-152中，设置焊点截面的大小，单击图示的数字部分，弹出图9-153所示的"剪切框尺寸"对话框，在该对话框内输入需要的焊点截面尺寸，然后单击"确定"按钮。

3）在图9-152中，单击左上角"将位置添加到列表"按钮，弹出图9-154所示的"添加位置"列表框。单击"操作树"浏览器中的"机器人焊接"操作，可把该操作下的所有焊点添加到位置列表中。单击"确定"按钮，回到"多截面"对话框，如图9-155所示。在图9-155中可以看到添加的焊点位置，焊点在该对话框图形查看器中的位置和焊枪，以及主界面图形查看器中的截面示意图。

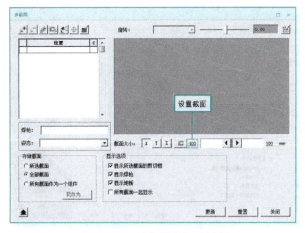

图9-152 "多截面"对话框

图9-153 设置截面大小

图9-154 添加位置

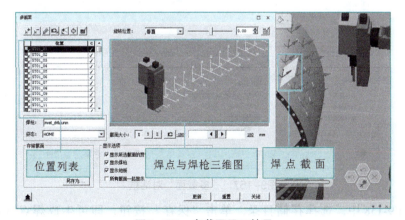

图9-155 多截面显示效果

4）如图9-156所示，选中一个焊点，单击"将焊枪转跳至所选位置"按钮，则在主界面图形查看器中就可以看到机器人焊枪跳转到选中的焊点处。在"多截面"对话框中单击"更新"按钮，该对话框中的焊枪就会移动到所选的焊点处。

5）在图9-156中，可设置焊枪的HOME、OPEN、CLOSE和SEMIOPEN等姿态，图形浏览器中的焊枪会跟着出现对应的姿态变化。

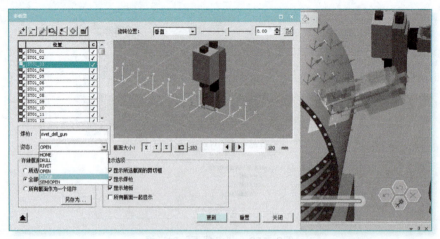

图9-156 将焊枪转跳至所选位置

6）如图 9-157 所示，有三种"存储截面"选项，分别为"所选截面""全部截面"和"所有截面作为一个组件"，选择其中一种，单击"另存为 ..."按钮，弹出另存为对话框，如图 9-158 所示。

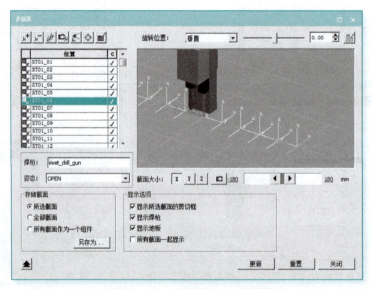

图9-157 "多截面"对话框

7）在图 9-158 中，选择存储目录，单击"保存"按钮，即可生成焊点截面文件，如图 9-159 所示，该截面图文件是 JT 文件，可以使用其他绘图软件（例如 NX）打开查看。

9.3.3 焊接分布中心

焊接分布中心（WDC）是一种高水平分布焊点的工具，它是一个环境，提供了焊接点的有关信息，以及工作站中机器人焊枪焊接的能力。WDC 提供了机器人焊枪能力矩阵，允许用户借助该矩阵来确定工作站中哪个机器人和焊枪能够焊接指定的焊接点。WDC 相关的操作步骤如下：

图9-158 另存为对话框

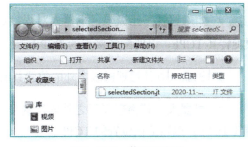
图9-159 截面图文件

1）如图 9-160 所示，单击主菜单"工艺→离散→焊接分布中心"命令，即弹出"焊接分布中心"对话框。

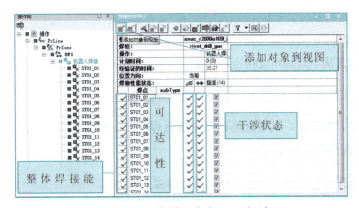
图9-160 "焊接分布中心"对话框

2）在图 9-160 中，选中"操作树"浏览器中的"机器人焊接"，然后单击"焊接分布中心"对话框左上角的"添加对象到视图"按钮，即可把"机器人焊接"操作下的所有焊点添加到对话框的列表中。单击"计算焊接性能"按钮，即可出现列表中焊点的不同状态标识，图中状态标识的含义如下：

① 整体焊接能力：表达机器人能否在不发生碰撞的情况下到达焊接点，其状态如下：

✓ 至少有一个机器人可以在没有碰撞的情况下完全到达该位置。

✓ 如果旋转该焊点，至少有一个机器人可以在不发生碰撞的情况下完全到达这个位置。

❗ 由于机器人可达性限制或与装载机器人发生碰撞，无法访问焊接点。

② 可达性状态。

✓ 机器人完全可以到达这个焊点。

✓ 机器人对该位置具有部分可达性，即机器人可以到达该位置，但必须旋转其 TCPF，以匹配该位置的 TCPF。

　✓ 如果超过工作极限，机器人可以完全到达焊接点。

　✓ 如果超过工作极限，机器人对焊接点具有部分可达性。机器人可以到达焊接点，但必须旋转其 TCPF，以匹配焊接点的 TCPF。

　✓ 机器人对其物理极限之外的位置具有完全可达性。

　✓ 机器人对其物理极限之外的位置具有部分可达性。机器人可以到达该位置，但必须旋转其 TCPF，以匹配该位置的 TCPF。

　✗ 机器人根本无法到达该位置。

③ 干涉状态。检查机器人可达位置是否有碰撞，其状态如下：

　✓ 没有碰撞，机器人完全可以到达这个焊点。

　✓ 机器人可以部分接近焊接点。如果焊接点旋转，机器人可以接近焊接点。在这种情况下，可尝试使机器人从不同的角度接近焊接点。

　✓ 如果超过工作极限，机器人可以完全到达焊接点。

　✓ 如果超过工作极限，机器人可以部分接近焊接点。机器人可以到达焊接点，但必须旋转其 TCPF，以匹配焊接点的 TCPF。

　✓ 如果超出其物理极限，机器人可以接近焊接点。

　✓ 如果超出其物理极限，机器人可以部分接近焊接点。机器人可以到达焊接点，但必须旋转其 TCPF，以匹配焊接点的 TCPF。

　✗ 由于碰撞，机器人无法接近焊接点。

3）如图 9-161 所示，双击焊点的可达性状态按钮 ✓，则机器人就跳转到该焊点位置。

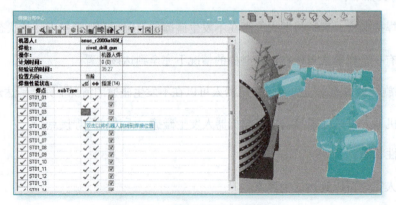

图 9-161　机器人跳转到焊接位置

9.3.4 焊枪云与焊接质量报告

1. 焊枪云

"焊枪云"命令用于在各个焊点位置生成幻影焊枪并导出到 JT 文件中,操作步骤如下:

1)选中"操作树"浏览器中的"机器人焊接"操作,单击主菜单"工艺→离散→焊枪云"命令,弹出图 9-162 所示的"焊枪云"对话框。

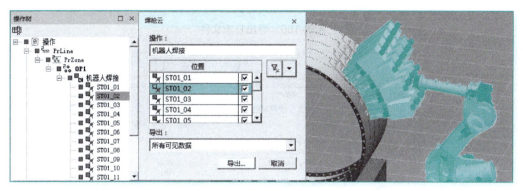

图9-162 "焊枪云"对话框

2)在图 9-162 中,单击"导出..."按钮,即弹出图 9-163 所示的"导出 JT"对话框。设置导出的目标文件,单击"导出"按钮,即弹出图 9-164 所示的提示信息,单击"是(Y)"按钮,即打开转换日志文件,如图 9-165 所示。

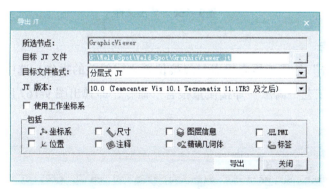

图9-163 导出JT文件

图9-164 导出日志提示

3）查看导出的文件如图 9-166 所示。

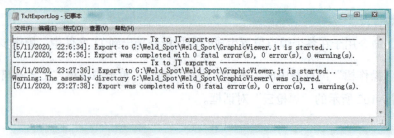

图9–165　导出日志文件

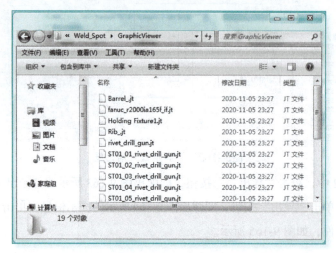

图9–166　导出文件

2. 焊接质量报告

“焊接质量报告”是用于检查焊点与焊接位置之间偏差的报告。选中“机器人焊接”操作，单击主菜单“工艺→离散→焊接质量报告”命令，即弹出图 9-167 所示的“焊接质量报告”列表。

焊接质量报告

焊点	焊接位置	状态	焊点位置 X [mm]	焊点位置 Y [mm]	焊点位置 Z [mm]	距离 [mm]	偏离法向 [deg]
ST01_01	ST01_01		912.81	-686.92	1074.00	0.00	0.00
ST01_02	ST01_02		790.83	-824.42	1074.00	0.00	0.00
ST01_03	ST01_03		648.39	-940.57	1074.00	0.00	0.00
ST01_04	ST01_04		489.16	-1032.38	1074.00	0.00	0.00
ST01_05	ST01_05		912.81	-686.92	808.00	0.00	0.00
ST01_06	ST01_06		790.83	-824.42	808.00	0.00	0.00
ST01_07	ST01_07		648.39	-940.57	808.00	0.00	0.00
ST01_08	ST01_08		489.16	-1032.38	808.00	0.00	0.00
ST01_09	ST01_09		912.81	-686.92	542.00	0.00	0.00
ST01_10	ST01_10		790.83	-824.42	542.00	0.00	0.00
ST01_11	ST01_11		648.39	-940.57	542.00	0.00	0.00
ST01_12	ST01_12		489.16	-1032.38	542.00	0.00	0.00
ST01_13	ST01_13		912.81	-686.92	276.00	0.00	0.00
ST01_14	ST01_14		790.83	-824.42	276.00	0.00	0.00

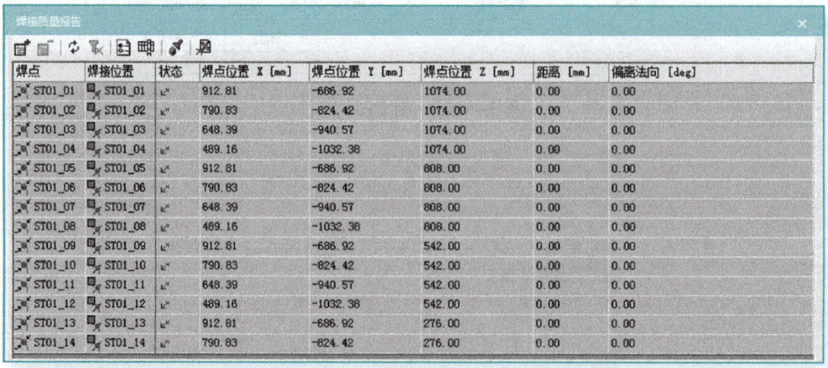

图9–167　“焊接质量报告”列表

9.4　小结

本项目介绍了 Process Designer 与 Process Simulate 环境下点焊工艺的建模过程。以一个铆焊项目为例,完整地介绍了从项目创建、数据加载、三维模型布局到焊接工艺的产品、资源、操作等基本对象的加载、创建与应用等操作过程;重点介绍了工程库、焊点库、工艺双胞胎资源与产品数据的创建和编辑过程,以及焊点和零件的指派、PERT 图中板件和操作的关联、焊点投影与操作的生成等相关数据对象的处理方法;同时,也介绍了干涉集检测、焊点截面、焊接分布中心、焊枪云和焊接质量报告等操作工具的使用方法。

生产要素的数字化并不是从孤立的技术、系统或者硬件开始的,它始于人的思维模式的迭代,成为一股数字化全民参与的浪潮,最终会成就一种新的生产关系、商业生态。在此过程中,要求企业必须不断突破旧模式,拥抱新的思维模式,持续用新的思维模式创造新的价值。企业必须从宏观到微观实现全方位的重构。在这一波数字化浪潮中,我们要做的是:自觉地转变,为融入数字化进程做好充足的准备。

项目 10
CHAPTER 10
机器人工作站人因工程操作建模

【知识目标】

1. 了解人体模型的概念。
2. 熟悉 Jack 人体模型的功能，掌握 Jack 人体模型的工作流程和技术特点。
3. 掌握创建 Jack 人体模型的一些基本操作方法，包括行走、抓握、拾取、放置等。
4. 掌握人体姿势的调整方法。

【技能目标】

1. 会创建与设置人体模型。
2. 会创建与设置人体行走的路径，能创建初始到达和抓握、对象拾取、放置和行走等操作。
3. 会设置自动抓放与搬运操作事件，会调整与设置人体姿势和操作事件。

10.1 相关知识

10.1.1 人体模型

1. 人体模型简介

在软件 Process Simulate 中，人体模型是由多个关节组成的复杂运动学装置，关节的数量取决于所选的造型，每个人体模型的维度都是基于一个参考群体而设的。Process Simulate 提供了一种基于参数的模型——Jack 人体模型。它是一种精确的人体模型，具有高度的仿真逼真度，并提供了多种功能，包括：①举升分析 NIOSH；②快速上肢评估；③静态强度预定义功能；④人体下背部脊柱受力分析；⑤预定义时间评估；⑥复杂的生物机械学模型，支持复杂荷载定义;⑦动作捕捉功能,能与软件中人体其他相关模块协同工作;⑧新陈代谢能量消耗分析;⑨疲劳恢复分析;⑩工作姿态分析等。Jack 是一个人体仿真模型,借助该模型可以进行人机工效评价,帮助行业组织提高产品设计的工效,促进车间任务的改进。使用 Jack 模型可以建立一个虚拟的环境,在该环境中可以进行虚拟人创建、人体形状和生理参数定义等,并能在虚拟环境中指派任务,开展虚拟人体任务执行、虚拟人工效学评价等分析工作,并支持多种虚拟现实外设,获得的信息有助于设计更安全、更符合人体工程学的产品,以及使用更低的成本建立更快的流程等。

2. Jack模型的工作流程和技术特点

1)建立了一个虚拟环境。除了人体建模之外,Jack 还是一个功能强大的互动性、实时视景仿真解决方案。可从草图或从导入的 CAD 数据开始建立模型,可导入的模型包括基于 VRML、IGES 和 JT 等格式的 3D 图形数据文件;允许从草图开始建立模型,可以创建简单的几何图形。JackTM 还提供了一套基本的工具(如锤子、钳子、梯子、齿轮、锯、螺钉旋具和扳手等)。JackTM 的视图、纹理映射和照明功能有助于突出环境区域,加强场景的真实感。

2)创建虚拟人体。Jack 提供了业界最准确的人体生物力学模型。基于 1988 年美国军方人体调查(ANSUR 88)三维人体测量技术,Jack 人体模型拥有 69 个部分,68 节、17 段脊柱,16 段的手,加上肩/锁骨关节 135° 的自由度。

3)可以用数字、线框、阴影、高解析度或透明模式来定义人体的大小和形状。

4)可以把人体放置于环境中。Jack 允许操纵人体的个别部分,遵照角度限制实现关节连接。当虚拟人体移动身体一部分的时候,软件使用实时逆运动学来确定关联部分和关节的位置;当其运动由外部力量驱动时,Jack 人体将根据定义的参数实现相应的自动移动。

在产品生命周期的制造阶段,人体仿真允许回答如下问题:①头部和眼睛是否跟踪一个物体;②头部和眼睛是否保持自己的位置;③躯干位置如何,以及如何弯曲(从腰部,从颈部,或使用特定的椎骨);④人体如何保持平衡,是否前行一步后再重新平衡;⑤骨盆的方向如何;⑥四肢的位置如何;⑦膝盖的位置如何;⑧脚的位置如何。

定义 Jack 与环境关系的约束可以指定虚拟人体与虚拟环境互动。Jack 允许以各种不同的方式来定义人体和物体之间的约束。

5)给人体指派任务。Jack 提供了一个内置运动系统来定义必须在时间限制下执行的任务。Jack 模拟包括几个不同的动作,许多动作是同时发生的,并指定了间隔时间。在 Jack 中可以创建交互式的动作来控制头部、眼睛、躯干、骨盆、质心、手、手臂和脚的运动。当创建一个仿真后,可以将它保存和回放,更换不同大小的虚拟人体来执行同样的任务。另外,也可以在环境中调整各种物体的大小或位置,并重新模拟运行来研究空间关系、时间和空隙的改变情况。

6）Jack 提供了一些基本的工具，以帮助用户评估虚拟人体的动作。它支持最专业的人际工效学评价体系，通过对虚拟环境下虚拟人体姿态和受力、疲劳等生理参数的统计和分析，结合业界使用最广泛的工效学标准，对人体工效进行分析评价，预测人体可能受到的伤害与风险。

3. Jack模型的两种基本体型

Process Simulate 软件中的 Jack 人体模型可概括为如下两种基本体型：

1）可变形网格蒙皮。这是默认的体型，它用单个可拉伸网格来表示人体整个曲面几何体。Process Simulate 中可用的外观如图 10-1、图 10-2 所示，有"V7 着衣"和"V7 基础"等类型选项。

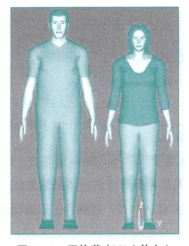

图10-1　网格蒙皮V7（着衣）

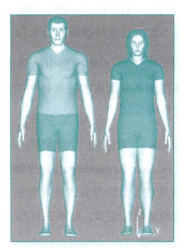

图10-2　网格蒙皮V7（基础）

2）分段皮肤。人体表面的几何结构由许多相互移动的固体块表示，如图 10-3、图 10-4 所示，可用的外观选项有"V6 光滑"和"V6 片段"等。

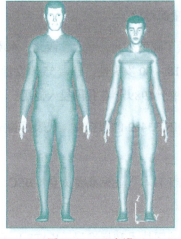

图10-3　V6光滑

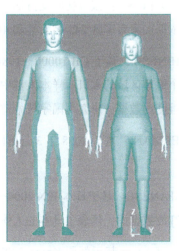

图10-4　V6片段

10.1.2 人体模型的参数

在 Process Simulate 中,创建人体模型是通过参数来创建的。如图 10-5 所示,使用重量百分位和高度百分位来选择男性和女性的人体模型,所涉及的参数如下:

1)百分位:它代表了一种比较意义上的比例值,或者一个人相对于其他人的比较方法。例如:第 5 百分位的男性比样本内总人口的 5% 高,显然低于平均值,而第 95 百分位的男性比总人口的 95% 高,高于平均值。

2)腰臀比:可用于人外观的"瘦""胖"设置。男性的默认值为 0.87,女性的默认值为 0.74。

3)数据库:Jack 人体模型中的男性和女性百分位是基于各种人体测量数据库的数据得来的,下面列出了一些可使用的数据库:

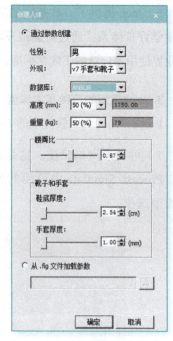

图10-5 创建人体模型对话框

① ANSUR:美国陆军国家调查用户需求(Army Natick Survey User Requirements)的缩写,根据 1988 年美国陆军人体测量调查(ANSUR-88)得出的美国男性和女性身高的统计数据。ANSUR-88 是使用最广泛的人体测量数据库之一,这是因为它的测量数据很多,包括来自约 4000 名男性和女性的数据,被测者包括现役士兵和文职人员。

② ASIAN_INDIAN NID97:人体工程学的印度人体测量尺寸,它代表了亚洲和印度的人体测量数据。

③ CDN_LF_97:该数据库支持加拿大陆军 1997 年的人体测量数据,满足加拿大国防设计要求,是依据加拿大军队 243 名女性和 465 名男性测量而得的。

④ CHINESE:基于 GB 10000—1988 调查,测量了我国东北、华北、西北、东南、中部和西南等六个地理区域的人口。样本人群中收集了包括 18～60 岁男性、18～55 岁女性,共 47 个人体测量维度的数据,研究由国家技术监督局发布,并于 1989 年在我国投入使用。

⑤ GERMAN:基于 2008 年 3 月德国工业标准 DIN 33402 的数据库,代表了德国的人体测量数据。

⑥ JAPANESE:基于日本 JPN 2004—06 尺寸标准 [日本工业标准委员会(JISC)标准 ISO/TR 7250-2] 的数据库,代表了日本的人体测量数据。

⑦ KOREAN:基于韩国 Korea 2003 尺寸标准 [韩国技术和标准局(KATS)标准 ISO/TR 7250-2] 的数据库,代表了韩国的人体测量数据。

⑧ NA_AUTO：北美汽车人体测量数据库，是基于 2006—2007 年约 50000 名北美汽车装配厂工人的数据。

⑨ NHANES：美国第三次国家健康和营养检查，包含了大约 32000 名美国居民的数据，代表了 1990 年美国的人体测量数据。

⑩ 定制人体测量数据库：根据定制或专有人体测量等级划分的人体数据，使用自定义模板文件，用户可以输入等级公式（基于 ANSUR 1988）以覆盖默认公式。在指定了"人体模型"文件之后，新数据库将显示在"创建人体""创建手"和"人体属性"窗口的"数据库"字段中。

在 Process Simulate 中，可使用人体基本工具来创建人体操作。其中，用于创建"操作"的交互式姿势工具通常服务于操作，例如姿势库、手动慢跑及高级手动慢跑等，常用于为"操作"创建一个预设的姿势。此外，还有为"操作"创建自动姿势的工具，例如自动抓取、放置对象等。这些工具具有利用快速逆运算，根据目标位置计算人体姿势的功能。

10.2　项目实施

10.2.1　项目描述

如图 10-6 所示，要实现的项目功能描述如下：①人体模型按照设定路径走到传输带卸料位，等待物料送达；②物料被运送到卸料位后，人体模型抓取物料，转身沿着规定路径走到放置台；③人体模型放置物料，然后转身回到初始位置；④工业机器人由初始位置按照设定路径移动到放置台后抓取物料；⑤工业机器人把物料按照规定路径放置到装配台上的指定位置。

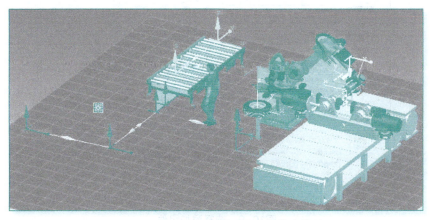

图10-6　机器人工作站人因工程仿真效果

10.2.2 创建项目与环境布局

1. 项目准备

（1）准备文件 如图10-7所示，相关的项目模型组件均在文件夹"Human"中，其中"gripper_LH.cojt"为机器人夹爪组件，"irb1600id_4_150__01.cojt"为机器人组件，"line_base.cojt"为传输线组件，"Robot_standing_base_LH.cojt"为机器人底座组件，"vison_AutoAssemble_LH.cojt"为装配放置台组件，"SubAssemble_4.cojt"为装配台组件，"Work_Table.cojt"为工作台组件，"Roller1L.cojt"为工件组件。

图10-7 模型组件

（2）创建研究 新建研究，命名为"RobocadStudy"，设置系统根目录为"Human"。

（3）导入组件

1）如图10-8所示，单击主菜单"建模→组件→插入组件"命令，弹出图10-9所示的对话框。

图10-8 选择插入组件

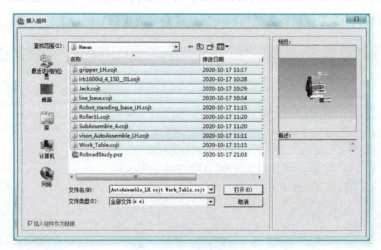

图10-9 选择添加组件

2）在图 10-9 中，框选子文件夹"Human"下的所有组件，然后单击"打开（O）"按钮，即可把组件加入到 PS 环境中，结果如图 10-10 所示，在"对象树"浏览器中可以看到被插入的全部组件，如图 10-11 所示。

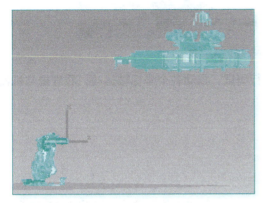

图10-10　添加组件

图10-11　全部组件

2. 模型布局与定位

（1）环境布局　如图 10-12 所示，通过单击"放置操控器"按钮 和"重定位"按钮，在图形查看器中布置各个组件的三维模型。

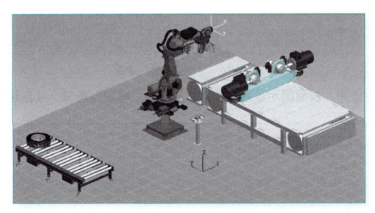

图10-12　环境布局

（2）安装机器人夹爪

1）选中机器人"R1_1_1"，单击鼠标右键，在弹出的快捷菜单中单击"安装工具"命令，弹出图 10-13 所示的对话框。

2）在图 10-13 中，设置"工具："为夹爪"gripper_LH"，"坐标系："为"fr1"，把夹爪安装到机器人"R1_1_1"的"TOOLFRAME"坐标上，单击"应用"按钮。

3）在图 10-13 中，单击"翻转工具…"按钮，使夹爪的姿势如图所示即可单击"关闭"按钮，完成夹爪工具的安装。

图10-13　安装机器人夹爪

安装完成后可使用"机器人调整"命令进行测试，拖动各个坐标轴运动，看焊枪与机器人是否联动，能够联动表明夹爪安装成功。

10.2.3　创建人体操作

1. 创建人体模型

1）如图10-14所示，单击主菜单"人体→工具→创建人体"命令，弹出图10-15所示的"创建人体"对话框。

图10-14　"创建人体"命令

2）在图10-15中，按照图示设置参数，然后单击"确定"按钮，可创建人体jack模型，如图10-16所示。

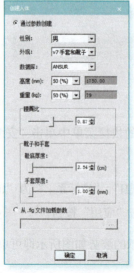

图10-15　创建人体

图10-16　人体jack模型

3）如图10-17所示，选中人体模型jack，单击"放置操控器"按钮，把它移动到图示的位置。

图10-17 调整人体模型位置

2. 创建人体行走操作

（1）创建复合操作　单击主菜单"操作→创建操作→新建操作→新建复合操作"命令，弹出图10-18所示的"新建复合操作"对话框。单击"确定"按钮，即在"操作树"浏览器中创建复合操作"CompOp"，如图10-19所示。

图10-18 "新建复合操作"对话框

图10-19 复合操作

（2）创建行走操作

1）选中"对象树"浏览器中的人体模型"jack"，再执行主菜单指令"人体→仿真→行走创建器"命令（图10-20），弹出如图10-21所示的"行走操作"对话框。

2）在图10-21中，先单击"选择路径"单选按钮，再单击"路径创建器…"按钮，即可弹出"路径创建器"对话框，如图10-22所示。

3）在图10-22中，先通过单击鼠标来确定人体的位置，再单击"添加到路径"按钮，把路径轨迹位置添加到位置列表中。然后按照图示单击其他位置，人体模型就会跟随而来，继续添加位置。如此共设置3个点，然后单击"确定"按钮，返回到"行走操作"对话框。人机行走操作创建完成后，在"行走操作"对话框中单击"重置"按钮，使机器人回到原点位置。

4）如图10-23所示，单击"线性行走"单选按钮，然后再单击"创建操作"按钮，弹出"操作范围"对话框，如图10-24所示。

5）在图10-24中，设置"范围："为"CompOp"，单击"确定"按钮关闭该对话框，即可在"操作树"浏览器中看到新建的"行走操作"，如图10-25所示。

图10-20 "行走创建器"命令

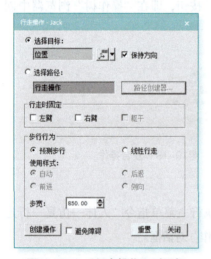

图10-21 "行走操作"对话框

图10-22 "路径创建器"对话框

图10-23 创建行走操作

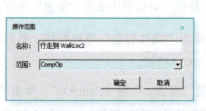

图10-24 设置操作范围

图10-25 行走操作

10.2.4 创建物料传送操作

1. 创建物料传送的起止坐标

1）单击主菜单"建模→布局→创建坐标系→在圆心创建坐标系"命令,弹出"在圆心创建坐标系"对话框,如图10-26所示。

2）在图10-26中,选择物料"Roller1L"圆周边缘的三个点,单击"确定"按钮,可创建图示的圆心坐标系"fr1"。

3）如图10-27所示,选中"fr1",单击"重定位"按钮，在弹出的"重定位"对话框中选择"从坐标"为"自身","到坐标系："为"工作坐标系",勾选"平移仅针对："复选项,单击"应用"按钮,即可使坐标系"fr1"的方向与工作坐标系保持一致。

图10-26　在圆心创建坐标系　　　　　图10-27　重定位坐标系

4）如图10-28所示,对坐标系"fr1"执行复制、粘贴操作,产生坐标系"fr1_1",再对该坐标系执行"放置操控器"操作,使其沿着Y轴拖动到图示位置,用于表达物料流的终止点。

图10-28　物料流的终止点

2. 新建对象流操作

1）如图10-29所示,在"对象树"浏览器中选中物料"Roller1L",单击鼠标右键,在弹出的快捷菜单中单击"新建对象流操作"命令,弹出图10-30所示的"新建对象流操作"对话框。

2）在图10-30中,设置"范围："为"CompOp","起点："为"fr1","终点："为"fr1_1",单击"确定"按钮,即可在"操作树"浏览器中创建对象流操作,如图10-31所示。

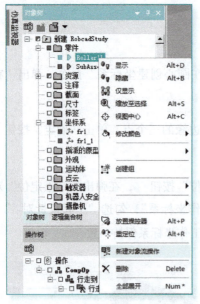
图10-29 "新建对象流操作"命令

图10-30 "新建对象流操作"对话框

3）如图10-32所示，在"操作树"浏览器中选中复合操作"CompOp"，再单击"路径编辑器"中的"添加"按钮，将操作添加到"路径编辑器"。

图10-31 对象流操作

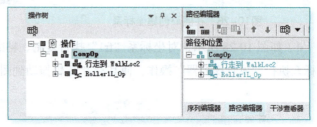
图10-32 添加到路径编辑器中

10.2.5 创建自动抓放操作与搬运路径

1. 创建自动抓放操作

（1）调整人体姿势与物料位置

1）如图10-33所示，在"路径编辑器"中，展开"行走操作"，选中最后一个点，单击鼠标右键，在弹出的快捷菜单中单击"操控位置"命令，弹出"放置控制器"对话框，如图10-34所示。

2）在图10-34中，设置旋转Rz为90°，即沿Z轴旋转90°，调整人体使之面向物料方向。

3）如图10-35所示，展开物料流操作"Roller1L_Op"，选中物料流终止点"loc1"，单击鼠标右键，在弹出的快捷菜单中单击"跳转指派对象"命令，即可把物料移动到该点，效果如图10-36所示。

图10-33 "操控位置"命令

图10-34 操控位置

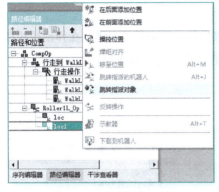
图10-35 跳转指派对象

图10-36 最终调整效果

(2) 创建抓取操作

1) 如图 10-37 所示,选中"对象树"浏览器中的"jack",单击主菜单"人体→姿势→自动抓取"命令,弹出"自动抓取"对话框,如图 10-38 所示。

图10-37 "自动抓取"命令

2) 在图 10-38 中,设置"对象:"为物料"Roller1L",即可看到人体搬取物料的姿势。单击"创建操作"按钮,弹出"操作范围"对话框,如图 10-39 所示,按照图示设置操作范围为"CompOp"后单击"确定"按钮,即可在"操作树"浏览器中创建抓取操作,如图 10-40 所示。

工业机器人应用系统建模（Tecnomatix）

图10-38 创建自动抓取操作

图10-39 设置操作范围

3）如图10-41所示，在"操作树"浏览器中选中复合操作"CompOp"，单击鼠标右键，在弹出的快捷菜单中单击"设置当前操作"命令。

4）如图10-42所示，在"序列编辑器"中选中抓取操作，单击鼠标右键，在弹出的快捷菜单中单击"人体事件"命令，弹出图10-43所示的"新建人体事件"对话框。

图10-40 抓取操作

图10-41 设置当前操作

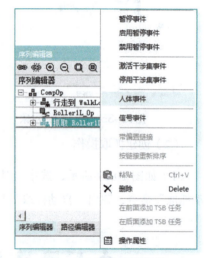
图10-42 添加人体事件

5）在图10-43中，单击"添加…"按钮，弹出图10-44所示的"添加抓取"对话框。在该对话框中，设置"对象："为物料"Roller1L"，其他设置参看图示。设置完毕之后，单击"确定"按钮即可返回到"新建人体事件"对话框中。如图10-45所示，在"新建人体事件"对话框的"抓取信息"栏中可以看到添加的抓取信息。

6）在图10-45中，设置"开始时间"为"0.00"s，选择"在操作结束前"，单击"确定"按钮后，在"序列编辑器"中，抓取操作的后面就会出现红色事件，如图10-46所示。

2. 创建搬运路径

1）选中人体模型"jack"，单击主菜单"人体→仿真→行走创建器"命令，弹出图10-47所示的"行走操作"对话框。

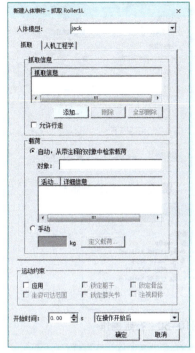  

图10-43　"新建人体事件"对话框　　图10-44　"添加抓取"对话框　　图10-45　查看添加抓取

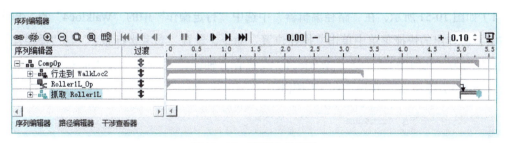

图10-46　查看人体事件

2）在图10-47中，单击"选择路径"单选按钮，再单击"路径创建器…"按钮，弹出"路径创建器"对话框。按照图示先单击鼠标选择路径点，然后再单击"添加到路径"按钮，完成路径设置后单击"确定"按钮回到"行走操作"对话框。

3）如图10-48所示，在"行走时固定"选项组中勾选"左臂""右臂"复选项，单击"线性行走"单选按钮，然后单击"创建操作"按钮，弹出"操作范围"对话框，如图10-49所示。

4）按照图示设置操作范围为"CompOp"，单击"确定"按钮，即可在"操作树"浏览器中生成人体这一段的"行走操作"，如图10-50所示。

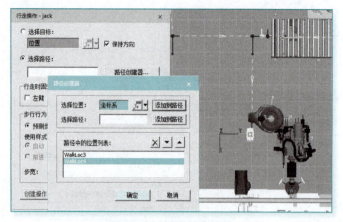

图10-47 设置路径轨迹　　　　　　图10-48 设置行走操作

图10-49 设置操作范围　　　　　　图10-50 行走操作

10.2.6 创建放置操作与人体返回路径

1. 创建放置操作

1）如图10-51所示，在"路径编辑器"中选中"行走操作"中的"Walkloc4"点，单击鼠标右键，在弹出的快捷菜单中单击"操控位置"命令，设置"参考坐标系:"与"操控器初始位置:"均为"几何中心"，让"Walkloc4"点绕着Z轴旋转"-90°"，使人面对物料的装配放置台，如图10-52所示，单击"关闭"按钮。

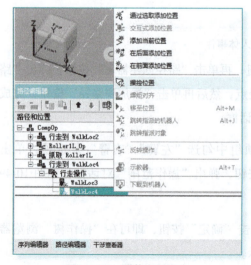 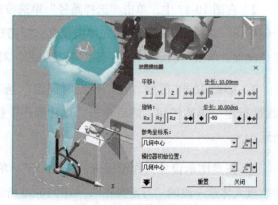

图10-51 调整点的方向　　　　　　图10-52 调整点的方向

2）如图10-53所示，先在"对象树"浏览器中选中"jack"，再单击主菜单"人体→仿真→放置对象"命令，弹出图10-54所示的"放置jack"对话框。

图10-53 "放置对象"命令

3）在图10-54中，设置"放置对象"为物料"Roller1L"，弹出"放置操控器"对话框，如图10-55所示。

图10-54 设置放置对象　　　　图10-55 "放置操控器"对话框

4）使用"放置操控器"指令调整物料的位置，如图10-56所示。安放在物料的装配放置台上，然后关闭"放置操控器"对话框，回到"放置jack"对话框中。

5）在"放置jack"对话框中，单击"添加对象位置"按钮，弹出"操作范围"对话框。设置"范围："为"CompOp"，单击"确定"按钮，可在"操作树"浏览器中创建"放置Roller1L_1"操作，如图10-57所示。

2. 创建返回路径

1）选中人体模型"jack"，单击主菜单"人体→仿真→行走创建器"命令，弹出图10-58所示的"行走操作"对话框。

2）在图10-58中，单击"选择路径"单选按钮，再单击"路径创建器…"按钮，弹出"路径创建器"对话框。按照图示先单击鼠标选择路径的位置点，使其原路返回，然后再单击"添加到路径"按钮。完成路径设置后单击"确定"按钮回到"行走操作"对话框。

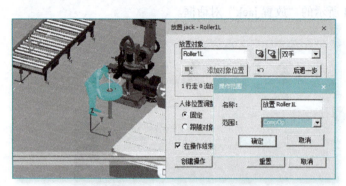
图10-56 "放置jack"对话框

图10-57 放置操作

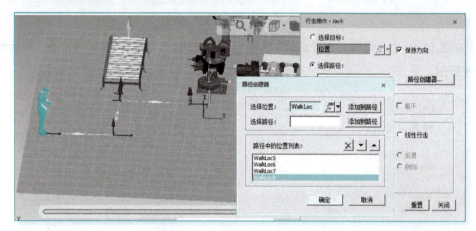
图10-58 设置返回路径位置点

3）如图10-59所示，单击"线性行走"单选按钮，再单击"创建操作"按钮，弹出"操作范围"对话框。按照图示设置操作范围后单击"确定"按钮，可在"操作树"浏览器中看到所创建的"行走操作"，如图10-60所示。

图10-59 创建返回行走操作

图10-60 返回路径的行走操作

10.2.7 创建机器人拾放操作

1. 创建机器人拾放轨迹位置

1）单击主菜单"建模→布局→创建坐标系→在圆心创建坐标系"命令,弹出"在圆心创建坐标系"对话框,如图10-61所示。

2）在图10-61中,选取圆周边缘的3个坐标后单击"确定"按钮,可创建名为"fr2"的坐标系。

3）如图10-62所示,对坐标"fr2"执行"重定位"操作,勾选"平移仅针对:"复选框,使其与"工作坐标系"的轴方向保持一致。

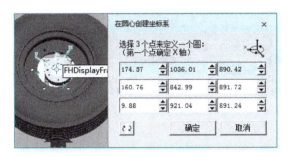

图10-61 "在圆心创建坐标系"对话框

图10-62 坐标方向与工作坐标系一致

4）如图10-63所示,对坐标"fr2"执行"放置操控器"操作,让Z轴方向朝下。由此完成机器人抓取点的设置。

5）设置放置位置坐标系:参考上述操作,使用"在圆心创建坐标系"法,建立机器人放置位置坐标系"fr3",如图10-64所示,坐标位置位于圆心,Z轴朝里。

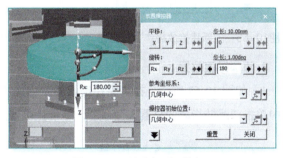

图10-63 让坐标系Z轴向下

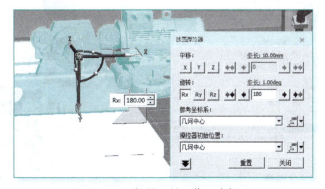

图10-64 机器人放置位置坐标系

工业机器人应用系统建模（Tecnomatix）

2. 创建机器人抓放操作过程

1）选中机器人，单击主菜单"操作→创建操作→新建操作→新建拾放操作"命令，弹出"新建拾放操作"对话框，如图 10-65 所示。

2）在图 10-65 中，设置"握爪："为"gripper_LH"，设置"范围："为"CompOp"，"拾取："位置为"fr2"，"放置："位置为"fr3"，单击"确定"按钮，即可创建名为"R1_1_1_PNP_Op"的拾取与放置操作。

3）如图 10-66 所示，清空"路径编辑器"，把拾取操作"R1_1_1_PNP_Op"添加进来。

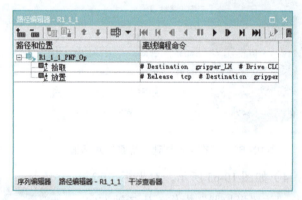

图10-65　"新建拾放操作"对话框　　　　图10-66　把拾放操作加入到路径编辑器中

3. 添加过渡位置

1）如图 10-67 所示，在"路径编辑器"中选中"拾取"，单击鼠标右键，在弹出的快捷菜单中单击"跳转指派的机器人"命令，即可让机器人移动到拾取位置，如图 10-68 所示。

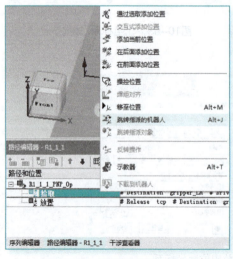
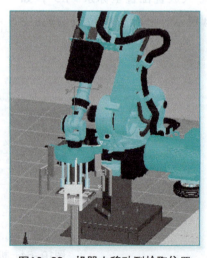

图10-67　跳转指派的机器人　　　　图10-68　机器人移动到拾取位置

2）单击主菜单"操作→添加位置→在前面添加位置"命令，弹出"机器人调整"对话框，如图 10-69 所示。

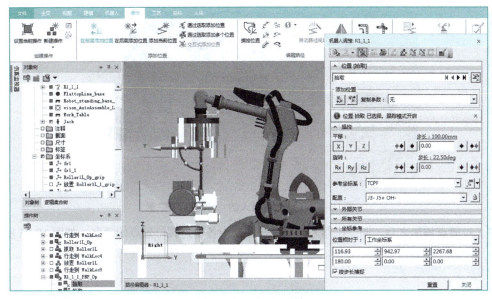

图10-69　添加拾取位置的过渡点

3）设置过渡点：在图 10-69 中，拖动 Z 轴垂直向上移动，设置一个合适的位置作为"拾取"操作的过渡点。单击"关闭"按钮即可生成一个过渡点，将该点更名为"拾取过渡点"。按照同样的操作，在"拾取"点之后可再添加一个同坐标值的"拾取过渡点"。

4）按照上述操作，设置机器人"放置过渡点 1"，如图 10-70 所示。

5）按照上述操作，设置机器人"放置过渡点 2"，如图 10-71 所示。

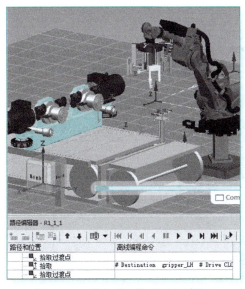

图10-70　添加放置位置的过渡点1

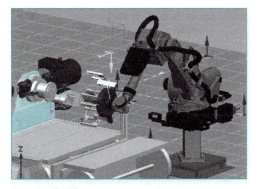

图10-71　添加放置位置的过渡点2

6）按照上述操作，在操作的起始位置和终止位置添加机器人初始位置点"HOME"，如图10-72所示。

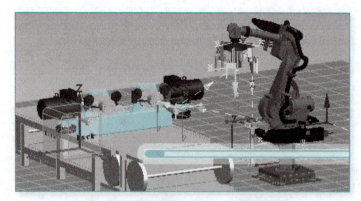

图10-72　设置机器人的"HOME"位置

7）过渡点添加之后，调整机器人"拾放操作"中各个过渡位置点的顺序，如图10-73所示。

10.2.8　仿真运行

1）在图10-74中，在"序列编辑器"中选中全部操作，先单击"断开连接"按钮，再单击"链接"按钮，可建立各个操作之间的链接，如图10-75所示。

图10-73　调整机器人拾放操作的各点顺序

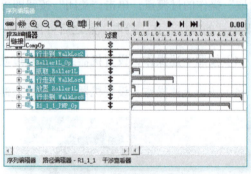

图10-74　断开链接

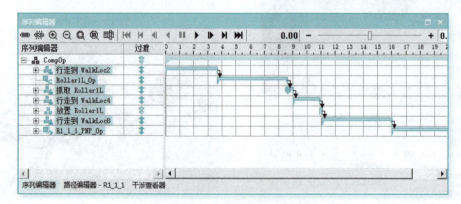

图10-75　各个操作之间的链接

2）如图 10-75 所示，单击"序列编辑器"中的"正向播放仿真"按钮 ▶，可查看仿真运行效果，如图 10-76 所示。

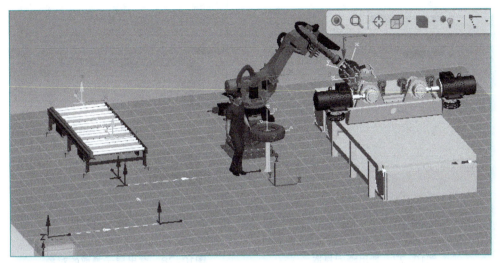

图10-76　播放仿真效果

10.3　知识拓展

10.3.1　人体抓放设置

1. 自动抓取设置

默认情况下，当人体模型抓住一个物体时，Process Simulate 就会在模型和物体之间建立抓取关系，并使它们同步动作。建立这种模型和对象之间的抓取关系，需要在"人体选项"对话框中取消勾选"禁用瞬时抓取"复选项，操作步骤如下：

单击主菜单"人体→工具→人体选项"命令，弹出"人体选项"对话框，如图 10-77 所示。单击"常规"选项卡，勾选"禁用瞬间抓取"复选项即可。通常情况下，如果在模拟过程中抓住了某个对象，则应在最后取消拖动；否则，当重置模拟时，它还会将对象带走。

2. 强调抓取对象设置

如图 10-78 所示，勾选"突显抓取的对象"复选项，以洋红色突出显示抓取的对象，直到人体释放被抓取的物体。此选项在创建模拟时有助于着重显示人体正在抓取的东西。

图10-77 禁用瞬间抓取
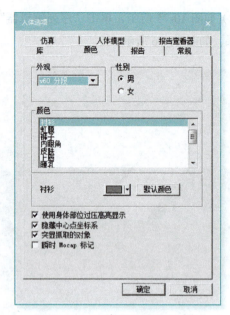
图10-78 突出显示抓取的对象

3. 人体抓取事件

以项目中的人体事件为例，当为抓取操作添加"人体事件"之后，人体就会带着物料行走至物料装配放置台处，这里的事件添加步骤为：①在序列编辑器中，右键单击操作末尾附近的操作，在弹出的快捷菜单中单击"人体事件"命令；②在"编辑人体事件"对话框中单击"添加按钮"，弹出"添加"对话框；③在"添加"窗口中，设置"效应器"为"双手"，"模式"为"相互抓取"，"对象"为"被抓取的物料"；④在"编辑人体事件"对话框中，设置"在操作开始后"或者"在操作结束前"的开始时间，即可完成人体事件设置。

4. 抓取姿势

1）单击主菜单命令"人体→姿势→默认姿势"会使人体模型回到默认姿势，如图10-79所示。

2）单击主菜单命令"人体→姿势→保存当前姿势"会把人体当前的姿势添加到库中。

3）单击主菜单命令"人体→姿势→自动抓取"用于创建抓取操作，闭合双手抓取对象。

4）单击主菜单命令"人体→姿势→抓取向导"，从预定义手姿势列表中为每只手选择抓取姿势。创建抓取操作，"抓取向导"对话框如图10-80所示，选取不同的手指姿势，人体手部姿势也会随之发生改变。

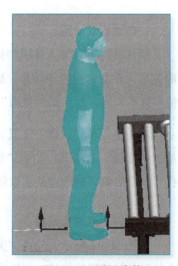
图10-79 默认姿势

机器人工作站人因工程操作建模 项目10

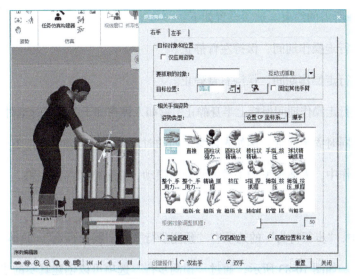

图10-80 抓取向导

5）单击主菜单"人体→姿势→达到目标"命令，选择人体要达到的目标位置。执行该命令后，弹出图10-81所示的"达到目标"对话框。单击一个位置坐标，人体手部就会跟随到该位置。

10.3.2 行走操作命令拓展

创建行走操作的命令是：主菜单"人体→仿真→行走创建器"命令，"行走操作"对话框界面如图10-82所示。本项目中使用该命令创建了人体行走轨迹，下面对该对话框的一些选项进行简要说明。

图10-81 "达到目标"对话框

图10-82 "行走操作"对话框

1. 行走时固定

保持上身和手臂静止。如果要限制行走时人体模型手臂和躯干的移动，需要在"行走时固定"选项组中选择所需的约束。选项设置如下：

1）左臂：在行走操作期间，保持左臂静止。

2）右臂：在行走操作期间，保持右臂静止。

3）躯干：在行走操作期间保持上半身静止，例如人体在梯子上往下行走时，不会影响手臂。

4）可以选择同时固定双臂，例如人体拿东西的时候需要双臂姿势保持不变。

5）在行走操作中，人体模型的手臂通常前后摆动，躯干略微向前倾斜。

2. 步行行为

在图10-82中，"步行行为"的选项有"预测步行"和"线性行走"，具体含义如下：

1）预测步行。如图10-83所示，通过"预测步行"选项可以创建真实的步行样式。该算法基于HumoSim对过渡行走的研究。具体来说，它支持如下功能：

图10-83 预测步行

① 沿着一个或多个地点的指定路径行走。

② 转弯、拖脚走和过渡时的落足位置可视化。

③ 通过更精确的足部位置预测改进人体工程学分析。

④ 更深入地了解操作员在小区域内的移动位置。

⑤ 更真实的踏步行为。

2）线性行走。如果选择"线性行走"，则以下选项可用：

① 自动行走方式使用最快和最直接的路径将人体模型步行到指定目标。当没有其他强制行走的方向时，建议使用此选项。

② 图10-84显示了人体模型相对于其径向位置的行走方向范围：ⓐ对于45°~135°之间的角度，人体

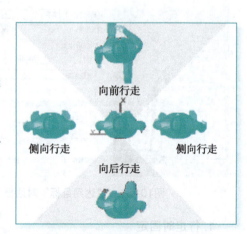

图10-84 径向位置行走方向范围

模型向前行走；ⓑ对于 135°～225°、315°～360° 或 0°～45° 之间的角度，人体模型会侧向行走；ⓒ对于 225°～315° 之间的角度，人体模型向后行走。

③ 行走样式，如前进、后退或侧向，可用于迫使人体在行走路径中的各个位置之间以特定方式行走。当创建包含 3 个连续位置，且角度小于 90° 的线性行走操作时，人体模型到达目标位置的路径不会在位置坐标之间插值。这意味着人体模型走到第 2 个位置时，就会站立、转动身体，然后走到下一位置，如图 10-85 所示。

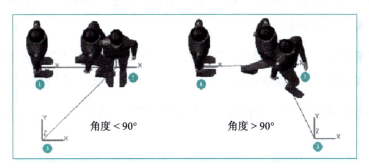

图10-85 包含3个连续位置的行走样式

④ 步宽（仅适用于直线行走）用于输入人体模型的步宽尺寸，介于 100～900mm 之间。默认情况下，步宽为 850 mm（根据 MTM 的标准值）。

10.3.3 高度过渡命令

高度过渡命令常用于上、下楼梯和坡道的过渡操作。单击主菜单"人体→仿真→创建高度过渡"命令，弹出图 10-86 所示的"创建高度过渡操作"对话框。

可选择类型为"楼梯"或者"斜坡"，其界面分别如图 10-86 和图 10-87 所示。图 10-86 中的相关选项解释如下：

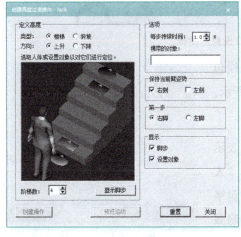

图10-86 创建高度过渡操作（楼梯）

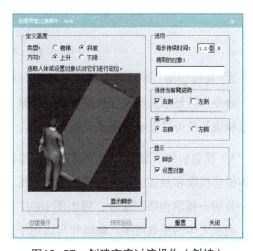

图10-87 创建高度过渡操作（斜坡）

1) 在"方向"中可选择"上升"或者"下降"。

2) "阶梯数"为阶梯个数，楼梯有四个设置对象：黄色椭圆标记立面中第一步之前的点，黄色矩形标记立面中的第一步，紫色矩形标记立面中的最后一步，紫色椭圆标记立面的顶部。在坡道上行走，设置对象只有黄色和紫色矩形。

3) "显示→脚步"用于在图形查看器中切换足迹的显示。

4) "携带的对象"用于选择运送物品，在图形查看器或"对象树"中选择一个对象，供人体模型在高度模拟过程中携带。

5) "保持当前臂姿势"用于选择哪些手臂应保持当前姿势。如果清除勾选的手臂前的复选项，手臂将在高度模拟过程中来回摆动。如果人体模型携带物体，就全部选择左、右侧。

6) 窗口预览区包括立面图、人体模型和方向等。其中，方向用绿色箭头指示，方向由"方向"设置来确定。

10.3.4 视觉窗口、视线包络与抓取包络

1) 视线窗口命令。单击主菜单"人体→分析→视线窗口"命令，弹出图10-88所示的"视线窗口"对话框。可以勾选视觉查看设置，单击"确定"按钮，弹出10-89所示的"视觉窗口"，该窗口用于显示人体可以看到的内容。

图10-88 视线窗口设置对话框

2) 视线包络。单击主菜单"人体→分析→视线包络"命令，可显示人的最佳视野区域，如图10-90所示，通过相应开关可以显示或隐藏包络面范围。

3) 抓取包络。显示一个半透明的包络封套，表示人体能够抓取和触碰的最大操作范围。单击主菜单"人体→分析→抓取包络"命令，弹出图10-91所示的包络面，表示人体的抓取范围。该操作可以用于显示和隐藏包络面的范围。

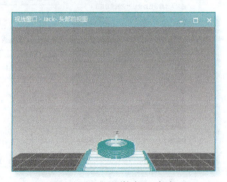

图10-89 视觉窗口内容

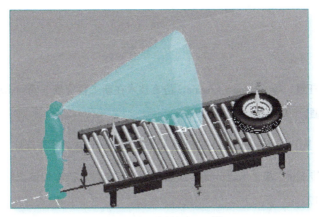

图10-90 最佳视野区域

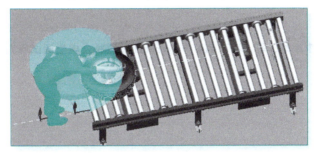

图10-91 人体的抓取范围

10.4 小结

本项目以机器人搬运工作站为例,介绍了人因工程操作建模技术。本项目中人体抓取操作的设计流程可总结为:①布局研究组件(资源和部件)或打开现有研究;②创建一个人体模型;③创建初始到达和抓握;④创建对象拾取、放置和行走操作;⑤组合成一个序列;⑥初次模拟仿真运行;⑦调整顺序、人体姿势和操作时间。

参 考 文 献

[1] 秦毅,王福杰,任斌,等. Process Simulate 仿真技术在新工科背景下课程实验教学改革与探索 [J]. 计算机产品与流通,2020（10）:222-229.

[2] 陈明鑫,孔庆玲. 基于 Process Simulate 的机器人滚边仿真分析 [J]. 汽车零部件,2020,146（8）:47-50.

[3] 李伟,周杨智,陆玉娇. 基于 Tecnomatix 的数字化工厂软件在汽车焊装车间的应用 [J]. 通讯世界,2018（1）:311-312.

[4] 高建超,常楠楠. 基于 Tecnomatix 的机器人滚边虚拟调试研究与应用 [J]. 制造业自动化,2019,41（6）:78-82.

[5] 成正勇,黎亮,李小灿,等. 基于 TIA 与 Tecnomatix 的联合虚拟调试研究 [J]. 汽车工艺与材料,2020（2）:66-71.